全国中等职业技术学校数控加工专业一体化精品教材

数控铣床加工中心加工技术

中国劳动社会保障出版社

简介

本书的主要内容包括：数控机床操作基础、数控铣削加工的计算机仿真、铣削平面类零件、铣削轮廓类零件、铣削孔类零件、数控铣床/加工中心编程技巧、宏程序编程、Mastercam X 自动编程简介、典型零件加工实例、数控铣床/加工中心的结构与维护。

本书由沈建峰主编，翟勇波、赵正文、洪惠良、徐文静参编，高光明、李红波审稿。

图书在版编目(CIP)数据

数控铣床加工中心加工技术/人力资源和社会保障部教材办公室组织编写. —北京：中国劳动社会保障出版社，2010

全国中等职业技术学校数控加工专业一体化精品教材

ISBN 978-7-5045-8433-5

Ⅰ.①数… Ⅱ.①人… Ⅲ.①数控机床：铣床-加工工艺-专业学校-教材②数控机床加工中心-专业学校-教材 Ⅳ.①TG547②TG659

中国版本图书馆 CIP 数据核字(2010)第 127270 号

中国劳动社会保障出版社出版发行

（北京市惠新东街 1 号 邮政编码：100029）

出 版 人：张梦欣

*

北京市科星印刷有限责任公司印刷装订 新华书店经销

787 毫米 × 1092 毫米 16 开本 17 印张 400 千字

2010 年 7 月第 1 版 2024 年 5 月第 12 次印刷

定价：29.00 元

营销中心电话：400-606-6496

出版社网址：http://www.class.com.cn

http://jg.class.com.cn

版权专有 侵权必究

如有印装差错，请与本社联系调换：（010）81211666

我社将与版权执法机关配合，大力打击盗印、销售和使用盗版

图书活动，敬请广大读者协助举报，经查实将给予举报者奖励。

举报电话：（010）64954652

前　言

为了更好地适应全国中等职业技术学校数控加工专业的教学要求，全面提升教学质量，人力资源和社会保障部教材办公室组织全国有关学校的一线教师和行业、企业专家，在充分调研企业生产和学校教学情况的基础上，研发、出版了全国中等职业技术学校数控加工专业一体化精品教材。本套教材充分吸收国内外职业教育教学的先进理念，借鉴一体化教学改革的最新成果，在体系构建和内容设置上具有突出特点。

一是教材体系完整，为教和学提供有力支持。

从数控加工专业教学实际需求出发，构建既有通用基础平台又有不同专业方向平台的完整的一体化教材体系。其中，通用基础平台的教材包括《机械基础》《极限配合与机械测量》《钳工工艺与技能》；专业方向平台的教材包括《车工工艺与技能》《铣工工艺与技能》《数控车床加工技术》《数控铣床加工中心加工技术》《数控电加工技术》等，适用于数控车床加工、数控铣床加工中心加工、数控电加工三个专业方向的教学。

从“助教”和“助学”的角度构建每门课程对应的教学资源，结构如下：

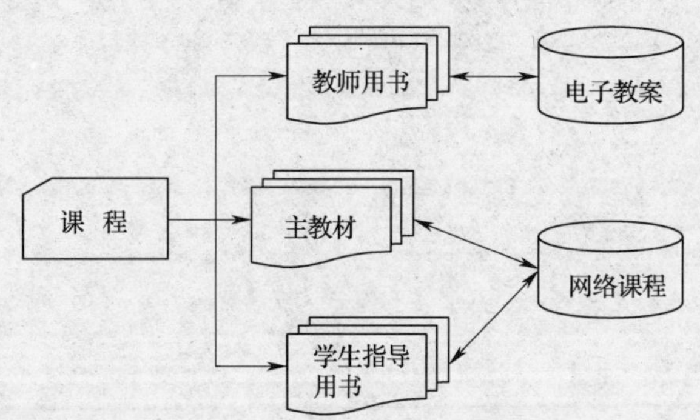

其中，主教材讲授各门课程的主要知识和技能，内容准确、针对性强，并通过课题的设置和栏目的设计，突出教学的互动性，启发学生自主学习。教师用书涵盖教材内容分析、教学过程建议、课堂活动设计等多个方面的内容，为教师提供全面的教学指导服务。在教师用书之后还附有教学用电子教案等多媒体教学素材光盘。学生指导用书除包含课后习题外，还设置了与教师用书配套的课堂活动设计内容，注重学生综合素质培养、知识面拓展和能力强化，成为贯穿学生整个学习过程的学习指导材料。网络课程根据主教材和学生指导用书开发，用于学生通过网络进行远程自学。

二是教材内容精良，为能力培养打造坚实平台。

在内容的选择和组织上，坚持以能力为本位，重视实践能力的培养。力求使教材内容涵盖《国家职业标准 · 数控车工》（中级）、《国家职业标准 · 数控铣工》（中级）、《国家职业标准 · 加工中心操作工》（中级）、《国家职业标准 · 电切削工》（中级）的知识和技能要求。结合一体化教学理念，以典型工作任务为载体，整合相应的知识和技能，实现理论与操作技能的统一，使学生在一个个贴近企业的具体职业情境中学习，既符合职业教育的基本规律，又有利于培养学生分析问题和解决问题的综合职业能力。

在内容的呈现方式上，尽可能使用图片、实物照片或表格等形式将各个知识点和操作过程生动地展示出来，力求给学生营造一个更加直观的认知环境。同时，设计了很多贴近生活的导入和小栏目，以期激发学生的学习兴趣。

本套教材的开发得到了河北、江苏、陕西、河南、广西、广东等省、自治区人力资源和社会保障厅及有关学校的大力支持，在此我们表示诚挚的谢意。

人力资源和社会保障部教材办公室

2010 年 7 月

目　　录

项目一

数控机床操作基础

任务1　认识数控机床

学习目标

1. 了解数控基本知识。
2. 了解数控机床的分类。
3. 通过现场参观了解数控加工设备，体验车间生产氛围，提高学习兴趣。
4. 通过现场参观了解数控加工零件。
5. 掌握清理及保养数控机床的方法。

工作任务

数控机床是指采用数字控制技术对机床的加工过程进行自动控制的机床，数控机床在结构上与普通机床有很大的不同。因此，在深入学习数控机床之前，我们先通过参观来认识数控机床。

数控铣床/加工中心的主要技术参数

通过查阅资料和现场参观，了解数控铣床/加工中心的主要技术参数，并在指导教师的帮助下完成下表：

项目	主要技术参数值	项目	主要技术参数值
机床型号		刀库类型	
数控系统		刀库中刀具数量	
床身结构		工作台面规格	
机床总功率		工作行程	

相关理论

1. 数控基本概念

（1）数字控制

数字控制（Numerical Control）简称数控（NC），是一种借助数字、字符或其他符号对某一工作过程（如加工、测量、装配等）进行可编程控制的自动化方法。

（2）数控技术

数控技术（Numerical Control Technology）是指用数字量及字符发出指令并实现自动控制的技术，它已经成为制造业实现自动化、柔性化、集成化生产的基础技术。

（3）数控系统

数控系统（Numerical Control System）是指采用数字控制技术的控制系统。

（4）计算机数控系统

计算机数控系统（Computer Numerical Control System）是以计算机为核心的数控系统。

（5）数控机床

数控机床（Numerical Control Machine Tools）是指采用数字控制技术对机床的加工过程进行自动控制的机床。

2. 数控机床的分类

根据机床主轴的方向，数控机床可分为立式机床（主轴位于垂直方向，如图 1—1 所示为立式数控铣床）和卧式机床（主轴位于水平方向，如图 1—2 所示为卧式加工中心）。而根据其加工用途分类，数控机床主要有以下几种类型：

图 1—1　立式数控铣床

图 1—2　卧式加工中心

（1）数控铣床

用于完成铣削加工或镗削加工的数控机床称为数控铣床。如图 1—1 所示为立式数控铣床。

（2）加工中心

加工中心是指带有刀库（带有回转刀架的数控车床除外）和刀具自动交换装置（Automatic Tool Changer，ATC）的数控机床。通常所指的加工中心是指带有刀库和刀具自动交换装置的数控铣床。如图 1—2 所示为卧式加工中心。

（3）数控车床

数控车床是一种用于完成车削加工的数控机床。通常情况下也将以车削加工为主并辅以铣削加工的数控车削中心归类为数控车床。如图 1—3 所示为经济型卧式数控车床。

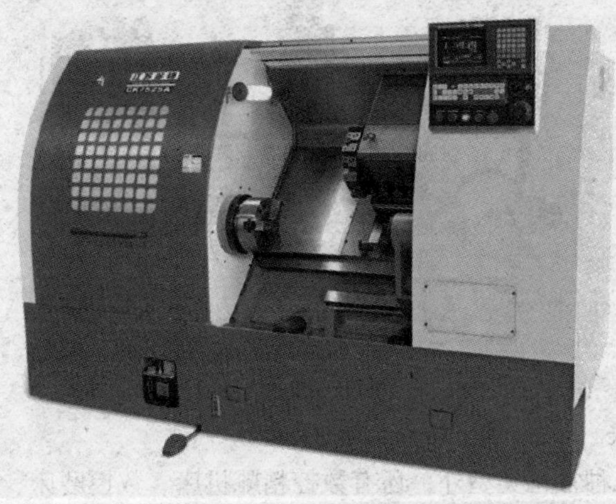

图 1—3　卧式数控车床

（4）数控钻床

数控钻床主要用于完成钻孔、攻螺纹等。数控钻床是一种采用点位控制系统的数控机床，即控制刀具从一点到另一点的位置，而不控制刀具移动轨迹。如图 1—4 所示为立式数控钻床。

（5）数控线切割机床

数控线切割机床如图 1—5 所示，其工作原理是利用两个不同极性的电极（其电极为电极丝和工件）在绝缘液体中产生的电蚀现象，去除材料而完成加工。

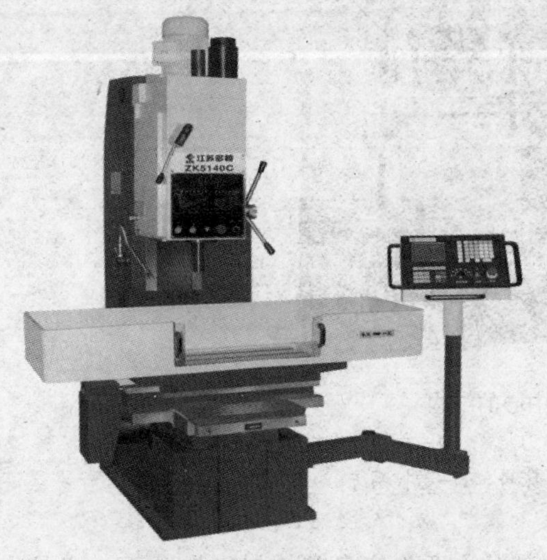

图 1—4　立式数控钻床

图 1—5　数控线切割机床

（6）数控电火花成形机床

数控电火花成形机床（即通常所指的电脉冲机床）是一种特殊加工机床，它的工作原理与数控线切割机床类似，对于形状复杂的模具及难加工材料的加工有其特殊优势。数控电火花成形机床如图 1—6 所示。

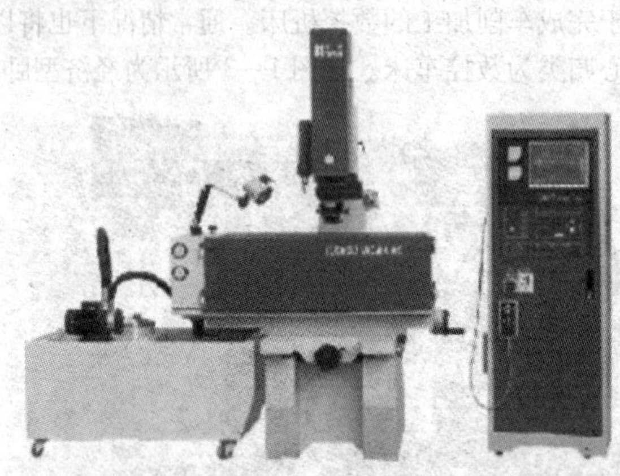

图 1—6 数控电火花成形机床

（7）其他数控机床

数控机床除以上几种常见类型外，还有数控精雕机床、数控磨床、数控冲床、数控激光加工机床、数控超声波加工机床等多种形式。

3．加工中心的组成

加工中心（立式加工中心）的结构如图 1—7 所示，由机床本体、数控装置、刀库和换刀装置、辅助装置等几部分构成。

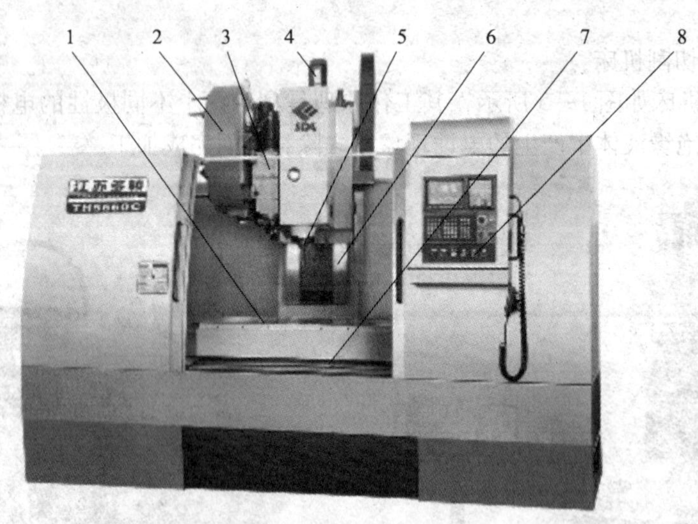

图 1—7 加工中心的结构

1—工作台 2—刀库 3—换刀装置 4—伺服电动机

5—主轴 6—导轨 7—床身 8—数控系统

（1）机床本体

如图 1—8 所示，立式加工中心的机床本体部分主要由床身基体与工作台面、立柱、

a)

b)

c)

图 1—8　立式加工中心的机床本体

a）工作台面与导轨　b）立柱　c）主轴部件

主轴部件等组成。安装时，将立柱固定在水平床身之上，保证安装后的垂直导轨与两水平导轨之间的垂直度等要求；将主轴部件安装在立柱之上，保证主轴与立柱之间的平行度等要求。

（2）数控装置

FANUC 系统的数控装置如图 1—9 所示，主要由数控系统、伺服驱动装置和伺服电动机组成。其工作过程为：数控系统发出的信号经伺服驱动装置放大后指挥伺服电动机进行工作。

数控系统部分是数控机床的“大脑”，数控机床的所有加工动作均由数控系统指挥。数控系统与伺服电动机之间的连接部分为数控机床的电器部分（一般位于机床的背面，如图 1—10 所示），数控系统发出的所有指令均通过电器部分来传递。

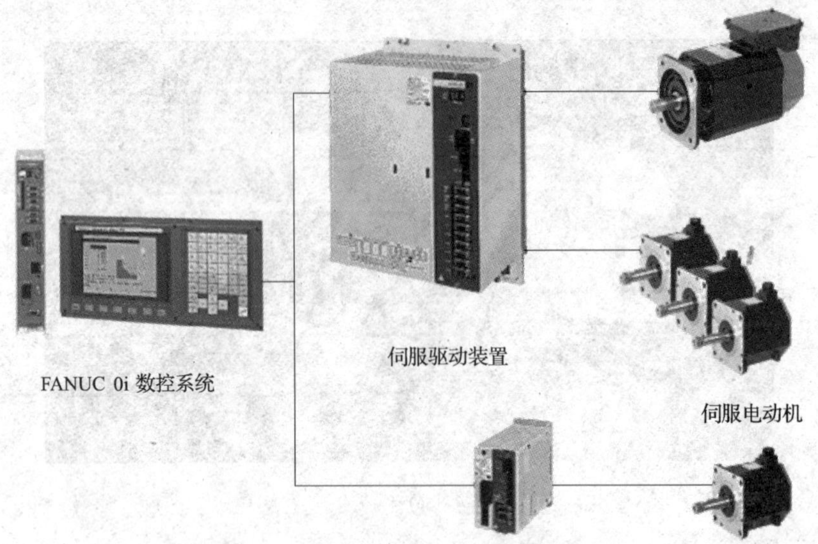

图 1—9　FANUC 系统的数控装置

图 1—10　电器部分

(3) 刀库和换刀装置

刀库的作用是储备一定数量的刀具，通过机械手实现与主轴上刀具的交换。在加工中心上使用的刀库主要有两种，一种是如图 1—11 所示的盘式刀库，另一种是如图 1—12 所示的链式刀库。其中，盘式刀库装刀容量相对较小，一般为 1 ~ 24 把，主要适用于小型加工中心；链式刀库装刀容量大，一般为 30 ~ 120 把，主要适用于大中型加工中心。

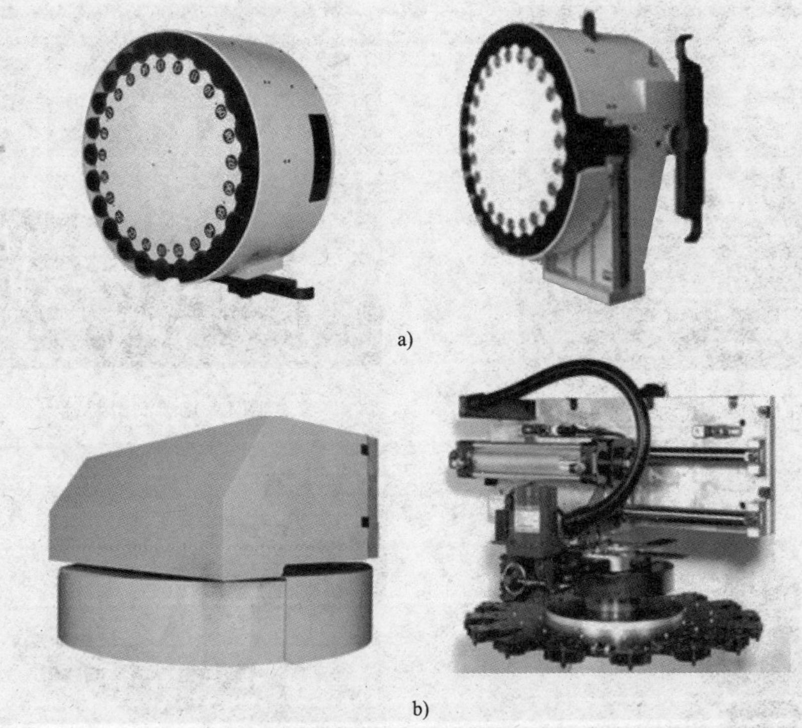

a)

b)

图 1—11　盘式刀库

a）卧式圆盘刀库　b）斗笠式圆盘刀库

图 1—12　链式刀库

加工中心的换刀方式一般有两种：机械手换刀和主轴换刀（即不带机械手的换刀）。斗笠式圆盘刀库通常采用主轴换刀，而卧式圆盘刀库和链式刀库一般采用如图 1—13 所示的机械手换刀。

（4）辅助装置

加工中心常用的辅助装置有气动装置（见图 1—14）、润滑装置（见图 1—15）、冷却装置（见图 1—16）、排屑装置（见图 1—17）和防护装置等。

气动装置主要向主轴、刀库、机械手等部件提供高压气体。加工中心的冷却方式分气冷和液冷两种，分别采用高压气体与冷却液进行冷却。

图 1—13　机械手换刀

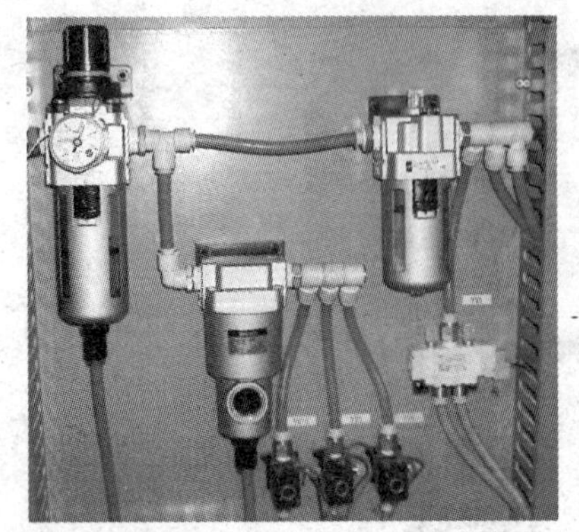

图 1—14　气动装置

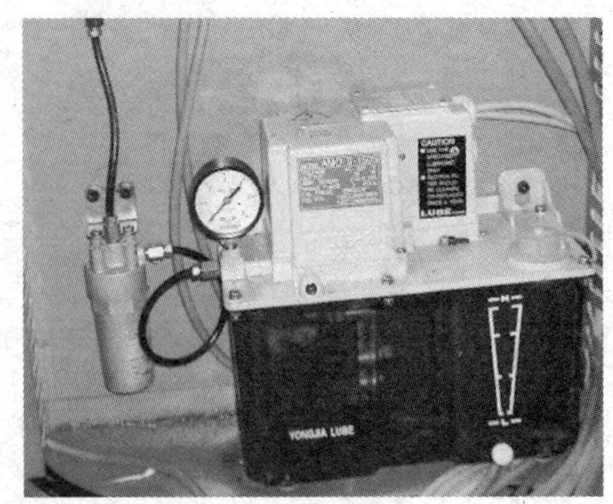

图 1—15　润滑装置

图 1—16　冷却水泵

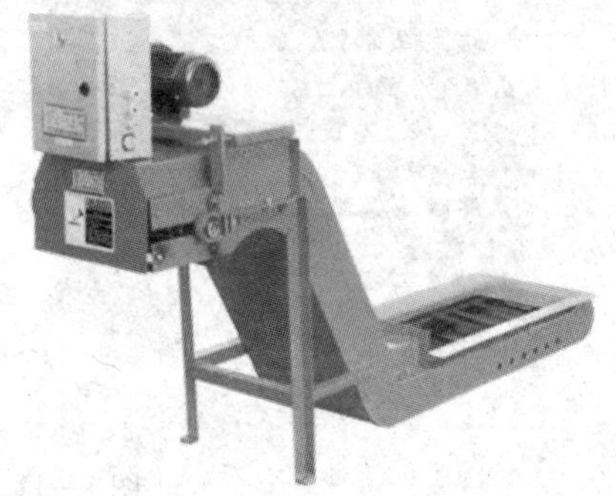

图 1—17　排屑装置

4. 适合数控铣床/加工中心加工的零件

根据数控铣床/加工中心的特点，适合数控铣床/加工中心加工的零件主要有以下几类：

（1）平面类零件

加工面平行或垂直于水平面，或加工面与水平面的夹角为定角的零件为平面类零件（见图 1—18）。这类零件的特点是各个加工面是平面或可以展开成平面。平面类零件是数控铣削加工中最简单的一类零件，一般只需用 3 坐标数控铣床的两坐标联动（即两轴半坐标联动）就可以把它们加工出来。

（2）变斜角类零件

加工面与水平面的夹角呈连续变化的零件称为变斜角类零件（见图 1—19）。变斜角类零件的变斜角加工面不能展开为平面，但在加工中，加工面与铣刀圆周的瞬时接触部分为一条线。对这类零件最好采用 4 坐标、5 坐标数控铣床摆角加工，若没有上述机床，也可采用 3 坐标数控铣床进行两轴半近似加工。

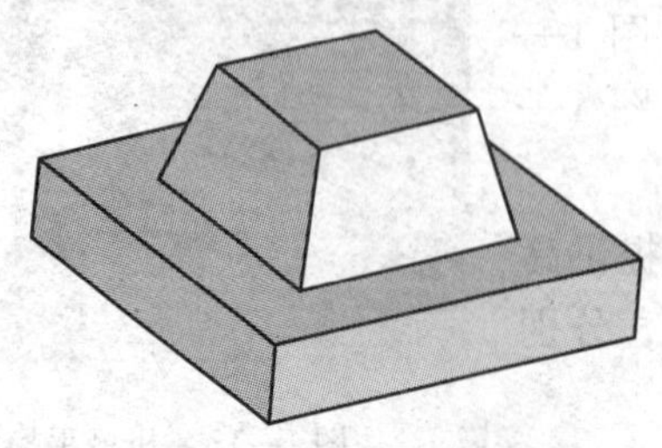

图 1—18　平面类零件

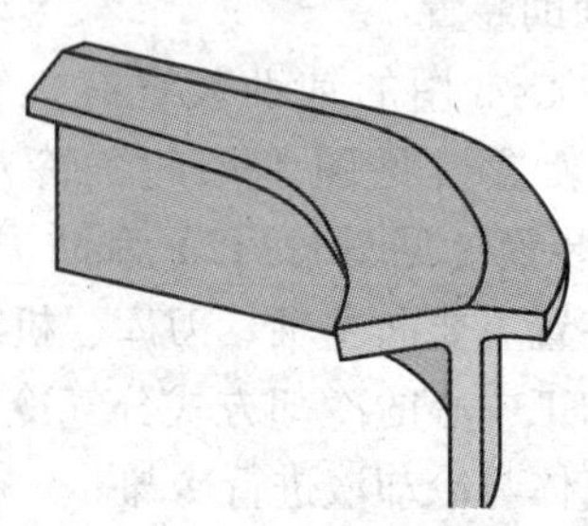

图 1—19　变斜角类零件

（3）曲面类零件

加工面为空间曲面的零件称为曲面类零件（见图 1—20）。曲面类零件不能展开为平面。加工时，铣刀与加工面始终为点接触，一般采用球头铣刀在 3 坐标数控铣床上进行精加工。

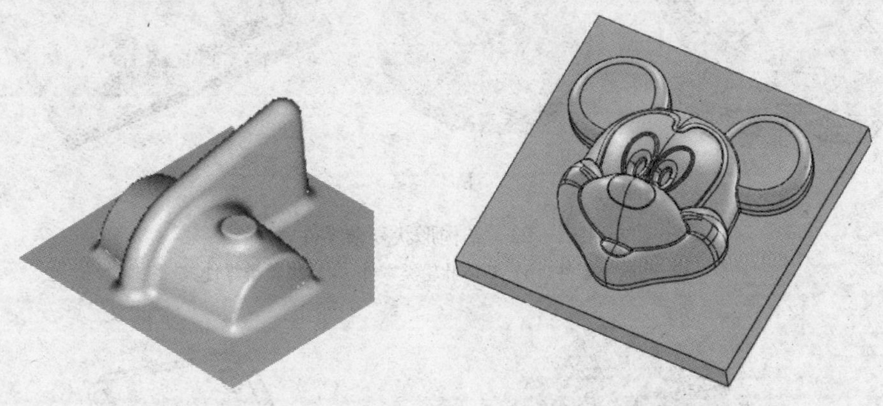

图 1—20　曲面类零件

（4）既有平面又有孔系的零件

既有平面又有孔系的零件主要是指箱体类零件和盘、套、板类零件。加工这类零件时，最好采用加工中心在一次安装中完成零件上平面的铣削，孔系的钻削、镗削、铰削、铣削及攻螺纹等多工序加工，以保证该类零件各加工表面间的相互位置精度。常见的这类零件有如图 1—21a 所示的箱体类零件和图 1—21b 所示的盘、套类零件。

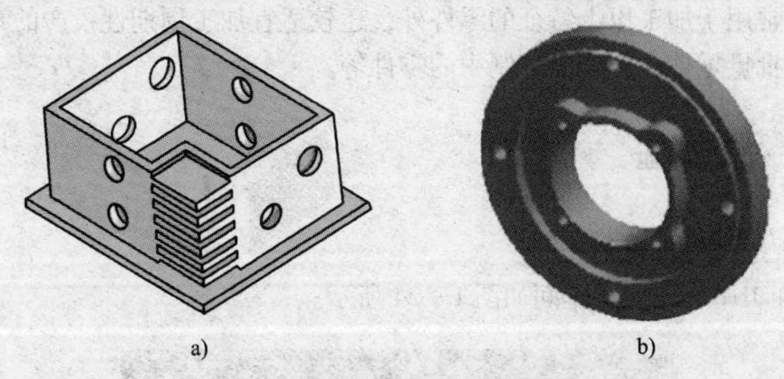

a)　　b)

图 1—21　既有平面又有孔系的零件

a）箱体类零件　b）盘、套类零件

（5）结构形状复杂、普通机床难加工的零件

结构形状复杂的零件是指其主要表面由复杂曲线、曲面组成的零件。加工这类零件时，通常需采用加工中心进行多坐标联动加工。常见的典型零件有如图 1—22a 所示的凸轮类零件、如图 1—22b 所示的整体叶轮类零件和如图 1—22c 所示的模具类零件。

（6）外形不规则的异形零件

异形零件（见图 1—23）是指支架、拨叉类外形不规则的零件，大多采用点、线、面多工位混合加工。由于外形不规则，在普通机床上只能采取工序分散的原则加工，使用的工装较多，周期较长。利用加工中心多工位点、线、面混合加工的特点，可以完成大部分甚至全部工序内容。

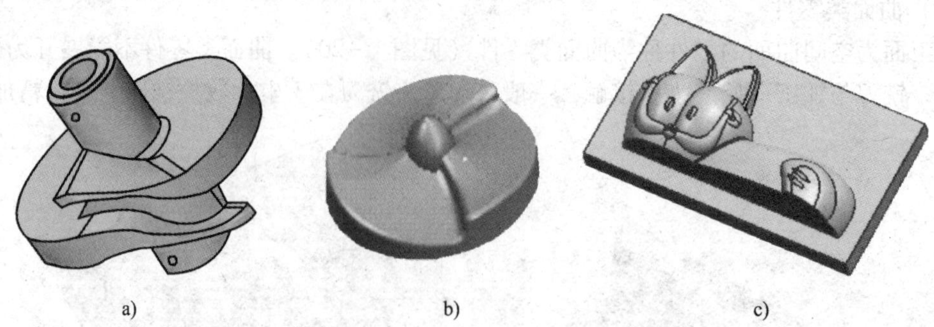

a) b) c)

图 1—22 结构形状复杂零件

a）凸轮类零件 b）整体叶轮类零件 c）模具类零件

图 1—23 异形零件

（7）其他类零件

加工中心除常用于加工以上特征的零件外，还较适宜加工周期性投产的零件、加工精度要求较高的中小批量零件和新产品试制中的零件等。

任务实施

1. 现场参观数控加工设备

数控铣床/加工中心的实习车间如图 1—24 所示。

图 1—24 数控铣床/加工中心实习车间

2. 清理和保养数控机床

清理数控机床时，首先应着重清理如图 1—25 所示的工作台表面和导轨表面，这些表面的精度及清洁程度将直接影响工件的加工质量。然后再清理机床的防护装置（包括机床外壳和切屑防护装置）。

图 1—25　清理部位

3. 机床电器部分的维护

在机床开机前，应关紧电器柜柜门，以确保如图 1—26 所示的门开关被按下（门开关关闭时，数控系统电源不能被接通）从而接通机床电源。

清洗如图 1—27 所示的空气过滤器，空气过滤器一般位于电器柜的柜门上。

4. 机床冷却润滑装置的维护

检查润滑油的高度，润滑油的高度应位于如图 1—28 所示的高位线和低位线之间。当润滑油的高度低于低位线时应及时加油，否则会产生缺油报警。

图 1—26　数控机床门开关

图 1—27　空气过滤器

机床开机后，检查气压是否正常，听一听机床是否有漏气的部位，检查如图 1—29 所示的气枪是否通气顺畅。然后，检查如图 1—30 所示切削液箱（该装置一般位于机床床身底部）中的切削液高度是否合适。

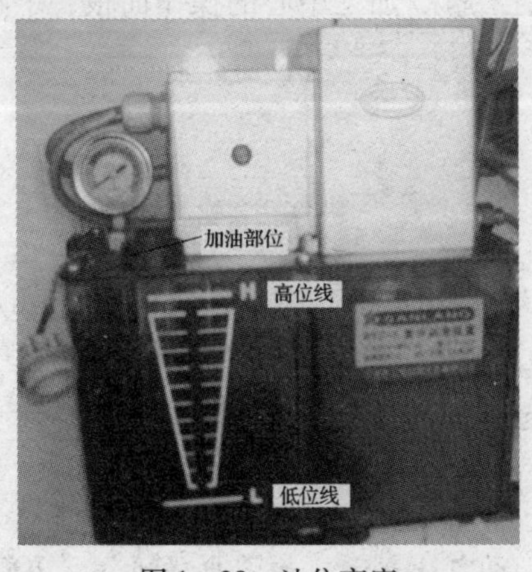

图 1—28　油位高度

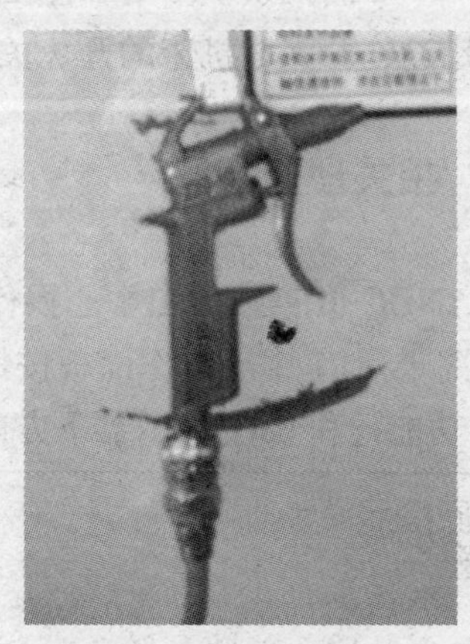
图 1—29　气枪

5. 任务评价

根据学生用书项目一任务 1 中的任务评价表，通过自评、互评和教师评分等方式，对完成任务情况进行综合评价（后面每一个任务也都有任务评价环节，不再赘述）。

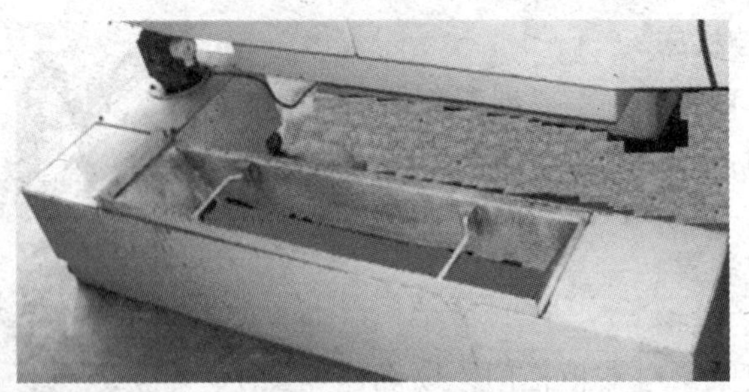

图 1—30　切削液箱

任务 2　认识数控铣床/加工中心的操作面板

学习目标

1. 了解数控铣床/加工中心常用数控系统。
2. 掌握数控铣床/加工中心操作面板上各功能按钮的含义与用途。
3. 掌握数控铣床/加工中心操作面板的开、关电源操作。
4. 掌握数控机床的安全操作规程。

工作任务

要操作数控机床，首先要从操作面板入手。操作面板上有许多按钮，这些按钮究竟具有哪些功能呢？下面来认识一下如图 1—31 所示数控铣床/加工中心的操作面板，了解这些按钮的主要用途，并完成机床的开、关电源操作。

相关理论

1. FANUC 0i 系统加工中心操作面板

数控铣床/加工中心操作面板按钮分三部分，分别为数控铣床/加工中心控制按钮、数控系统 MDI 功能键和 CRT 显示器下方的软键。

本书中，机床面板上的控制按钮用带“”的字符表示，如“电源开”“JOG”等；MDI 功能键用加“□”的字符表示，如 PROG 表示编辑功能键；软键则用加“[　]”的字符表示，如“[综合]”用于显示综合坐标。

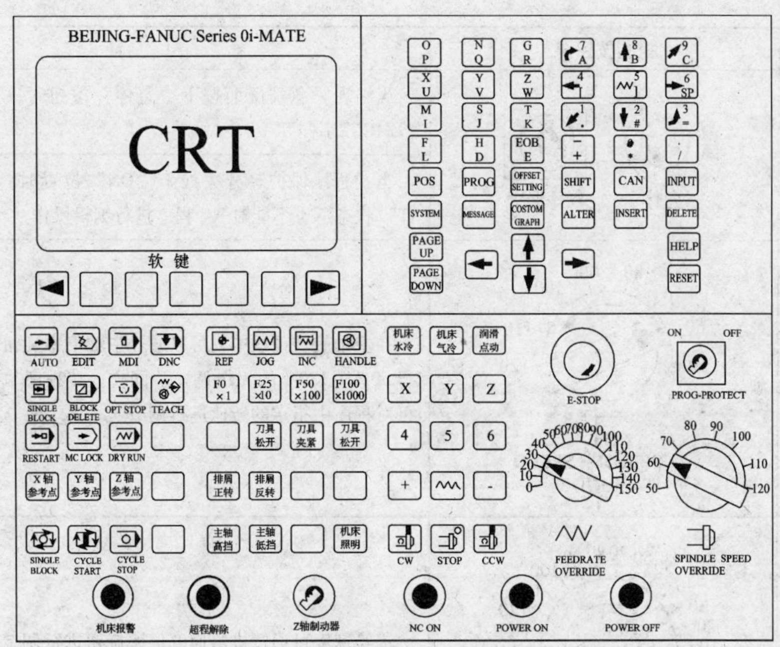

图 1—31 FANUC 0i 系统加工中心操作面板图

(1) 机床操作面板控制按钮

数控铣床/加工中心的操作面板上各控制按钮的功能见表 1—1。

表 1—1 **FANUC 0i 机床操作面板控制按钮介绍**

名称	控制按钮图	功 能
机床总电源开关	OFF ON	机床总电源开关一般位于机床的背面，置于“ON”时为主电源开
系统电源开关	电源开 电源关	按下按钮“电源开”，向机床润滑、冷却系统等机械部分及数控系统供电
机床报警与超程解除	机床报警 超程解除	当出现紧急停止时，机床报警指示灯亮 当机床出现超程报警时，按下“超程解除”按钮不要松开，可使超程轴的限位挡块松开，然后用手摇脉冲发生器反向移动该轴，从而解除超程报警
Z 轴制动器与 NC ON	*Z* 轴制动器 NC ON	按下“*Z* 轴制动器”，则主轴被锁定 按下“NC ON”，使数控系统启动

续表

名称	控制按钮图	功　　能
急停与程序保护	 急停　程序保护	当出现紧急情况而按下"急停"按钮时，在屏幕上出现"EMG"字样 当"程序保护"开关处于"ON"位置时，即使在"EDIT"状态下也不能对 NC 程序进行编辑操作
主轴倍率调整旋钮	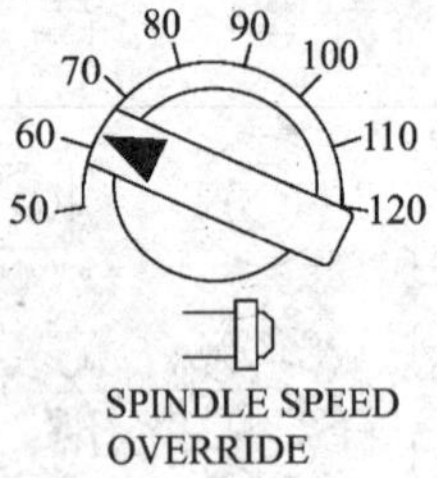 50 60 70 80 90 100 110 120 SPINDLE SPEED OVERRIDE	在主轴旋转过程中，可以通过主轴倍率旋钮对主轴转速进行 50%～120% 的无级调速。同样，在程序执行过程中，也可对程序中指定的转速进行调节
进给速度倍率旋钮	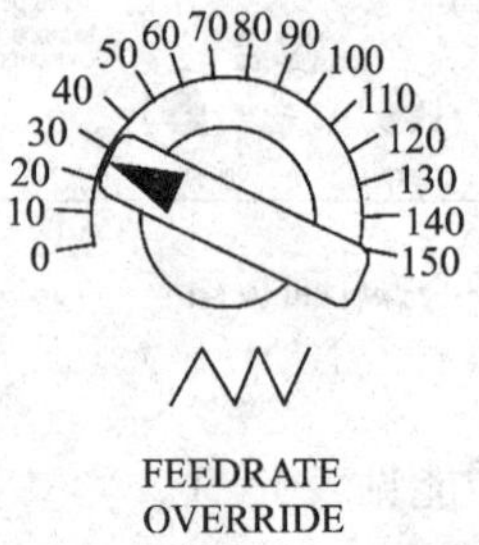 0 10 20 30 40 50 60 70 80 90 100 110 120 130 140 150 FEEDRATE OVERRIDE	进给速度可通过进给速度倍率旋钮进行调节，调节范围为 0～150%。另外，对于自动执行的程序中指定的速度 *F*，也可用进给速度倍率旋钮进行调节
模式选择按钮	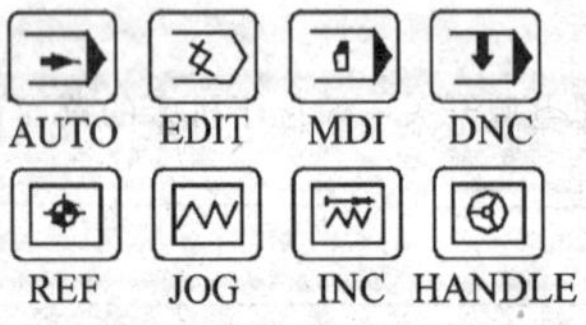 AUTO　EDIT　MDI　DNC REF　JOG　INC　HANDLE	AUTO：自动运行加工操作 EDIT：程序的输入及编辑操作 MDI：手动数据（如参数）输入的操作 DNC：在线加工 REF：回参考点操作 JOG：手动切削进给或手动快速进给 INC：增量进给操作 HANDLE：手摇进给操作
"AUTO"模式下的按钮	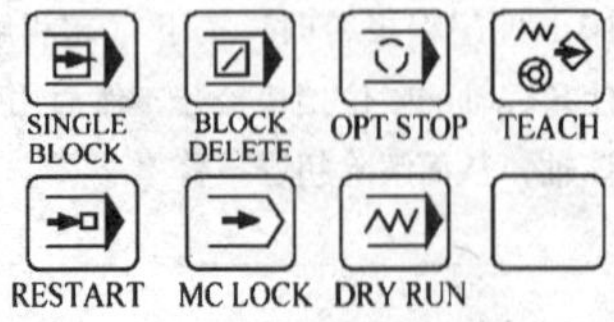 SINGLE BLOCK　BLOCK DELETE　OPT STOP　TEACH RESTART　MC LOCK　DRY RUN	SINGLE BLOCK：单段运行。该模式下，每按一次循环启动按钮，机床将执行一段程序后暂停 BLOCK DELETE：程序段跳跃。当按下该按钮时，程序段前加"/"符号的程序段将被跳过执行 OPT STOP：选择停止。该模式下，指令 M01 的功能与指令 M00 的功能相同 TEACH：示教模式 RESTART：程序将重新从程序开始处启动 MC LOCK：机床锁住。用于检查程序编制的正确性，该模式下刀具在自动运行过程中的移动功能将被限制 DRY RUN：空运行。用于检查刀具运行轨迹的正确性，该模式下自动运行过程中的刀具进给始终为快速进给

续表

名称	控制按钮图	功　能
“JOG”进给及其快速进给	X Y Z 4 5 6 + ∿ −	要实现手动切削连续进给，首先按下轴选择按钮（“X”“Y”“Z”），再按下方向选择按钮（“+”“−”）不放，该指定轴即沿指定的方向进给 要实现手动快速连续进给，首先按下轴选择按钮，再同时按下方向选择按钮和方向选择按钮中间的快速移动按钮，即可实现该轴的自动快速进给
回参考点指示灯	X轴参考点　Y轴参考点　Z轴参考点	当相应轴返回参考点后，对应轴的返回参考点指示灯变亮
增量步长选择	F0 ×1　F25 ×10　F50 ×100　F100 ×1000	“×1”“×10”“×100”和“×1000”为增量进给操作模式下的四种不同增量步长，而“F0”“F25”“F50”和“F100”为四种不同的快速进给倍率
主轴功能	 CW　STOP　CCW	CW：主轴正转按钮 CCW：主轴反转按钮 STOP：主轴停转按钮 注：以上按钮仅在“JOG”或“HANDLE”模式有效
用户自定义按钮	刀具夹紧　刀具松开 排屑正转　排屑反转　机床水冷　机床气冷 主轴高挡　主轴低挡　润滑点动　机床照明	刀具的松开与夹紧：刀具的松开与夹紧按钮，用于手动换刀过程中的装刀与卸刀 机床排屑：按下此按钮，启动排屑电动机对机床进行自动排屑操作 机床水冷与机床气冷：通过冷却液或冷却气体对主轴及刀具进行冷却。重复按下该按钮，冷却关闭 主轴转速高低挡变换：有些型号的机床，设置了主轴转速高低挡变换按钮。按下该按钮后，将执行主轴转速高低挡的切换 润滑点动：按下该按钮，将对机床进行点动润滑一次 机床照明：按下此按钮，机床照明灯亮
加工控制	 SINGLE BLOCK　CYCLE START　CYCLE STOP	SINGLE BLOCK（单段执行）：每按下一次该按钮，机床将执行一段程序后暂停 CYCLE START（循环启动开始）：在自动运行状态下，按下该按钮，机床自动运行程序 CYCLE STOP（循环停止）：在机床循环启动状态下，按下该按钮，程序运行及刀具运动将处于暂停状态，其他功能如主轴转速、冷却等保持不变。再次按下循环启动按钮，机床重新进入自动运行状态

续表

名称	控制按钮图	功　能
手摇 脉冲发生器	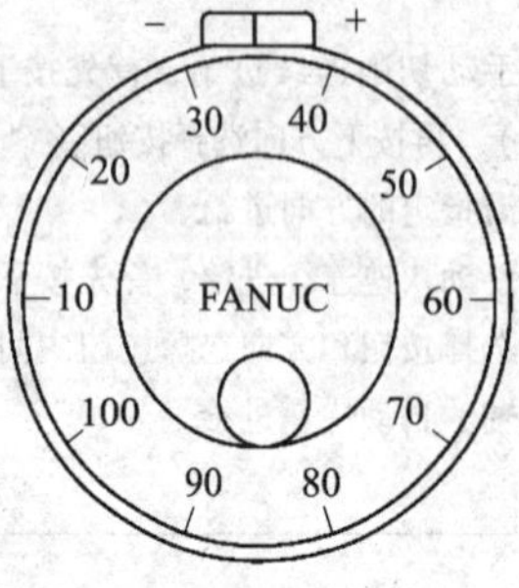 − + 30 40 20 50 10 FANUC 60 100 70 90 80	手摇脉冲发生器一般挂在机床的一侧，主要用于机床的手摇操作。旋转手摇脉冲发生器时，顺时针方向为刀具正方向进给，逆时针方向为刀具负方向进给

(2) 认识数控系统 MDI 功能键

数控系统 MDI 功能键见表 1—2。

表 1—2　　MDI 功能键介绍

名称	功能键图例	功　能
数字键	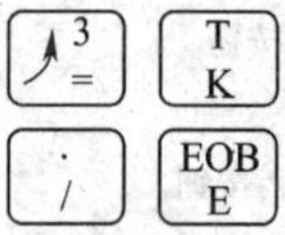 3 = ; T K ; · / ; EOB E	数字 1～9 及运算符"+""−""*""/"等的输入
运算键		
字母键		A、B、C、X、Y、Z、I、J、K 等字母的输入
程序段结束		EOB 用于程序段结束符"*"或";"的输入
位置显示	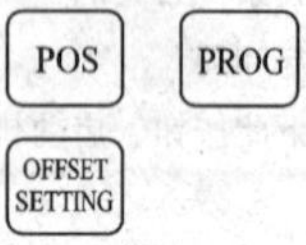 POS ; PROG ; OFFSET SETTING	POS 用于显示刀具的坐标位置
程序显示		PROG 用于显示"EDIT"方式下存储器里的程序；在 MDI 方式下输入及显示 MDI 数据；在 AUTO 方式下显示程序指令值
偏置指令		OFFSET SETTING 用于设定并显示刀具补偿值、工作坐标系、宏程序变量
系统	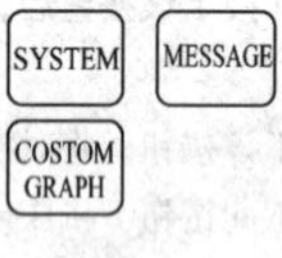 SYSTEM ; MESSAGE ; COSTOM GRAPH	SYSTEM 用于参数的设定、显示，自诊断功能数据的显示等
报警信号键		MESSAGE 用于显示 NC 报警信号信息、报警记录等
图形显示		COSTOM GRAPH 用于显示刀具轨迹等图形
上档键	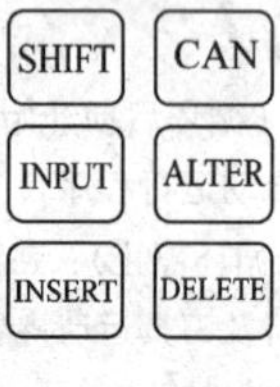 SHIFT ; CAN ; INPUT ; ALTER ; INSERT ; DELETE	SHIFT 用于输入上档功能键
字符取消键		CAN 用于取消最后一个输入的字符或符号
参数输入键		INPUT 用于参数或补偿值的输入
替代键		ALTER 用于程序编辑过程中程序字的替代
插入键		INSERT 用于程序编辑过程中程序字的插入
删除键		DELETE 用于删除程序字、程序段及整个程序

续表

名称	功能键图例	功　能
帮助键	HELP　PAGE UP RESET　PAGE DOWN ←　→ ↑　↓	HELP为帮助功能键
复位键		RESET用于使所有操作停止，返回初始状态
向前翻页键		PAGE UP用于向程序开始的方向翻页
向后翻页键		PAGE DOWN用于向程序结束的方向翻页
光标移动键		CORSOR共四个，用于使光标上下或前后移动

（3）认识 CRT 显示器下的软键功能

如图 1—32 所示，在 CRT 显示器下有一排软按键，这一排软按键的功能根据 CRT 中对应的提示来指定，按下相应的软键，屏幕上即显示相对应的显示画面。

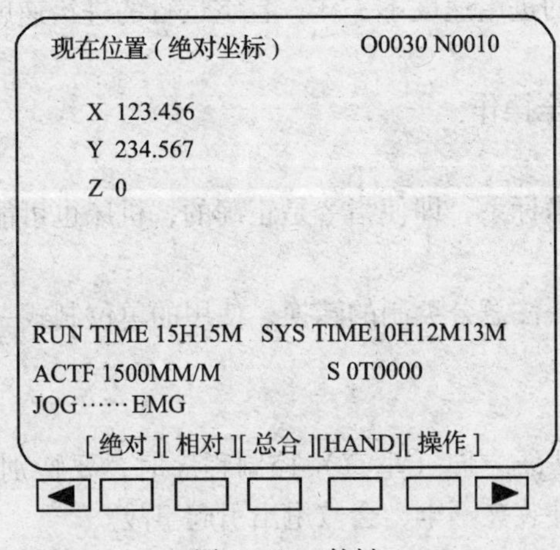

图 1—32　软键

2. 数控机床安全操作规程

数控机床一定要做到规范操作，以避免发生人身、设备、刀具等安全事故。

（1）机床操作前的安全操作

1）加工零件前，可以通过试车的办法来检查机床运行是否正常。

2）在操作机床前，仔细检查输入的数据，以免引起误操作。

3）确保指定的进给速度与操作所要求的进给速度相适应。

4）当使用刀具补偿时，仔细检查补偿方向与补偿量。

5）CNC 与 PMC 参数都是由机床生产厂家设置的，通常不需要修改，如果必须修改参数，在修改前请确保对参数有深入全面的了解。

6）机床通电后，CNC 装置尚未出现位置显示或报警画面时，不要碰 MDI 面板上的任何键，MDI 上的有些键专门用于维护和特殊操作。在开机的同时按下这些键，可能会使机床数据丢失或发生其他误动作。

（2）机床操作过程中的安全操作

1）手动操作

当手动操作机床时，要确定刀具和工件的当前位置并保证正确指定了运动轴及方向和进给速度。

2）手动返回参考点

机床通电后，请务必先执行手动返回参考点。如果机床没有执行手动返回参考点操作，机床的运动不可预料。

3）手轮进给

在手轮进给时，一定要选择正确的手轮进给倍率，过大的手轮进给倍率容易使刀具或机床损坏。

4）工件坐标系

手动干预、机床锁住都可能移动工件坐标系，用程序控制机床前，请先确认工件坐标系。

5）空运行

通常，通过机床空运行来确认机床运行的正确性。在空运行期间，机床以空运行的进给速度运行，这与程序输入的进给速度不一样，且空运行的进给速度要比编程用的进给速度快得多。

(3) 与编程相关的安全操作

1）坐标系的设定

如果没有设置正确的坐标系，即使指令是正确的，机床也可能并不按预期的动作运动。

2）公英制的转换

在编程过程中，一定要注意公英制的转换，使用的单位制式一定要与机床当前使用的单位制式相同。

3）回转轴的功能

当编制极坐标插补或法线方向（垂直）控制程序时，要特别注意回转轴的转速。回转轴转速不能过高，如果工件装夹不牢，会被甩出引起事故。

4）刀具补偿功能

在补偿功能模式下，发出基于机床坐标系的运动命令或返回参考点命令，补偿就会暂时取消，这可能会导致机床作无法预料的运动。

任务实施

1. 实习准备

每4~5人配备一台数控铣床或加工中心进行数控实习。

2. 机床操作

(1) 机床开电源

机床开电源操作流程及开电源后机床屏幕显示画面如图1—33所示。

1）检查CNC和机床外观是否正常。

2）接通机床电气柜电源，按下“POWER ON”按钮，按下“NC ON”按钮。

3）检查CRT画面显示资料。

4）如果CRT画面显示“EMG”报警，松开急停按钮“E-STOP”，再按下MDI面板上

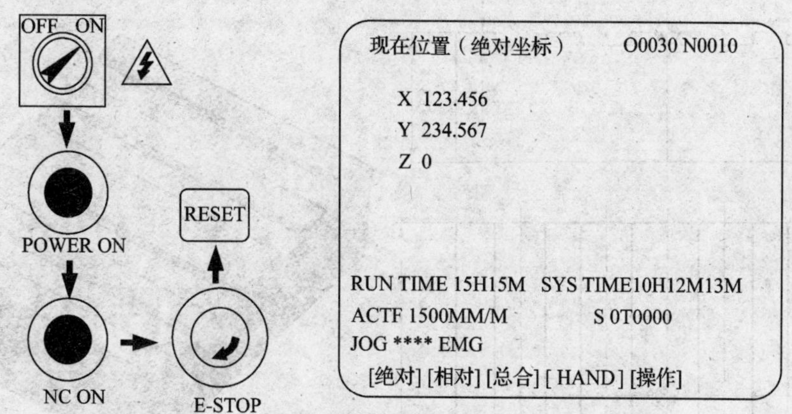

图 1—33 开电源流程与开电源后屏幕显示画面

的复位键（RESET）数秒后机床将复位。

5）检查风扇电动机是否旋转。

（2）机床关电源

机床关电源操作流程与图 1—33 所示开电源操作流程相反，其操作步骤如下：

1）检查操作面板上的循环启动灯是否关闭。

2）检查 CNC 机床的移动部件是否都已经停止。

3）如有外部输入/输出设备接到机床上，先关外部设备的电源。

4）按下急停按钮“E - STOP”，再按下“POWER OFF”按钮，关机床电源，切断总电源。

任务 3 数控铣床/加工中心的手动操作

学习目标

1. 掌握数控铣床/加工中心坐标系的确定方法。
2. 掌握数控铣床/加工中心的手动回参考点操作。
3. 掌握数控铣床/加工中心的手摇进给操作和手动进给操作。
4. 掌握数控铣床/加工中心的对刀操作及设定工件坐标系的方法。

工作任务

任务要求：采用手摇（HANDLE）或手动（JOG）切削方式加工如图 1—34 所示的工件，工件毛坯选用 100 mm × 80 mm × 33 mm 的铝块，刀具的装夹与校正由教师完成。

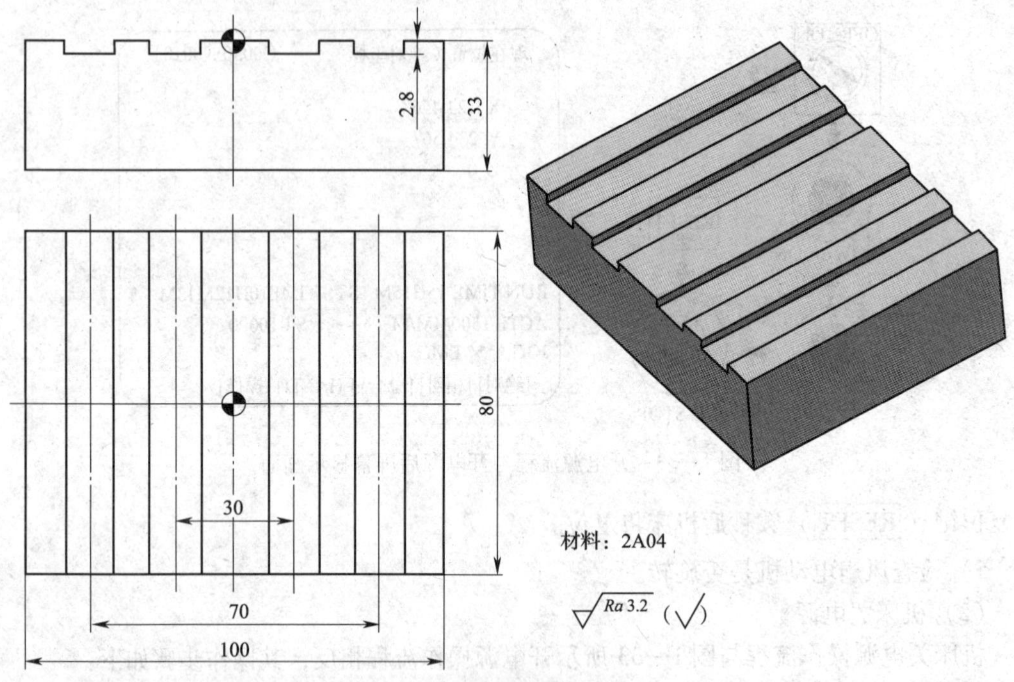

技术要求

槽宽为 12 mm，用 ϕ12 mm 的立铣刀进行加工。

图 1—34　手动操作加工实例

相关理论

要实现刀具在数控机床中的移动，首先要明确刀具向哪个方向移动。刀具的移动方向即为数控机床的坐标系方向。因此，数控编程与操作的首要任务就是确定机床的坐标系。

1．机床坐标系（也叫标准坐标系）

（1）机床坐标系的定义

在数控机床上加工零件，机床动作是由数控系统发出的指令来控制的。为了确定机床的运动方向和移动距离，就要在机床上建立一个坐标系，这个坐标系就叫机床坐标系，也叫标准坐标系。

（2）机床坐标系中的规定

数控铣床的加工动作主要分刀具动作和工件动作两部分。因此，在确定机床坐标系的方向时规定：永远假定刀具相对于静止的工件而运动。对于工件运动而不是刀具运动的机床，编程人员在编程过程中也按照刀具相对于工件的运动来进行编程。

对于机床坐标系的方向，均将增大工件和刀具间距离的方向确定为正方向。

数控机床的坐标系采用右手定则的笛卡儿坐标系。如图 1—35 所示，左图中大拇指的方向为 X 轴的正方向，食指指向 Y 轴的正方向，中指指向 Z 轴的正方向，而右图则规定了转动轴 A、B、C 轴的转动正方向。

（3）机床坐标系的确定

数控铣床的机床坐标系方向如图 1—36 和图 1—37 所示，其确定方法如下：

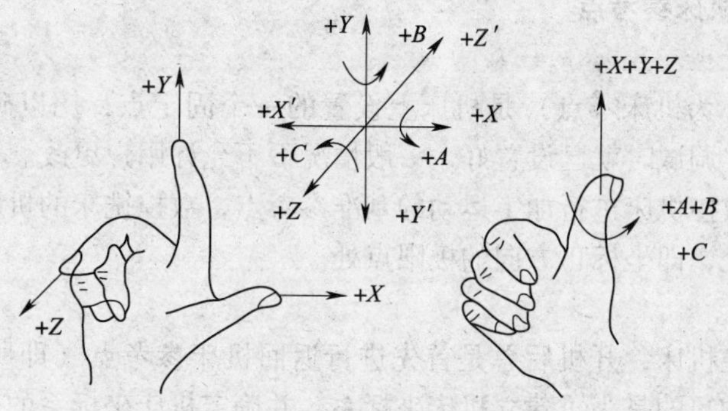

图 1—35　右手笛卡儿坐标系统

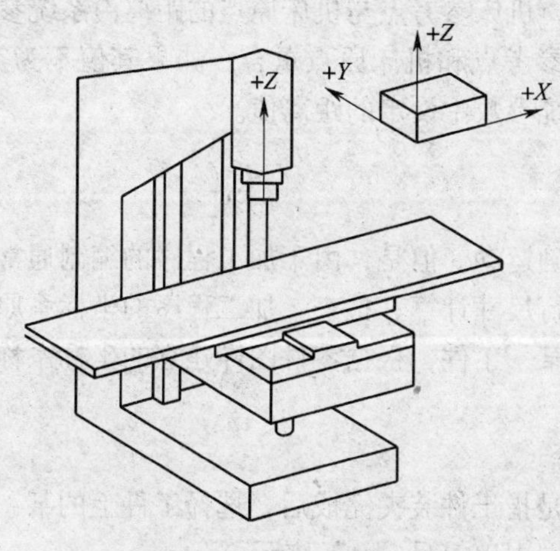

图 1—36　立式升降台铣床

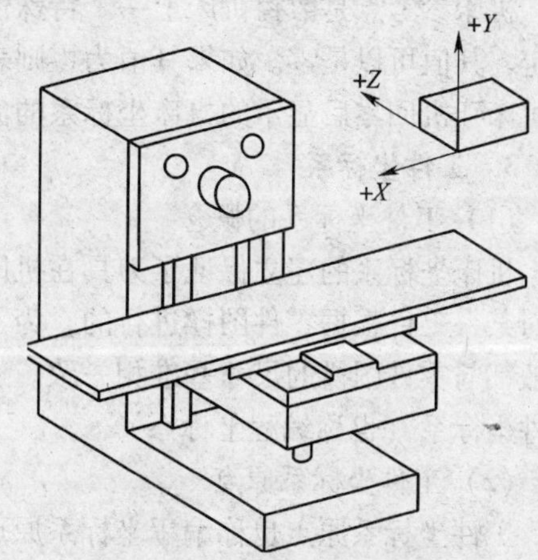

图 1—37　卧式升降台铣床

1）*Z* 坐标轴方向

Z 坐标轴的运动由传递切削力的主轴决定，不管哪种机床，与主轴轴线平行的坐标轴即为 *Z* 轴。根据坐标系正方向的确定原则，在钻、镗、铣加工中，钻入或镗入工件的方向为 *Z* 轴的负方向。

2）*X* 坐标轴方向

X 坐标轴一般为水平方向，它垂直于 *Z* 轴且平行于工件的装夹面。对于立式铣床，*Z* 轴方向是垂直的，则站在工作台前，从刀具主轴向立柱看，水平向右的方向为 *X* 轴的正方向，如图 1—36 所示。若 *Z* 轴是水平的，则从主轴向工件看（即从机床背面向工件看），向右方向为 *X* 轴的正方向，如图 1—37 所示。

3）*Y* 坐标轴方向

Y 坐标轴垂直于 *X*、*Z* 坐标轴，根据右手笛卡儿坐标系（见图 1—35）来进行判别。由此可见，确定坐标系各坐标轴时，总是先根据主轴来确定 *Z* 轴，再确定 *X* 轴，最后确定 *Y* 轴。

4）旋转轴方向

旋转运动 *A*、*B*、*C* 相对应表示其轴线平行于 *X*、*Y*、*Z* 坐标轴的旋转运动。*A*、*B*、*C* 正方向为 *X*、*Y*、*Z* 坐标轴正方向上按照右旋旋进的方向。

2. 机床原点和机床参考点

（1）机床原点

机床原点（也称为机床零点）是机床上设置的一个固定点，用以确定机床坐标系的原点。它在机床装配、调试时就已设置好，一般情况下不允许用户更改。

机床原点又是数控机床进行加工运动的基准参考点，数控铣床的机床原点一般设在刀具远离工件的极限点处，即坐标正方向的极限点处。

（2）机床参考点

对于大多数数控机床，开机后总是首先进行返回机床参考点（即所谓的机床回零）操作。开机回参考点的目的是为了建立机床坐标系，并确定机床坐标系的原点。该坐标系一经建立，只要机床不断电，将永远保持不变，并且不能通过编程对它进行修改。

机床参考点是数控机床上一个特殊位置的点，机床参考点与机床原点的距离由系统参数设定，其值可以是零。如果其值为零则表示机床参考点和机床原点重合；如果其值不为零，则机床开机回零后显示的机床坐标系的值即是系统参数中设定的距离值。

3. 工件坐标系

（1）工件坐标系的概念

机床坐标系的建立保证了刀具在机床上的正确运动。但是，由于加工程序的编制通常是针对某一工件根据零件图样进行的，为了便于进行尺寸计算、检查，加工程序的坐标系原点一般都与零件图样的尺寸基准相一致。这种针对某一工件，根据零件图样建立的坐标系称为工件坐标系（也称编程坐标系）。

（2）工件坐标系原点

工件坐标系原点也称编程坐标系原点，该点是指工件装夹完成后，选择工件上的某一点作为编程或工件加工的原点。工件坐标系原点在图中以符号“◕”表示。

（3）工件坐标系原点的选择

工件坐标系原点的选择原则如下：

1）工件坐标系原点应选在零件图的基准尺寸上，以便于坐标值的计算，减少错误。

2）工件坐标系原点应尽量选在精度较高的工件表面，以提高被加工零件的加工精度。

3）*Z* 轴方向上的工件坐标系原点，一般取在工件的上表面。

4）当工件对称时，一般以工件的对称中心作为 *XY* 平面的原点，如图 1—38a 所示。

5）当工件不对称时，一般取工件某一垂直交角处作为工件原点，如图 1—38b 所示。

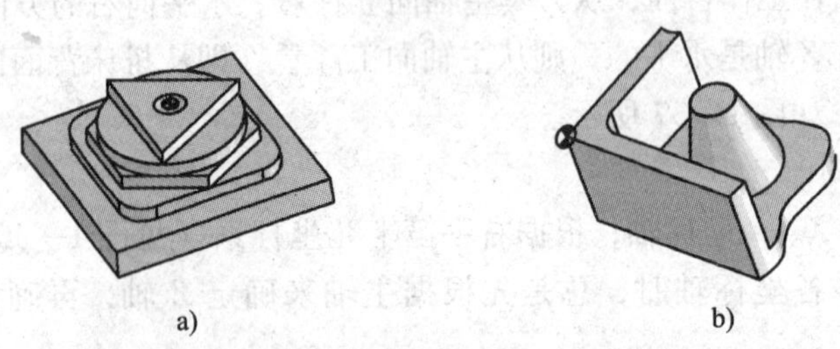

a)　　b)

图 1—38　工件坐标系原点的选择

（4）工件坐标系原点设定

工件坐标系原点通常通过零点偏置的方法来设定，其设定过程为：选择装夹后工件的编程坐标系原点，找出该点在机床坐标系中的绝对坐标值(图1—39中的$-a$、$-b$和$-c$值)，将这些值通过机床面板操作输入机床偏置存储器参数（这种参数有G54～G59共计6个）中，从而将机床坐标系原点偏移至工件坐标系原点。找出工件坐标系在机床坐标系中的位置的过程称为对刀。

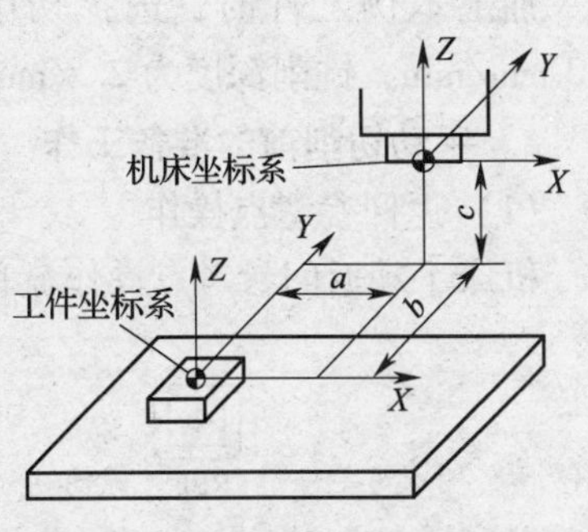

图1—39　工件坐标系原点设定

零点偏置设定的工件坐标系实质上就是在编程与加工之前让数控系统知道工件坐标系在机床坐标系中的具体位置。通过这种方法设定的工件坐标系，只要不对其进行修改、删除操作，将永久保存，即使机床关机，其坐标系也将保留。

任务实施

1. 工艺分析

(1) 加工准备

本例选用的机床为FANUC 0i系统的TH7650型数控铣床，毛坯为100 mm×80 mm×33 mm的铝块。加工中使用的工具、量具、刀具见表1—3。

表1—3　　手动操作加工实例的工具、量具、刀具清单

序号	名称	规格	数量	备注
1	游标卡尺	0～150 mm，0.02 mm	1	
2	千分尺	0～25 mm，25～50 mm，50～75 mm	各1	
3	百分表	0～10 mm，0.01 mm	1	
4	磁性表座		1	
5	立铣刀	ϕ10 mm，ϕ12 mm	各1	选用
6	键槽铣刀	ϕ10 mm，ϕ12 mm	各1	选用
7	平口钳	200 mm	1	
8	辅具	垫铁、活扳手、压板、螺钉等	各1	
9	其他	铜棒、铜皮、毛刷等常用工具		选用
		计算机、计算器、编程用书等		

(2) 加工要求

本课题的工时定额为2 h，加工完成后要求各加工面尺寸精度和表面质量符合图样要求，同时要求加工过程符合安全文明生产要求。

(3) 选择刀具

加工本例工件时，既可选用ϕ12 mm的立铣刀（高速钢材料）进行加工，也可选用ϕ12 mm的键槽铣刀进行加工。

(4) 选择切削用量

加工本例工件时，选择切削速度为600 r/min，手摇或 JOG 进给速度控制在 50 ~ 150 mm/min，铣削深度为2.8 mm。

2. 手动切削前的准备工作

（1）返回参考点操作

机床手动返回参考点操作流程及返回参考点后的屏幕显示画面如图1—40所示。

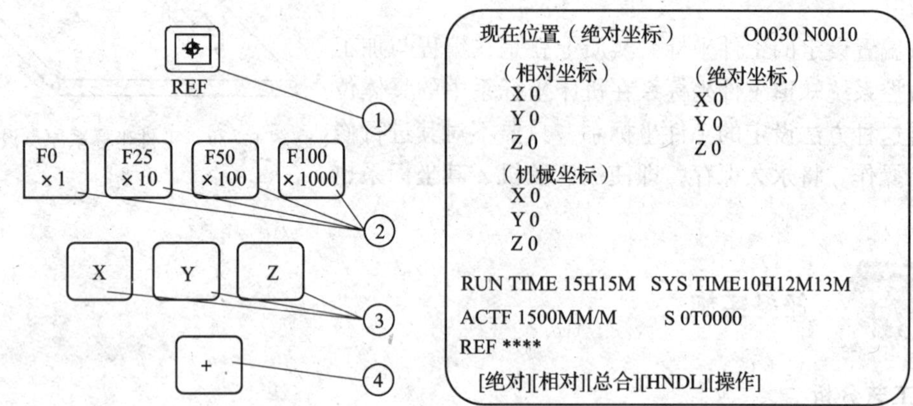

图1—40 机床返回参考点流程及屏幕显示画面

1）模式按钮选择“REF”。

2）选择快速移动倍率（“F0”“F25”“F50”“F100”）。

3）分别选择回参考点的轴（“Z”“X”或“Y”）。

4）按下轴的“+”方向选择按钮不松开，直到相应轴的返回参考点指示灯亮。

虽然数控铣床可以三个轴同时回参考点，但为了确保回参考点过程中刀具与机床的安全，数控铣床的回参考点一般先进行 *Z* 轴的回参考点，再进行 *X* 及 *Y* 轴的回参考点。

FANUC 系统加工中心的回参考点为按“+”方向键回参考点，如按“-”方向键，则机床不动作。机床回参考点时，刀具离参考点不能太近，否则回参考点过程中会出现超程报警。

（2）在 MDI 方式下设定转速

1）模式按钮选“MDI”，按下 MDI 功能键 PROG。

2）在 MDI 面板上输入 S600 M03（含义后叙），按下功能键 EOB，再按下功能键 INSERT。

3）按下循环启动按钮“CYCLE START”。要使主轴停转，可按下功能键 RESET。

完成以上操作后，在手摇“HANDLE”和手动“JOG”模式下，即可按下按钮“CW”使主轴正转。

（3）手轮进给操作

手摇操作的流程和手摇操作后的坐标显示画面如图 1—41 所示，该画面中有三个坐标系，分别是机械坐标系（即机床坐标系）、绝对坐标系（显示刀具在工件坐标系中的绝对值）和相对坐标系。

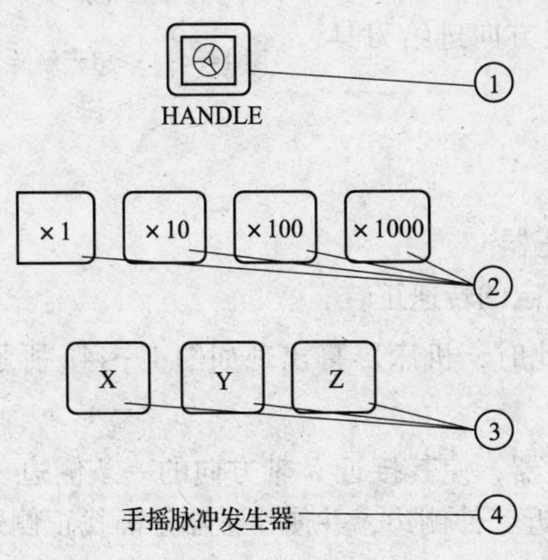

图 1—41　手摇进给操作流程及坐标显示画面

1）模式按钮选择“HANDLE”，按下 MDI 功能键 POS 。

2）选择增量步长。

3）选择刀具要移动的轴。

4）旋转手摇脉冲发生器向相应的方向移动刀具。

（4）手动连续进给与手动快速进给

手动连续进给主要用于手动切削加工，而手动快速进给主要用于刀具快速定位，两种进给操作的操作流程如图 1—42 所示。

1）模式按钮选择“JOG”，按下 MDI 功能键 POS 。

2）调节进给速度倍率旋钮，选择合适的进给速度倍率。

3）选择需要手动进给的轴。

4）按下进给方向键不松开即可使刀具沿所选轴方向连续进给。

如果要进行快速手动进给，只需在手动进给前按下位于方向选择按钮中间的快速按钮即可。

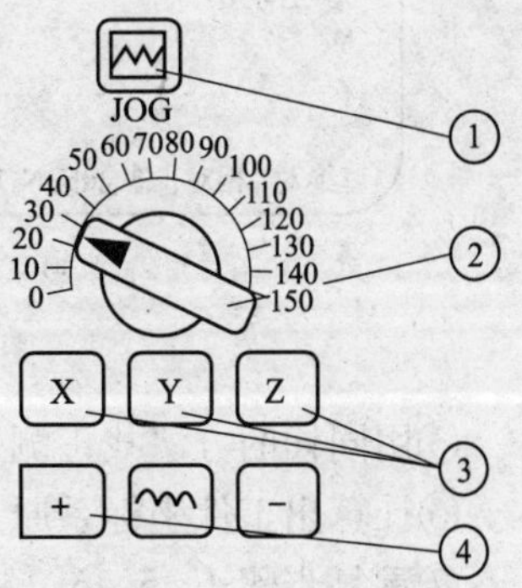

图 1—42　手动进给流程

手动进给操作过程中，旋转进给倍率修调旋钮可实现手动进给快慢的修调。另外，手动进给操作时，进给方向一定不能搞错，这是数控机床操作的基本功。

（5）超程解除

在手摇或手动进给过程中，由于进给方向错误，常会发生超行程报警现象，解除过程如下：

1）模式按钮选择“HANDLE”。

2）按下“超程解除”按钮（见图1—43）不要松开，同时按下 MDI 功能键RESET，消除报警画面。

图1—43 “超程解除”按钮

3）仍不松开“超程解除”按钮，向超程的反方向进给刀具，退出超行程位置，机床即可恢复正常。

（6）试切削对刀与设定工件坐标系

1）*XY* 平面的对刀操作

①模式按钮选“HANDLE”，主轴上安装好找正器。

②按下主轴正转按钮“CW”，主轴将以前面设定的转速正转。

③按下功能键POS，再按下软键［综合］，此时，机床屏幕出现如图1—44a 所示的画面。

④选择相应的轴选择旋钮，摇动手摇脉冲发生器，使其接近 *X* 轴方向的一条侧边（见图1—44b），降低手动进给倍率，使找正器慢慢接近工件侧边，并使找正器正确找正侧边 *A* 点处。记录屏幕显示画面中机械坐标系的 *X* 值，设为 X_1（假设 $X_1 = -234.567$）。

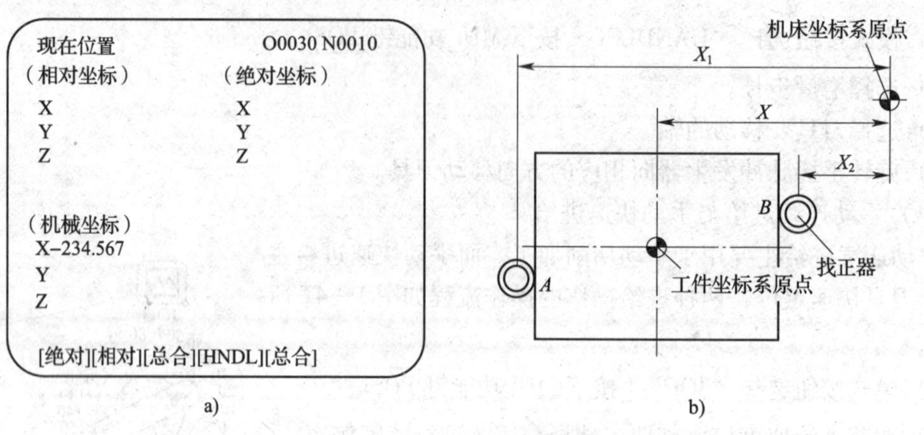

图1—44 *XY* 平面内的对刀操作与屏幕显示图

⑤用同样的方法找正侧边 *B* 点处，记录下 X_2 值（假设 $X_2 = -154.789$）。

⑥计算出工件坐标系原点的 *X* 值，$X = (X_1 + X_2)/2$。

⑦重复步骤4、5、6，用同样的方法测量并计算出工件坐标系原点的 *Y* 值。

2）*Z* 轴方向的对刀

①将主轴停转，手动换上切削用刀具。

②在工件上方放置一个 $\phi 10$ mm 的测量用心棒（或量块），在“HANDLE”模式下选择相应的轴选择旋钮，摇动手摇脉冲发生器，使其在 *Z* 轴方向接近心棒（见图1—45），降低手动进给倍率，使刀具与心棒微微接触。记录下屏幕显示画面中机床坐标系的 *Z* 值，设为 Z_1（假设 $Z_1 = -61.123$）。

③计算出工件坐标系的 *Z* 值，$Z = Z_1 - 10.0$（心棒直径）。

④如果是加工中心同时使用多把刀具进行加工，则可重复以上步骤，分别测出各自不同的 *Z* 值。

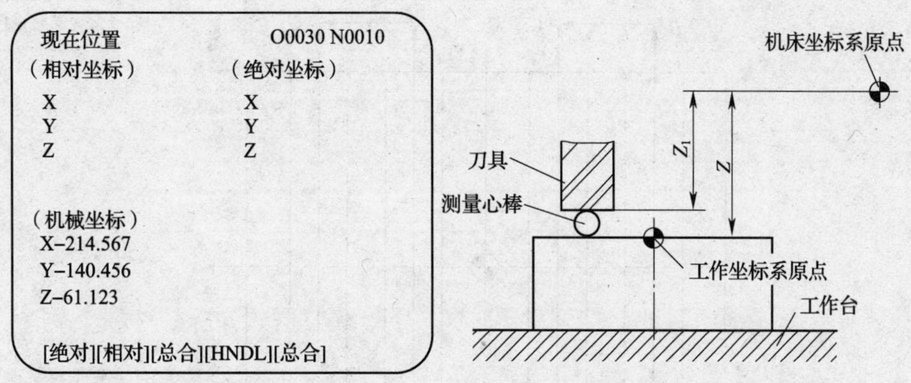

图 1—45　*Z* 轴方向的对刀操作与屏幕显示图

3）工件坐标系的设定

将工件坐标系设定在 G54 参数中，其设定过程如下：

①按下 MDI 功能键 OFFSET SETTING 。

②按下屏幕下的软键［WORK］，出现如图 1—46 所示的显示画面。

```
WORK COORDINATES                    O0001 N0000
 (G54)
 NO.DATA                        NO.DATA
 00       X 0.000               02      X 0.000
 (EXT)    Y 0.000               (G55)   Y 0.000
          Z 0.000                       Z 0.000

 01                             03
 (G54)    X-194.678             (G56)   X-0.000
          Y-145.457                     Y-0.000
          Z-71.123                      Z-0.000

     [OFFSET]  [SETING]  [WORK]  [  ]  [OPRT]
```

图 1—46　工件坐标系的设定显示画面

③向下移动光标，到 G54 坐标系 *X* 处，输入前面计算出的 *X* 值，注意不要输地址 *X*，按下功能键 INPUT 。

④将光标移到 G54 坐标系 *Y* 处，输入前面计算出的 *Y* 值，按下功能键 INPUT 。

⑤用同样的方法，将计算出的 *Z* 值输入 G54 参数中。

注意：记录坐标值时，请务必记录屏幕显示中的机械坐标值。工件坐标系设定完成后，再次手动返回参考点，进入坐标系［综合］显示画面，看一看各坐标系的坐标值与设定前有何区别。

3．手动切削操作

（1）确定手动切削轨迹的坐标点

在 *XY* 平面内，刀具中心的切削轨迹为图 1—47 中的点 *A*～*H*。为使刀具在 *XY* 平面内正确移动，操作前必须首先确定点 *A*～*H* 在工件坐标系中的坐标值。

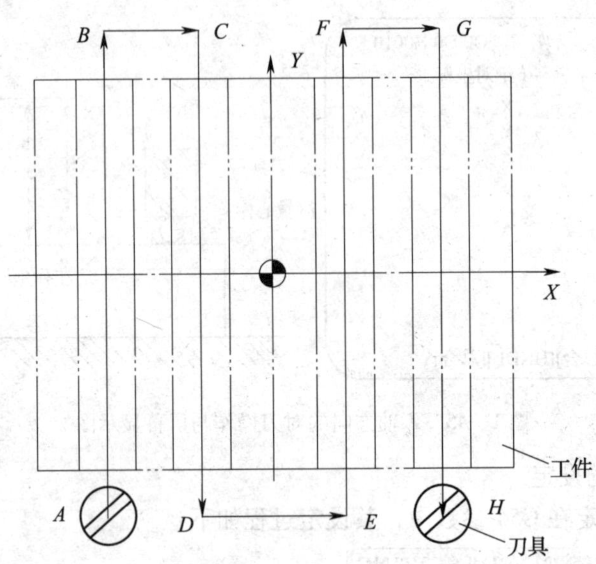

图 1—47　刀具在 *XY* 平面内的轨迹图

为了避免刀具快速落刀与抬刀过程中与工件发生碰撞，在 *XY* 平面内刀具切削进给的开始点（图 1—47 中的 *A* 点）与结束点（图 1—47 中的 *H* 点）要离开工件侧面大于一个刀具半径的距离。

根据该工件的工件坐标系位置，计算出点 *A* ~ *H* 在 *XY* 平面内的坐标值为：*A*（－35.0，－50.0）；*B*（－35.0，50.0）；*C*（－15.0，50.0）；*D*（－15.0，－50.0）；*E*（15.0，－50.0）；*F*（15.0，50.0）；*G*（35.0，50.0）；*H*（35.0，－50.0）。

（2）工件切削加工

进行工件切削进给的操作步骤如下：

1）模式按钮选“MDI”，按下 MDI 功能键 PROG 。

2）在 MDI 面板上输入“S600 M03 G54”，按下功能键 EOB ，再按下功能键 INSERT 。

3）按下循环启动按钮“CYCLE START”。

4）模式按钮转换至“HANDLE”，按 MDI 功能键 POS ，并按屏幕下方的软键［综合］，屏幕显示三种坐标系。

5）选择增量步长按钮“×100”，根据刀具当前位置和屏幕上显示的绝对坐标系值，摆动手摇脉冲发生器在 *XY* 平面移动刀具到 *A* 点处（当靠近该点时，应选择较小的增量步长），使屏幕中显示的绝对坐标值为：X－35.0，Y－50.0。

6）选择手摇进给轴“Z”，仅在－*Z* 轴方向移动刀具，使刀具下降绝对坐标到 Z－2.8 处。

7）选择手摇进给轴“Y”，在＋*X* 轴方向移动刀具至 *B* 点（－35.0，50.0）；手摇进给转换成“X”，在＋*X* 轴方向移动刀具至 *C* 点（－15.0，50.0）…，直至刀具移动到 *H* 点（35.0，－50.0）。

8）沿＋*Z* 方向手摇退出刀具至工件坐标系（35.0，－50.0，50.0）处。

在手摇切削进给过程中，要注意尽可能保持切削进给速度即手摇速度的一致性。

（3）测量工件

在加工完成后及时进行工件精度的测量，在工件卸除前进行修正。

（4）安全文明生产

拆卸工件，清洁机床，清理工作现场。

任务4　数控铣床/加工中心程序的输入与编辑

学习目标

1. 了解数控编程的定义、分类、步骤、特点与要求。
2. 掌握数控编程常用功能指令。
3. 掌握数控编程的程序与程序段格式。
4. 掌握数控程序手工输入与编辑的方法。
5. 掌握数控程序的校验方法与数控机床的绘图功能。

工作任务

数控机床能忠实地执行数控系统发出的命令，而这些命令则通过数控程序来体现。因此，数控机床操作的首要任务就是将数控程序正确、快速地输入数控系统。本任务是将下列数控铣床/加工中心程序（该程序为图1—34所示工件的数控铣床/加工中心加工程序）采用手工输入方式输入数控系统，并通过程序校验来验证所输入程序的正确性。

```
O0010;
G90 G94 G40 G17 G21 G54;
G91 G28 Z0;
M03 S600;
G90 G00 X-35.0 Y-50.0;
        Z20.0 M08;
G01 Z-2.8 F100;
    Y50.0;
    X-15.0;
    Y-50.0;
```

```
    X15.0;
    Y50.0;
    X35.0;
    Y-50.0;
G00 Z50.0 M09;
M30;
```

任务分析：数控加工中，每一任务都涉及程序输入与编辑。要完成该项任务，需掌握数控编程、数控程序及程序段格式、数控系统常用功能等理论知识以及数控程序的编辑、程序校验等操作技能。

注：如果学校有数控计算机仿真软件，本任务的实施可在数控仿真软件中完成。

相关理论

1. 数控编程

（1）数控编程的定义

为了使数控机床能根据零件加工的要求进行动作，必须将这些要求以机床数控系统能识别的指令形式告知数控系统，这种数控系统可以识别的指令称为程序，制作程序的过程称为数控编程。

数控编程的过程不仅仅指编写数控加工指令代码的过程，它还包括从零件分析到编写加工指令代码再到制成控制介质以及程序校核的全过程。在编程前首先要进行零件的加工工艺分析，确定加工工艺路线、工艺参数、刀具的运动轨迹、位移量、切削用量（切削速度、进给量、铣削深度）以及各项辅助功能（如换刀、主轴正反转、切削液开关等）；接着根据数控机床规定的指令代码及程序格式编写加工程序单；再把这一程序单中的内容记录在控制介质上（如软磁盘、移动存储器、硬盘），检查正确无误后采用手工输入方式或计算机传输方式输入数控机床的数控装置中，从而指挥机床加工零件。

（2）数控编程的分类

数控编程可分为手工编程和自动编程两种。

1）手工编程

手工编程是指编制加工程序的全过程，即图样分析、工艺处理、数值计算、编写程序单、制作控制介质、程序校验都是由手工来完成的。

手工编程不需要计算机、编程器、编程软件等辅助设备，只需要有合格的编程人员即可完成。手工编程具有编程快速、及时的优点，但其缺点是不能进行复杂零件加工程序的编制。手工编程比较适合批量较大、形状简单、计算方便、轮廓由直线或圆弧组成的零件的加工。对于形状复杂的零件，特别是具有非圆曲线、列表曲线及曲面的零件，采用手工编程比较困难，最好采用自动编程的方法。

2）自动编程

自动编程是指用计算机编制数控加工程序的过程。

自动编程的优点是效率高，程序正确性好。自动编程由计算机代替人完成复杂的坐标计算和书写程序单的工作，它可以解决许多手工编制无法完成的复杂零件编程难题，但其缺点是必须具有自动编程系统或编程软件。自动编程较适合于形状复杂零件的加工程序编制，如模具加工、多轴联动加工等场合。

采用 CAD/CAM 软件自动编程与加工的过程为：图样分析、零件造型、生成刀具轨迹、后置处理生成加工程序、程序校验、程序传输并进行加工。

(3) 数控手工编程的内容与步骤

编程步骤如图 1—48 所示，主要有以下几个方面的内容：

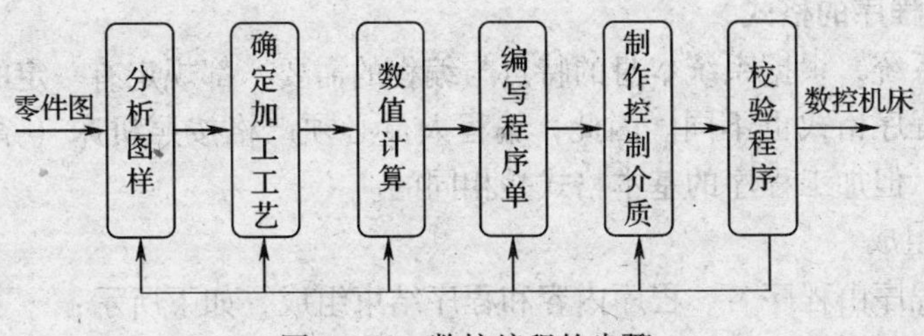

图 1—48 数控编程的步骤

1）分析图样

包括零件轮廓分析，零件尺寸精度、形位精度、表面粗糙度、技术要求的分析，零件材料、热处理等要求的分析。

2）确定加工工艺

选择加工方案，确定加工路线，选择定位与夹紧方式，选择刀具，选择各项切削参数，选择对刀点、换刀点等。

3）数值计算

选择编程坐标系原点，对零件轮廓上各基点或节点进行准确的数值计算，为编写加工程序单做好准备。

4）编写程序单

根据数控机床规定的指令及程序格式编写加工程序单。

5）制作控制介质

简单的数控加工程序可直接通过键盘手工输入。当需要自动输入加工程序时，必须预先制作控制介质。现在大多数程序采用软盘、移动存储器、硬盘作为存储介质，采用计算机传输进行自动输入。

6）校验程序

加工程序必须经过校验并确认无误后才能使用。程序校验一般采用机床空运行的方式进行，有图形显示功能的机床可直接在 CRT 显示屏上进行校验，另外还可采用计算机数控模拟等方式进行校验。

(4) 数控铣床、加工中心编程特点

1）为了方便编程中的数值计算，在数控铣床、加工中心的编程中广泛采用刀具半径补偿功能。

2）为适应数控铣床、加工中心的加工需要，对于常见的镗孔、钻孔切削加工动作，可以通过采用数控系统本身具备的固定循环功能来实现，以简化编程。

3）大多数数控铣床与加工中心都具备镜像加工、比例缩放等特殊编程指令以及极坐标编程指令，以提高编程效率，简化程序。

4）根据加工批量的大小，决定加工中心采用自动换刀还是手动换刀。对于单件或很小批量的工件加工，一般采用手动换刀，而对于批量大于 10 件且刀具更换频繁的工件加工，一般采用自动换刀。

5）数控铣床与加工中心广泛采用子程序编程的方法。编程时尽量将不同工序内容的程序分别安排到不同的子程序中，以便于对每一独立的工序进行单独的调试，也便于因加工顺序不合理重新调整加工程序。主程序主要用于完成换刀及子程序的调用等工作。

2. 数控加工程序的格式

每一种数控系统，根据系统本身的特点与编程的需要，都规定有一定的程序格式。对于不同的机床，其程序格式也不同。因此，编程人员必须严格按照机床（系统）说明书规定的格式进行编程。但加工程序的基本格式是相同的。

（1）程序的组成

一个完整的程序由程序名、程序内容和程序结束组成，如下所示：

```
O0010;                                  程序名
G90 G94 G40 G17 G21 G54;  ┐
G91 G28 Z0;               │
G90 G00 X-16.0 Y840.0;    │
        Z20.0;            │
                          ├             程序内容
M03 S600 M08;             │
…                         │
G00 Z50.0 M09;            ┘
M30;                                    程序结束
```

1）程序名

每一个存储在系统存储器中的程序都需要指定一个程序号以相互区别，这种用于区别零件加工程序的代号称为程序名，又称为程序号。因为程序名是加工程序开始部分的识别标记，所以同一数控系统中的程序名（号）不能重复。

程序名写在程序的最前面，必须单独占一行。

FANUC 系统程序名的书写格式为 O××××，其中 O 为地址符，其后为四位数字，数值从 0000 到 9999，在书写时其数字前的零可以省略不写，如 O0020 可写成 O20。

2）程序内容

程序内容是整个加工程序的核心，它由许多程序段组成，每个程序段由一个或多个指令字构成，它表示数控机床中除程序结束外的全部动作。

3）程序结束

程序结束由程序结束指令构成，它必须写在程序的最后。

可以作为程序结束标记的 M 指令有 M02 和 M30，它们代表零件加工程序的结束。为了保证最后程序段的正常执行，通常要求 M02/M30 单独占一行。

此外，子程序结束的结束标记因不同的系统而各异，如 FANUC 系统中用 M99 表示子程序结束后返回主程序，而在 SIEMENS 系统中则通常用 M17、M02 或字符“RET”作为子程序的结束标记。

（2）程序段的组成

1）程序段的基本格式

程序段格式是指在一个程序段中，字、字符、数据的排列、书写方式和顺序。

程序段是程序的基本组成部分，每个程序段由若干个地址字构成，而地址字又由表示地址的英文字母、特殊文字和数字构成，如 X30、G71 等。通常情况下，程序段格式有可变程序段格式、使用分隔符的程序段格式、固定程序段格式三种。本节主要介绍当前数控机床上常用的可变程序段格式。其格式如下：

N	G	X Y Z	F	S	T	M	LF
程序段号	准备功能字	尺寸功能字	进给功能字	主轴功能字	刀具功能字	辅助功能字	结束标记

例　N50 G01 X30.0 Z30.0 F100 S800 T01 M03；

2）程序段号与程序段结束

程序段由程序段号 N××开始，以程序段结束标记“CR（或 LF）”结束，实际使用时，常用符号“；”或“*”表示“CR（或 LF）”，本书中一律以符号“；”表示程序段结束。

N××为程序段号，由地址符 N 和后面的若干位数字表示。在大部分系统中，程序段号仅作为“跳转”或“程序检索”的目标位置指示，因此，它的大小及次序可以颠倒，也可以省略。程序段在存储器内以输入的先后顺序排列，而程序的执行是严格按信息在存储器内的先后顺序逐段进行的，也就是说执行的先后次序与程序段号无关。但是，当程序段号省略时，该程序段将不能作为“跳转”或“程序检索”的目标程序段。

程序段的中间部分是程序段的内容，主要包括准备功能字、尺寸功能字、进给功能字、主轴功能字、刀具功能字、辅助功能字等，但并不是所有程序段都必须包含这些功能字，有时一个程序段内可仅含有其中一个或几个功能字，如下列程序段所示：

N10 G01 X100.0 F100；

N80 M05；

程序段号也可以由数控系统自动生成，程序段号的递增量可以通过“机床参数”进行设置，一般可设定增量值为 10，以便在修改程序时方便进行“插入”操作。

3）程序的斜杠跳跃

有时，在程序段的前面编有“/”符号，该符号称为斜杠跳跃符号，该程序段称为可跳跃程序段。如下列程序段：

/N10 G00 X100.0；

这样的程序段，可以由操作者对其执行情况进行控制。当操作机床并使系统的“跳过程序段”信号生效时，程序在执行中将跳过这些程序段；当“跳过程序段”信号无效时，该程序段照常执行，即与不加“/”符号的程序段相同。

4）程序段注释

为了方便检查、阅读数控程序，在许多数控系统中允许对程序段进行注释，注释可以作为对操作者的提示显示在屏幕上，但注释对机床动作没有丝毫影响。FANUC 系统的程序注释用“（ ）”括起来，而且必须放在程序段的最后，不允许将注释插在地址和数字之间。如下列程序段所示：

O0010；　　　　（PROGRAM NAME - 10）

G21 G98 G40；

T0101;　　　　　　　　　　(TOOL 01)

…

3. 数控系统常用的功能

数控系统常用的功能有准备功能、辅助功能、其他功能三种，这些功能是编制加工程序的基础。

（1）准备功能

准备功能又称 G 功能或 G 指令，是数控机床完成某些准备动作的指令。它由地址符 G 和后面的两位数字组成，从 G00 ~ G99 共 100 种，如 G01、G41 等。目前，随着数控系统功能的不断增加，有的系统已开始采用三位数的功能指令，如 SIEMENS 系统中的 G450、G451 等。

从 G00 ~ G99 虽有 100 种 G 指令，但并不是每种指令都有实际意义，有些指令在国际标准（ISO）及我国相关标准中并没有指定其功能，即“不指定”，这些指令主要用于将来修改其标准时指定新的功能。还有一些指令，即使在修改标准时也永不指定其功能，即“永不指定”，这些指令可由机床设计者根据需要自行规定其功能，但必须在机床的出厂说明书中予以说明。

（2）辅助功能

辅助功能又称 M 功能或 M 指令。它由地址符 M 和后面的两位数字组成，从 M00 ~ M99 共 100 种。

辅助功能主要控制机床或系统的各种辅助动作，如机床/系统的电源开、关，切削液的开、关，主轴的正、反、停及程序的结束等。

因数控系统及机床生产厂家的不同，其 G/M 指令的功能也不尽相同，甚至有些指令与 ISO 标准指令的含义也不相同。因此，在进行数控编程时，一定要严格按照机床说明书的规定进行。

在同一程序段中，既有 M 指令又有其他指令时，M 指令与其他指令执行的先后次序由机床系统参数设定，因此，为保证程序以正确的次序执行，有很多 M 指令如 M30、M02、M98 等最好以单独的程序段进行编程。

（3）其他功能

1）坐标功能

坐标功能（又称尺寸功能）用来设定机床各坐标的位移量。它一般使用 X、Y、Z、U、V、W、P、Q、R 及 A、B、C、D、E 以及 I、J、K 等地址符，在地址符后紧跟“+”或“-”号和一串数字，分别用于指定直线坐标、角度坐标及圆心坐标的尺寸，如 X100.0、A-30.0、I-10.105 等。

2）刀具功能

刀具功能是指系统进行选（转）刀或换刀的功能指令，也称为 T 功能。刀具功能用地址符 T 及后面的一组数字表示。常用刀具功能的指定方法有 T4 位数法和 T2 位数法。

T4 位数法：4 位数的前两位数用于指定刀具号，后两位数用于指定刀具补偿存储器号。刀具号与刀具补偿存储器号可以相同，也可以不同，如 T0101 表示选 1 号刀具及选 1 号刀具补偿存储器中的补偿值；而 T0102 则表示选 1 号刀具及选 2 号刀具补偿存储器中的补偿值。FANUC 数控系统及部分国产系统数控车床大多采用 T4 位数法。

T2 位数法：该指令仅指定了刀具号，刀具补偿存储器号则由其他指令（如 D 或 H 指令）指定。同样，刀具号与刀具补偿存储器号可以相同，也可以不同，如 T04D01 表示选用 4 号刀具及 4 号刀具中 1 号补偿存储器。数控铣床、加工中心普遍采用 T2 位数法。

3）进给功能

用来指定刀具相对于工件运动速度的功能称为进给功能，由地址符 F 和其后面的数字组成。根据加工的需要，进给功能分为每分钟进给和每转进给两种，并以其对应的功能字进行转换。

①每分钟进给

直线运动的单位为 mm/min（毫米/分钟）。数控铣床的每分钟进给通过准备功能字 G94 来指定，其值为大于零的常数。如下列程序段所示：

G94 G01 X20.0 F100；　（进给速度为 100 mm/min）

②每转进给

在加工米制螺纹时，常使用每转进给来指定进给速度（该进给速度即表示螺纹的螺距或导程），其单位为 mm/r（毫米/转），通过准备功能字 G95 来指定。如下列程序段所示：

G95 G33 Z－50.0 F2；（进给速度为 2 mm/r，即加工的螺距/导程为 2 mm）

G95 G01 X20.0 F0.2；　（进给速度为 0.2 mm/r）

在编程时，进给速度不允许用负值表示，一般也不允许用 F0 来控制进给停止。但在除螺纹加工的实际操作过程中，均可通过操作机床面板上的进给倍率旋钮来对进给速度值进行实时修正。这时，通过进给倍率开关，可以控制其进给速度的值为 0。

4）主轴功能

用以控制主轴转速的功能称为主轴功能，也称为 S 功能，由地址符 S 及其后面的一组数字组成。

①主轴转速

根据加工的需要，主轴的转速分为恒线速度和恒转速两种。

恒转速的单位是 r/min（转/分钟），用准备功能字 G97 来指定，其值为大于零的常数。指令格式如下例：

G97 S1000；　　　（主轴转速为 1 000 r/min）

恒线速度：在加工某些非圆柱体表面时，为了保证工件的表面质量，主轴需要满足其线速度恒定不变的要求，从而需要自动实时调整转速，这种功能即称为恒线速度。恒线速度的单位为 m/min（米/分钟），用准备功能字 G96 来指定。恒线速度指令格式如下例：

G96 S100；　　　（主轴恒线速度为 100 m/min）

如图 1—49 所示，线速度 v 与转速 n 之间可以相互换算，其换算关系如下：

$$v = \pi Dn/1\,000$$

$$n = 1\,000\,v/\pi D$$

式中　v——切削线速度，m/min；

D——刀具直径，mm；

n——主轴转速，r/min。

注：在数控铣床/加工中心上主要采用恒转速功能，而恒线速度功能常用于数控车床的加工。

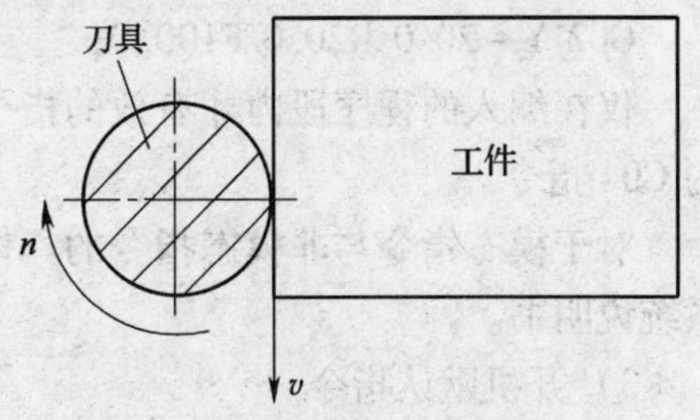

图 1—49　线速度与转速的关系

在编程时，主轴转速不允许用负值来表示，但允许用 S0 使主轴停止。在实际操作过程中，可通过机床操作面板上的主轴倍率旋钮来对主轴转速值进行修正，其调整范围一般为 50% ~120%。

②主轴的启、停

在程序中，主轴的正转、反转、停转由辅助功能 M03/M04/M05 进行控制。其中，M03 表示主轴正转，M04 表示主轴反转，M05 表示主轴停转，其指令格式如下：

G97 M03 S300；　　　　（主轴正转，转速为 300 r/min）

M05；　　　　（主轴停转）

(4) 常用功能指令的属性

1) 指令分组

所谓指令分组，就是将系统中不能同时执行的指令分为一组，并以编号区别。例如 G00、G01、G02、G03 就属于同组指令，其编号为 01 组。类似的同组指令还有很多。

同组指令具有相互取代的作用，同一组指令在一个程序段内只能有一个生效。当在同一程序段内出现两个或两个以上的同组指令时，只执行其最后输入的指令，有的机床此时会出现系统报警。对于不同组的指令，在同一程序段内可以进行不同的组合。如下列程序段所示：

G90 G94 G40 G21 G17 G54；　　　　（是规范正确的程序段，所有指令均不同组）

G01 G02 X30.0 Y30.0 R30.0 F100；　（是不规范的程序段，其中 G01 与 G02 是同组指令）

2) 模态指令和非模态指令

模态指令（又称为续效指令）表示该指令在某个程序段中一经指定，在接下来的程序段中将持续有效，直到出现同组的另一个指令时，该指令才失效，如常用的 G00、G01 ~ G03 及 F、S、T 等指令。

模态指令的出现，避免了在程序中出现大量的重复指令，使程序变得清晰明了。同样，当尺寸功能字在紧接的后一程序段中重复出现时，该尺寸功能字也可以省略。在下列程序段中，有下划线的指令则可以省略其书写和输入：

G01 X20.0 Y20.0 F150.0；

<u>G01</u> X30.0 <u>Y20.0</u> <u>F150.0</u>；

G02 <u>X30.0</u> Y-20.0 R20.0 F100.0；

因此，以上程序可写成：

G01 X20.0 Y20.0 F150.0；

　　X30.0；

G02 Y-20.0 R20.0 F100.0；

仅在编入的程序段内才有效的指令称为非模态指令（或称为非续效指令），如 G 指令中的 G04 指令。

对于模态指令与非模态指令的具体规定，因数控系统的不同而各异，编程时请查阅有关系统说明书。

3) 开机默认指令

为了避免编程人员出现指令遗漏，数控系统中对每一组指令，都选取其中的一个作为开机默认指令，此指令在开机或系统复位时可以自动生效。

常见的开机默认指令有 G01、G17、G40、G54、G94、G97 等。如程序中没有 G96 或 G97 指令，用程序“M03 S200;”指定主轴的正转转速是 200 r/min。

任务实施

1. 程序编辑操作

（1）建立一个新程序

建立新程序流程及建立新程序后的显示画面如图 1—50 所示。

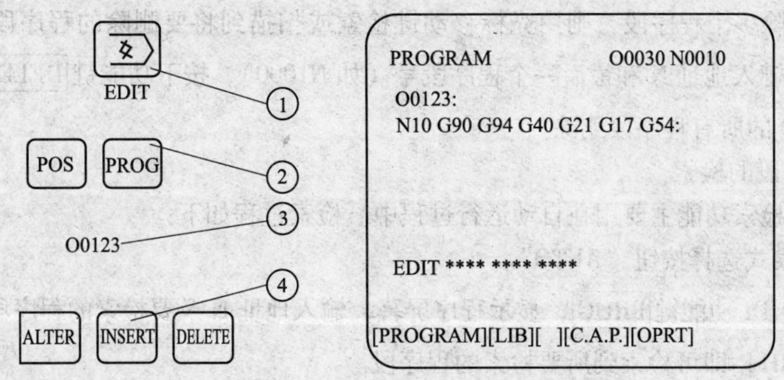

图 1—50 建立新程序流程及建立新程序后的显示画面

1）模式按钮选择“EDIT”。

2）按下 MDI 功能键 PROG 。

3）输入地址 O，输入程序名（如 O0123）。

4）按下功能键 INSERT 即可完成新程序“O0123”的插入。

注意：建立新程序时，要注意建立的程序名应为内存储器中没有的新程序名。

（2）调用内存中储存的程序

1）模式按钮选择“EDIT”。

2）按下 MDI 功能键 PROG ，输入地址 O，输入要调用的程序名，如 O0123。

3）按下光标向下移动键（见图 1—51）即可完成程序“O0123”的调用。

注意：程序调用时，一定要调用内存储器中已存在的程序。

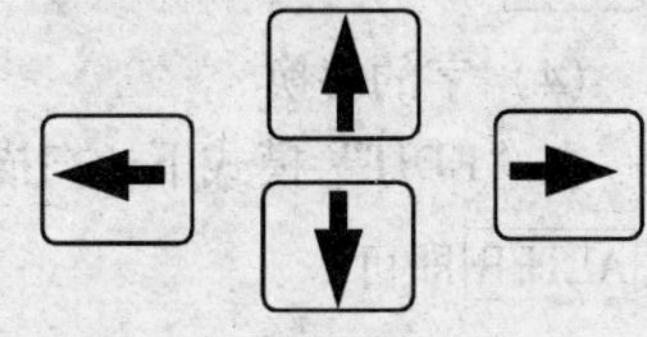

图 1—51 光标移动键

（3）删除程序

1）模式按钮选择“EDIT”。

2）按下 MDI 功能键 PROG ，输入地址 O，输入要删除的程序名，如 O0123。

3）按下功能键 DELETE 即可完成单个程序“O0123”的删除。

如果要删除内存储器中的所有程序，只要在输入“O－9999”后按下功能键 DELETE

即可。

如果要删除指定范围内的程序，只要在输入“OXXXX，OYYYY”后按下功能键 DELETE 即可将内存储器中“OXXXX～OYYYY”范围内的所有程序删除。

2. 程序段操作

（1）删除程序段

1）模式按钮选择“EDIT”。

2）用光标移动键检索或扫描到将要删除的程序段地址 N，按下功能键 EOB。

3）按下功能键 DELETE，将当前光标所在的程序段删除。

如果要删除多个程序段，则用光标移动键检索或扫描到将要删除的程序段开始地址 N（如 N0010），键入地址 N 和最后一个程序段号（如 N1000），按下功能键 DELETE，即可将 N0010～N1000 的所有程序段删除。

（2）程序段的检索

程序段的检索功能主要用在自动运行过程中。检索过程如下：

1）按下模式选择按钮“AUTO”。

2）按下 MDI 功能键 PROG，显示程序屏幕，输入地址 N 及要检索的程序段号，按下屏幕软键［N SRH］即可检索到所要检索的程序段。

3. 程序字操作

（1）扫描程序字

模式按钮选择“EDIT”，按下光标向左或向右移动键，光标将在屏幕上向左或向右移动一个地址字。按下光标向上或向下移动键，光标将移动到上一个或下一个程序段的开头。按下功能键 PAGE UP 或 PAGE DOWN，光标将向前或向后翻页显示。

（2）跳到程序开头

在“EDIT”模式下，按下功能键 RESET 即可使光标跳到程序开头。

（3）插入一个程序字

在“EDIT”模式下，扫描要插入的位置，键入要插入的地址字和数据，按下功能键 INSERT 即可。

（4）字的替换

在“EDIT”模式下，扫描到将要替换的字处，键入要替换的地址字和数据，按下功能键 ALTER 即可。

（5）字的删除

在“EDIT”模式下，扫描到将要删除的字，按下功能键 DELETE 即可。

（6）输入过程中字的取消

在程序字符的输入过程中，如发现当前字符输入错误，按下一次功能键 CAN，则删除一个当前输入的字符。

程序、程序段和程序字的输入与编辑过程中出现的报警，可通过按 MDI 功能键 RESET 来清除。

4. 输入本例加工程序

程序的输入过程如下：

模式按钮选“EDIT”，按功能键 PROG，将程序保护置在“OFF”位置。

O0010 INSERT

EOB INSERT

G90 G95 G40 G17 G21 EOB INSERT

G91 G28 Z0 EOB INSERT

M03 S600 M08 M04 EOB INSERT

G90 G00 X－35.0 Y－50.0 EOB INSERT

Z20.0 EOB INSERT

…

G00 Z50.0 M09 EOB INSERT

M30 EOB INSERT

RESET

输入后，发现第二行中 G95 应改成 G94，且少输了 G54，第四行中多输了 M04，作如下修改：

将光标移动到 G95 上，输入 G94，按下 ALTER。

将光标移动到 G21 上，输入 G54，按下 INSERT。

将光标移动到 M04 上，按下 DELETE。

5. 数控程序的校验

（1）机床锁住校验

机床锁住校验流程及运行画面如图 1—52 所示，操作步骤如下：

1）按下功能键 PROG，调用刚才输入的程序“O0010”。

2）按下模式选择按钮“AUTO”，按下机床锁住按钮“MC LOCK”。

3）按下软键［检视］，使屏幕显示正在执行的程序及坐标。

4）按下单段运行按钮“SINGLE BLOCK”，进行机床锁住检验。

在机床校验过程中，采用单段运行模式而非自动运行模式较为合适。

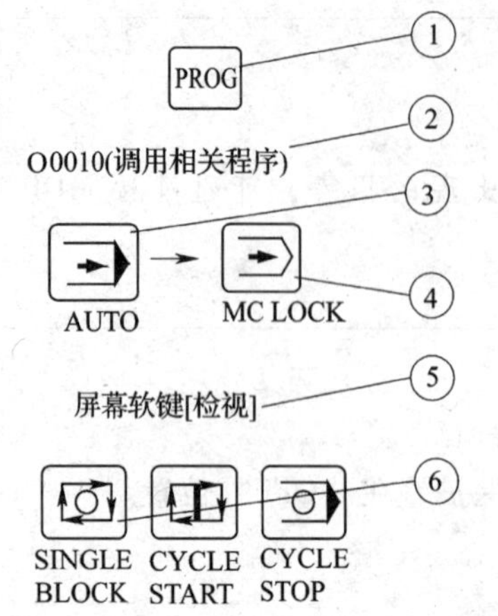

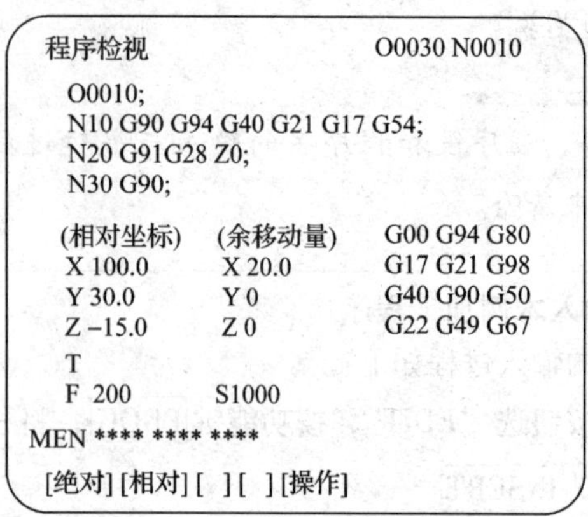

图 1—52　机床锁住校验流程及运行检视画面

（2）机床空运行校验

机床空运行校验的操作流程与机床锁住校验流程相似，不同之处在于空运行校验时不按下“MC LOCK”按钮，而换成“DRY RUN”按钮。

机床空运行校验轨迹与自动运行轨迹完全相同，而且刀具均以快速运行速度运行。因此，空运行前应将 G54 中设定的 *Z* 坐标抬高一定距离再进行空运行校验。

（3）采用图形显示功能校验

图形功能可以显示自动运行期间的刀具移动轨迹，操作者可通过观察屏幕显示出的轨迹来检查加工过程，显示的图形可以进行放大及复原。图形显示功能可以在自动运行、机床锁住和空运行等模式下使用，其操作过程如下：

1）选择模式按钮“AUTO”。

2）在 MDI 面板上按下 CUSTOM GRAPH，显示如图 1—53 所示的画面。

3）通过光标移动键将光标移动至所需设定的参数处，输入数据后按下 INPUT，依次完成各项参数的设定。

4）按下屏幕显示软键［GRAPH］。

5）按下循环启动“CYCLE START”按钮，机床开始运行，并在屏幕上绘出刀具的运动轨迹，本例中的刀具运动轨迹如图 1—54 所示。

6）在图形显示过程中，按下屏幕软键［ZOOM］/［NORMAL］可进行放大/恢复图形的操作。

在机床锁住校验过程中，如出现程序格式错误，则机床显示程序报警画面，机床停止运行。因此，机床锁住主要校验程序格式的正确性。

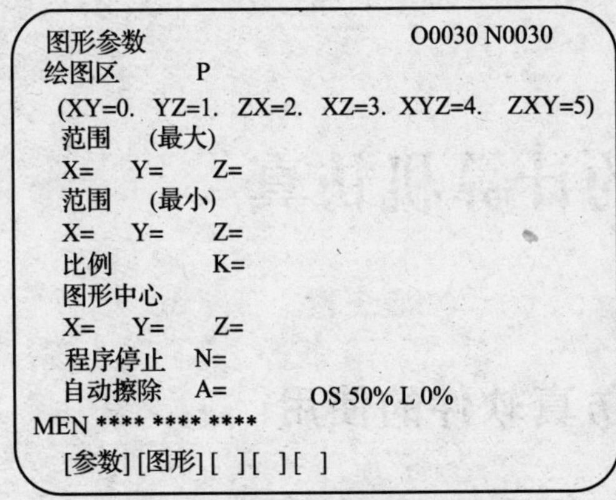

图 1—53 图形显示参数设置画面

图 1—54 绘制刀具运动轨迹

机床空运行校验和图形显示校验主要用于校验程序轨迹的正确性。如果机床具有图形显示功能，则采用图形显示校验更加方便直观。

项目二

数控铣削加工的计算机仿真

任务1 宇龙数控仿真软件的使用

学习目标

1. 了解宇龙数控仿真软件。
2. 认识宇龙数控仿真软件的操作界面。
3. 掌握宇龙数控仿真软件选择机床的方法。
4. 掌握宇龙数控仿真软件选择刀具、毛坯的方法。
5. 掌握宇龙数控仿真软件的简单操作方法。

工作任务

认识如图2—1所示宇龙数控仿真系统（FANUC系统）操作界面，掌握仿真系统中选择毛坯、夹具、刀具等的操作方法，采用手工输入方式输入项目一任务4中的加工程序。

图2—1 宇龙数控仿真系统（FANUC系统）操作界面

相关理论

1．宇龙数控仿真系统软件简介

（1）数控仿真系统软件

当前，在数控培训中使用的仿真软件较多，主要有“上海宇龙仿真系统”“北京斐克仿真系统”“南京宇航仿真系统”和“南京斯沃仿真系统”等，虽然这些仿真系统各有特点，但其操作却大同小异。

本书以上海宇龙软件公司开发的“数控仿真系统 V3.8 版”为例来说明仿真加工的方法。该仿真软件含有多种数控系统的数控车、数控铣和加工中心的仿真操作，具有较强的适用性。宇龙数控铣仿真系统（FANUC 0i 系统）操作界面如图 2—1 所示。

（2）宇龙数控仿真软件的功能特点

1）系统支持车床、立式铣床、卧式加工中心、立式加工中心等机床类型。控制系统有 FANUC 系统、SIEMENS 系统、MITSUBISH 系统、大森系统、华中数控系统、广州数控系统及 PA 系统。

2）具有丰富的刀具材料库，采用数据库统一管理刀具材料和性能参数库，刀具库含数百种不同材料和形状的车刀、铣刀，支持用户自定义刀具以及相关特征参数。

3）机床操作全过程仿真。仿真机床操作的整个过程，包括毛坯定义、工件装夹、压板安装、基准对刀、安装刀具，机床手动、自动加工操作等仿真。

4）加工运行全环境仿真。仿真数控程序的自动运行和 MDI 运行模式，三维工件的实时切削，刀具轨迹的三维显示，提供刀具补偿、坐标系设置等系统参数的设定。

5）全面的碰撞检测。手动、自动加工等模式下的实时碰撞检测，包括刀柄、刀具与夹具、压板、机床等碰撞检测，也包括机床行程越界及主轴不转时刀柄、刀具与工件等的碰撞检测。

6）数控程序处理。能够通过 DNC 导入各种 CAD/CAM 软件生成的数控程序，例如，Mastercam、Pro/E、UG、CAXA－ME 等，也可以导入手工编制的文本格式数控程序，还能够直接通过面板手工编辑、输入、输出数控程序。具有数控程序预检查和运行中的动态检查功能。

7）考试操作过程和结果记录回放。具有记录考试操作全过程和考试结果的功能以及多种回放方式。

8）互动教学。教师和学生可以相互观看对方的操作，进行互动交流。

2．宇龙数控仿真系统操作界面简介

（1）启动宇龙数控仿真系统

1）单击［开始］/［所有程序］/［数控加工仿真系统］/［加密锁管理程序］，打开宇龙数控仿真系统加密锁管理程序，此时在教师机右下角出现“”图标。

一定要在启动“加密锁管理程序”后再启动用户界面。

2）单击［开始］／［所有程序］／［数控加工仿真系统］／［数控加工仿真系统］，出现如图 2—2 所示“用户登录”界面，此时无须填写【用户名】（注：对话框中的按钮用带“【 】”的文字表示）和【密码】，直接单击【快速登录】，登录数控仿真系统。此时仿真软件的操作界面如图 2—1 所示。

图 2—2 “用户登录”界面

（2）仿真软件的主菜单

主菜单为下拉菜单，部分下拉菜单的展开如图 2—3 所示，可根据需要选择其中的一个。本书中的下拉菜单以带“［］”的文字表示，如［文件］／［打开项目］等。

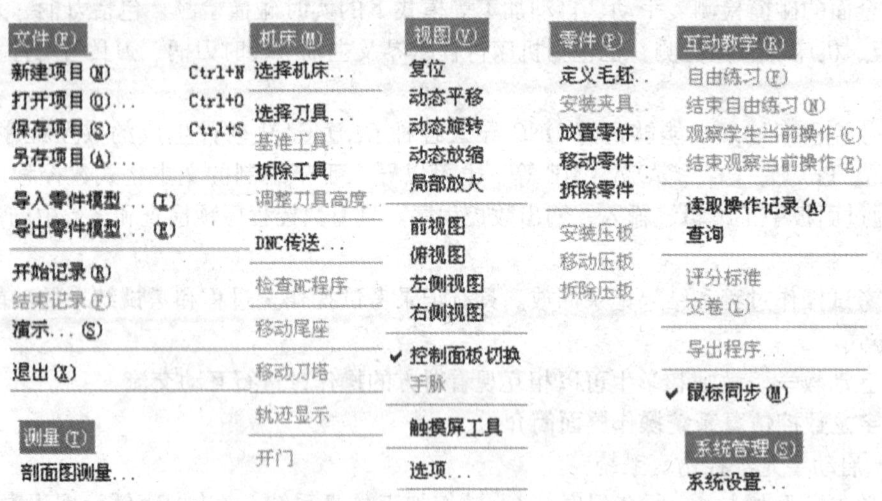

图 2—3 主菜单展开图

（3）仿真软件的工具栏

宇龙数控仿真系统的工具栏及其功能如图 2—4 所示，这些工具栏是下拉菜单的快捷方式，在仿真软件的操作过程中应尽量选用这些工具栏。

（4）仿真软件的机床操作面板

图 2—4　工具栏及其功能

宇龙数控铣仿真系统的机床操作面板是根据相应系统数控铣床的实际操作面板定制而成的。

(5) 仿真软件的机床显示

根据所选择的不同类型机床，在机床显示区域将显示不同类型的数控机床。

3．各种按钮及旋钮的操作方法

(1) 按钮操作

对于如图 2—5 所示的按钮，用鼠标左键单击该按钮即可使该按钮位于接通状态，再次用鼠标左键单击该按钮即可松开该按钮。

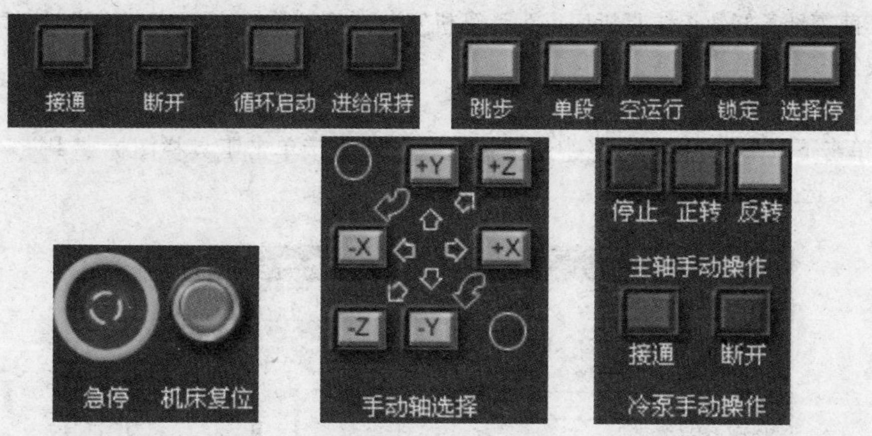

图 2—5　各种按钮

(2) 旋钮操作

对于如图 2—6 所示的旋钮及如图 2—7 所示的手摇脉冲发生器，用鼠标左键单击该旋钮，可使该旋钮逆时针旋转；用鼠标右键单击该旋钮，可使该旋钮顺时针旋转并处于接通状态，再次用鼠标左键单击该旋钮即可松开该旋钮。

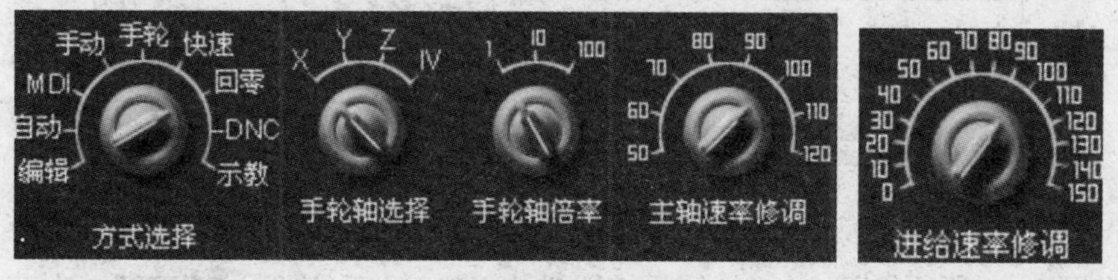

图 2—6　各种旋钮

(3) MDI 功能面板操作

仿真软件系统中的 MDI 功能面板和真实数控系统相对应的 MDI 功能面板完全相同，其操作方法也完全类似，只需用鼠标左键单击该钮即可实现该功能键的相应操作。

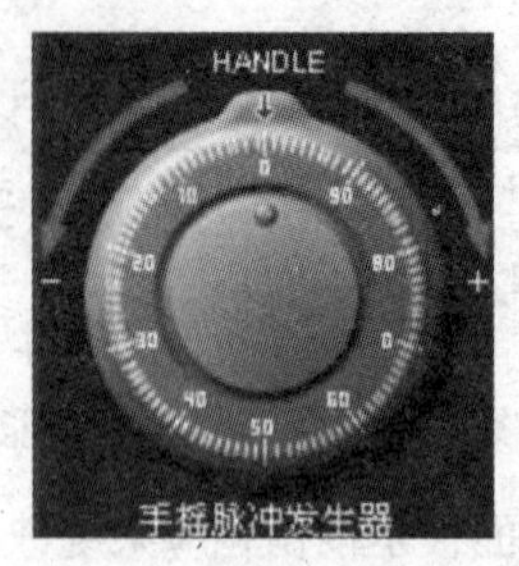

图 2—7　手摇脉冲发生器

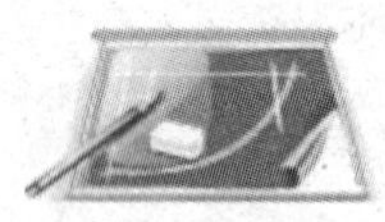

任务实施

1. 仿真加工准备操作

（1）操作准备

操作前需准备好数控仿真机房，为计算机安装“宇龙数控仿真 V3.8 版”软件。同时配备投影仪等多媒体教学设备。

（2）选择机床和数控系统

1）单击下拉菜单［机床］/［选择机床…］或直接单击工具栏图标“ ”，弹出如图 2—8 所示“选择机床”界面。

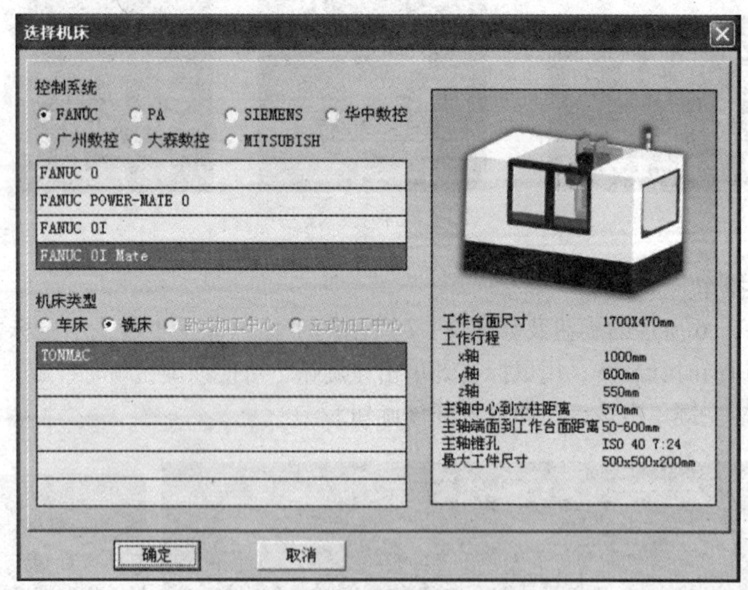

图 2—8　“选择机床”界面

2）在图 2—8 所示界面中，“控制系统”选中 FANUC 系统“ FANUC”，在菜单中选中“FANUC 0I Mate”系统，“机床类型”选中铣床“ 铣床”。然后单击【确定】按钮，完成机床和数控系统的选择。

3）单击下拉菜单中的［视图］/［选项…］或直接单击工具栏图标“ ”，弹出如图

2—9 所示“视图选项”对话框，参照图 2—9 进行参数设定。单击【确定】按钮，此时机床显示如图 2—10 所示。

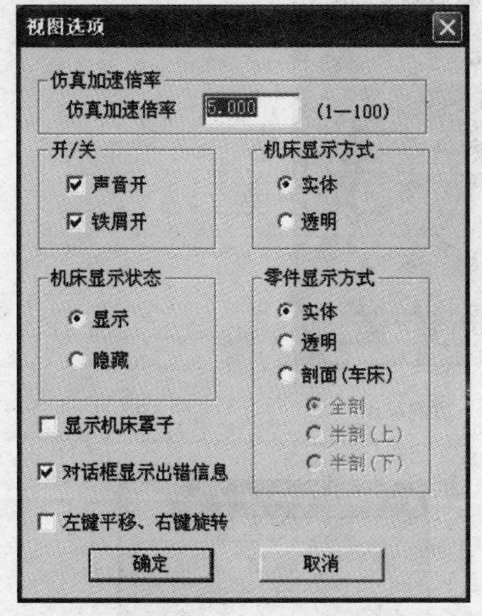

图 2—9 “视图选项”对话框

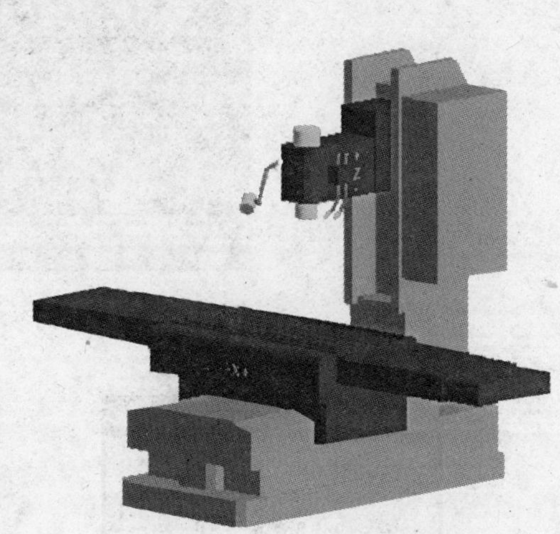

图 2—10 拆除防护罩后的机床

4）将鼠标移动到机床位置，上下滚动中间的滚轮，可使机床显示变大或变小。另外还可采用工具条“”中的相应按钮，对机床显示进行“移动”“转动”“缩放”“切换视图”等操作。

（3）机床开机回参考点

1）解除急停报警并开系统电源

在机床操作面板中单击红色急停按钮“”，再在机床操作面板中单击“接通”，此时机床操作面板上的指示灯“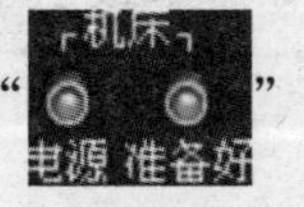”变亮。

2）回参考点

旋转机床操作面板中的方式选择旋钮，使其指向“回零”，单击选择“+Z”，使其 Z 方向回参考点；再分别单击选择“+X”和“+Y”，使机床返回 X 轴和 Y 轴的参考点。机床返回参考点后，其回参考点指示灯“回零 X Y Z IV”变亮，此时仿真系统的显示屏显示如图 2—11 所示的界面。

（4）定义毛坯并安装夹具

1）单击下拉菜单［零件］/［定义毛坯…］或直接单击工具栏图标“”，弹出如图 2—12 所示“定义毛坯”对话框。定义的毛坯形状有两种，一种如图 2—12a 所示定义长方体毛坯，另一种如图 2—12b 所示定义圆柱体毛坯。

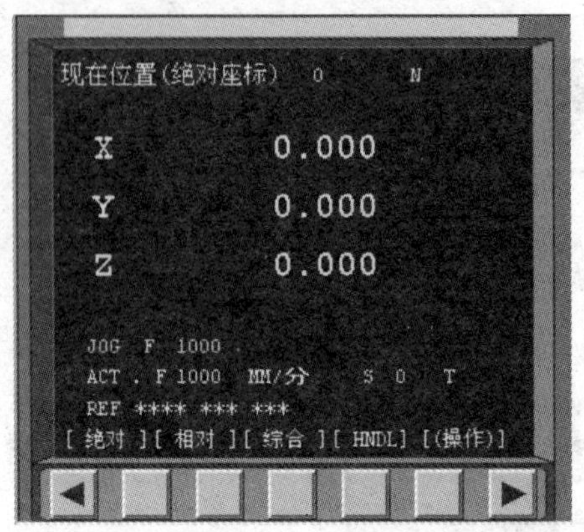

图 2—11 回参考点后的显示

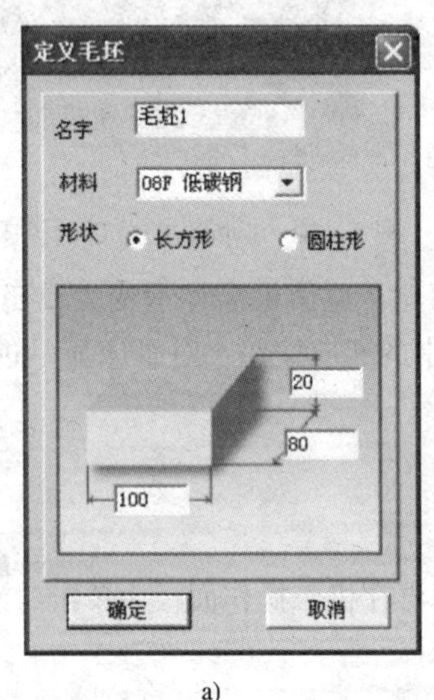

a)

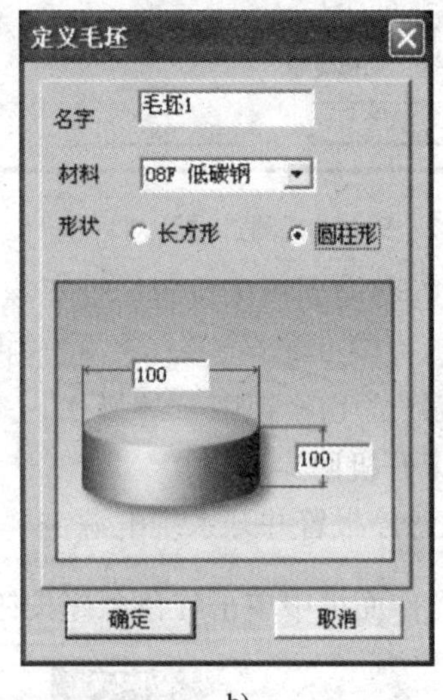

b)

图 2—12 “定义毛坯”对话框

2）单击下拉菜单［零件］/［安装夹具…］或直接单击工具栏图标“ ”，弹出如图 2—13 所示“选择夹具”对话框。单击对话框中的【选择零件】右侧向下的箭头，选择“毛坯 1”。再单击对话框中的【选择夹具】右侧向下的箭头，出现“平口钳”和“工艺板”两种选项。选择“平口钳”后的对话框如图 2—13a 所示，选择“工艺板”后的对话框如图 2—13b 所示。

单击对话框中“移动”中的按钮，可调整毛坯在各个方向上的位置，单击【确定】关闭该对话框。

（5）安装零件

1）单击下拉菜单［零件］/［放置零件…］或直接单击工具栏图标“ ”，弹出如图 2—14 所示“选择零件”对话框，选中上一步定义的毛坯后选择【安装零件】，弹出如图 2—15 所示“零件位置调整”对话框。

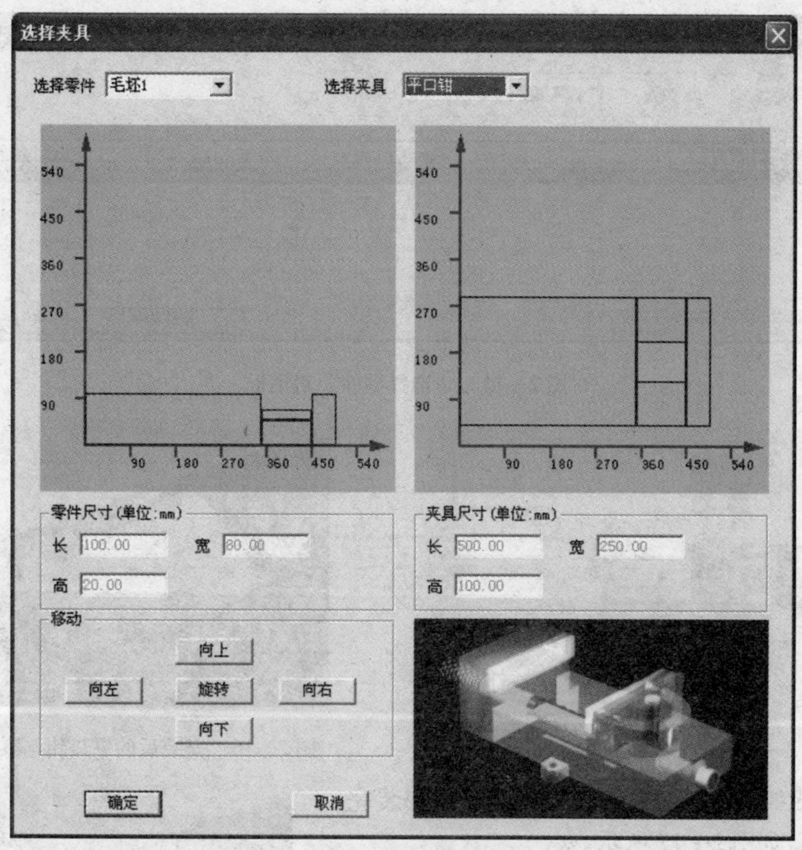

a)

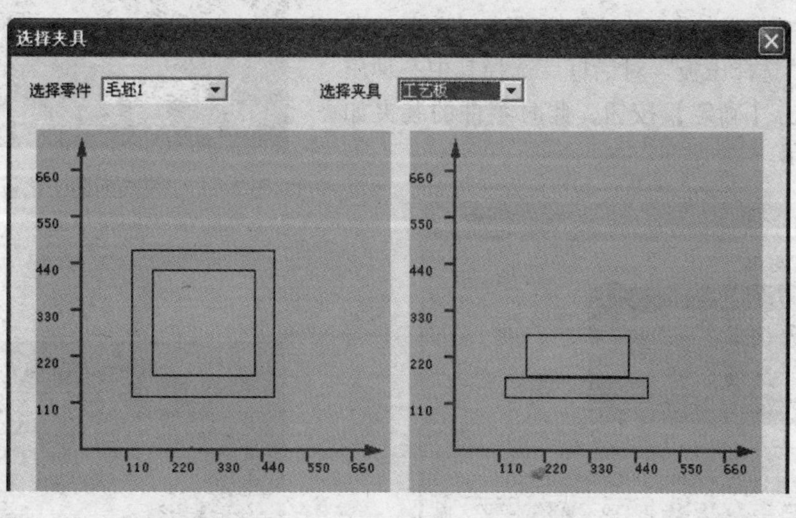

b)

图 2—13 “选择夹具”对话框

2）如果采用平口钳作为夹具，调整夹具在工件台面上的位置后，单击【退出】按钮，完成夹具及其上零件的安装。安装完成后单击工具栏中的局部放大图标“”，框选平口钳局部，放大后的工件位置如图 2—16 所示。

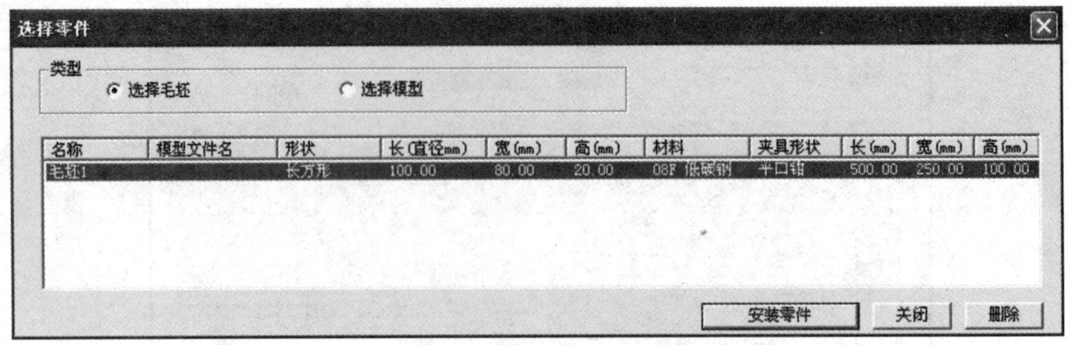

图 2—14 “选择零件”对话框

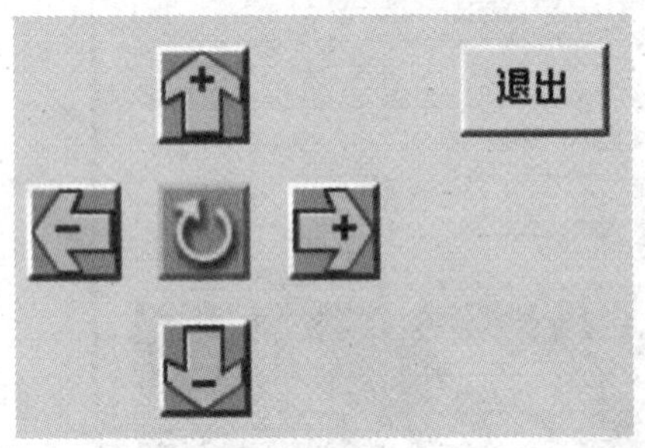

图 2—15 “零件位置调整”对话框

图 2—16 安装后的平口钳与零件

3）如果零件采用工艺板作为夹具，则安装完成后工件位置如图 2—17 所示。

图 2—17 安装后的工艺板与零件

采用工艺板装夹时，需用压板来压紧工艺板。单击下拉菜单［零件］/［安装压板］，弹出如图 2—18 所示“选择压板”对话框。选择其中一种压板类型后单击【确定】按钮，此时零件的装夹如图 2—19 所示。

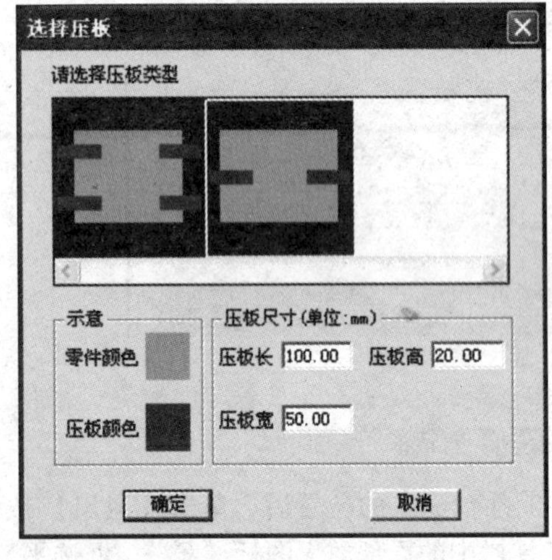

图 2—18 “选择压板”对话框

图 2—19 安装压板

如果选择的是圆柱体毛坯，则在夹具栏中会显示卡盘夹具，可选择三爪自定心卡盘进行装夹。

（6）安装刀具

1）单击下拉菜单［机床］/［选择刀具…］或直接单击工具栏图标“ ”，弹出如图2—20所示“选择铣刀”对话框。

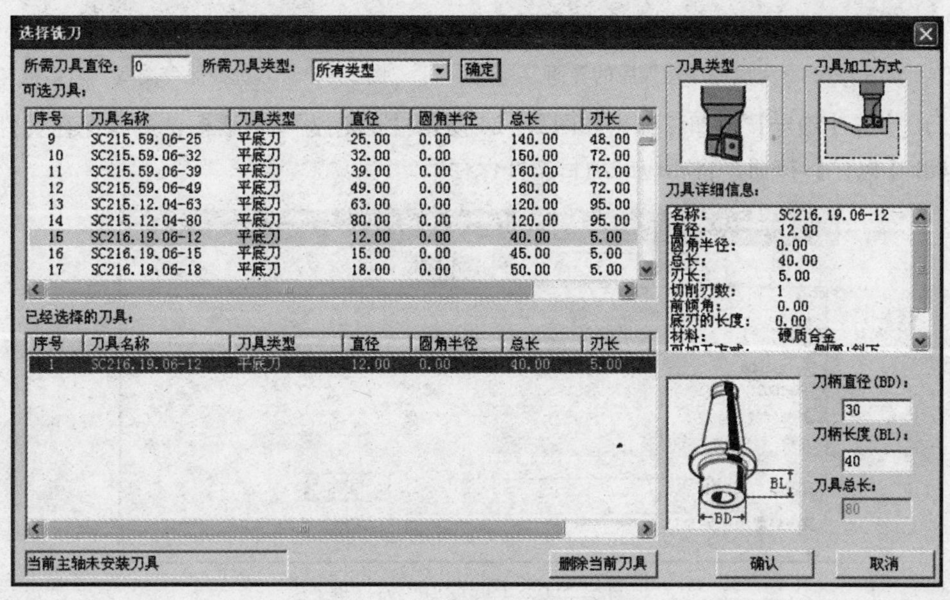

图2—20　“选择铣刀”对话框

2）在该对话框中的“可选刀具”栏中选择其中一把刀具，其余参数不变，单击【确认】按钮，此时在主轴位置显示如图2—21所示的刀具。

2. 输入NC程序

数控程序既可通过MDI键盘输入，也可通过传输方式输入。采用MDI键盘输入程序的操作步骤如下：

（1）完成机床开机操作和回参考点操作。

（2）使操作面板上的“方式选择”旋钮（见图2—6）指向“编辑”。

（3）单击MDI功能键PROG。

（4）输入项目一任务4的程序，输入完成后的界面如图2—22所示。

3. 保存项目

（1）单击下拉菜单［文件（F）］/［保存项目（S）］，弹出如图2—23所示“选择保存类型”对话框。

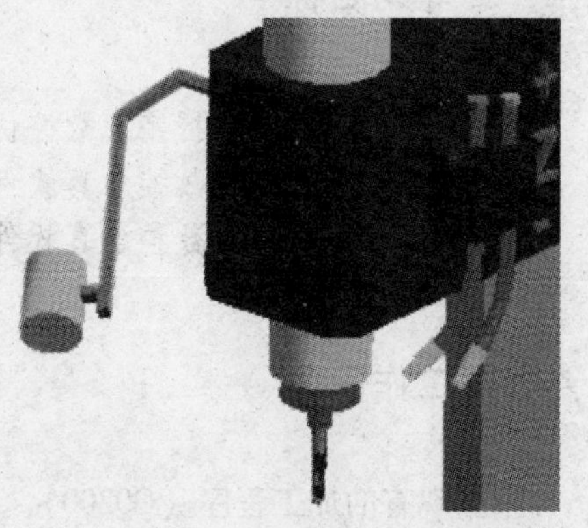

图2—21　显示安装的刀具

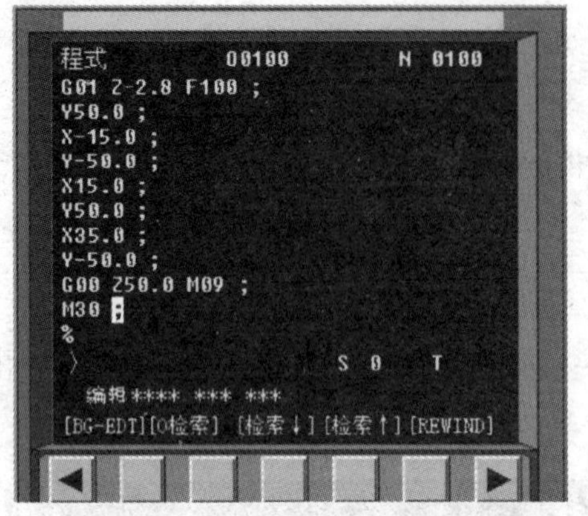

图 2—22　完成程序输入后的界面

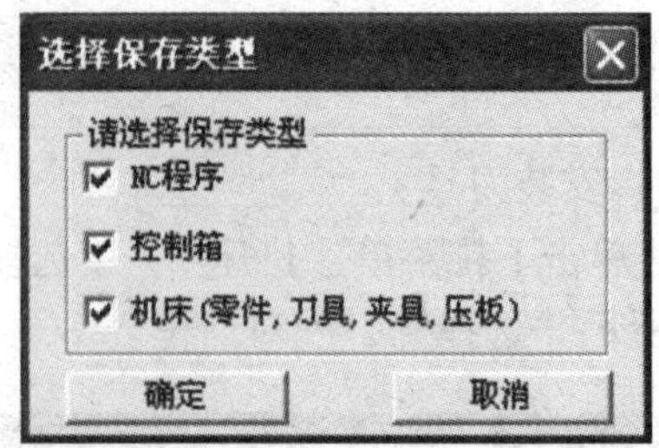

图 2—23　“选择保存类型”对话框

（2）单击【确定】按钮，弹出如图 2—24 所示“另存为”对话框，选择保存文件的位置，单击【保存】按钮，将相应的项目文件保存。

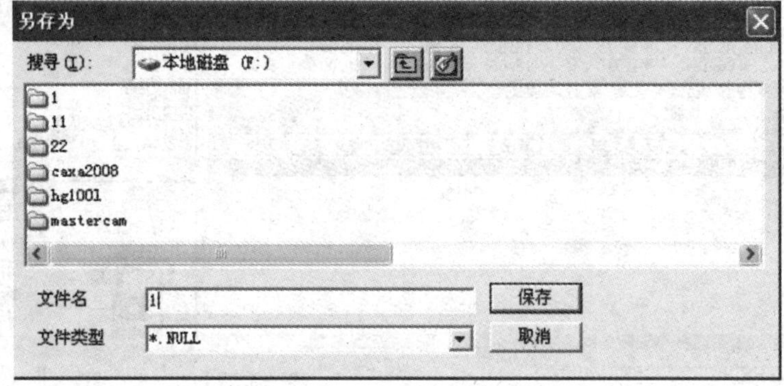

图 2—24　“另存为”对话框

任务 2　仿真加工实例

学习目标

1. 进一步掌握宇龙数控仿真软件的使用方法。
2. 掌握宇龙数控仿真软件描述轨迹的方法。
3. 掌握宇龙数控仿真软件铣削加工零件的方法。

工作任务

根据现有的加工程序（O0200），采用 $R2$ mm 的球头铣刀在计算机上数控仿真加工如图 2—25 所示零件（槽深为 1.5 mm，毛坯为 100 mm × 80 mm × 15 mm 的铝件）。

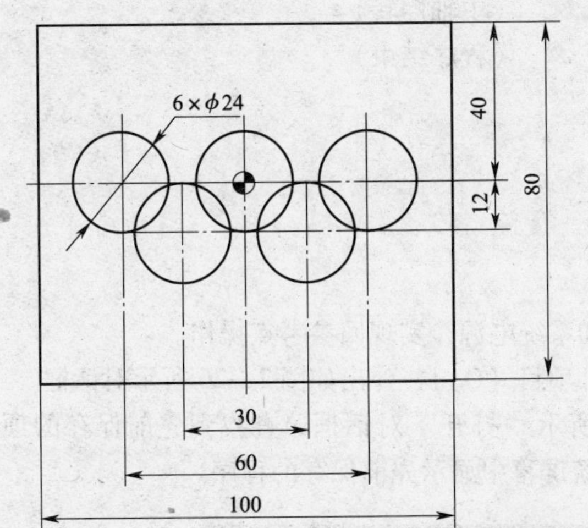

图 2—25　数控铣床仿真加工实例

```
O0200;
N10     G90 G94 G21 G40 G17 G54;
N20     G91 G28 Z0;                  (Z 向回参考点)
N30     M03 S3000;                   (主轴正转)
N40     G90 G00 X-42.0 Y0;           (刀具在 XY 平面中快速定位)
N50     Z5.0 M08;                    (刀具 Z 向快速定位，切削液开)
N60     G01 Z-1.5 F40;               (加工上方左侧圆弧槽)
N70     G02 I12.0 F100;
N80     G00 Z3.0;                    (刀具抬起)
N90         X-12.0 Y0;               (在 XY 平面内快速定位)
N100    G01 Z-1.5 F40;               (加工上方中间圆弧槽)
N110    G02 I12.0 F100;
N120    G00 Z3.0;                    (刀具抬起)
N130        X18.0 Y0;                (在 XY 平面内快速定位)
N140    G01 Z-1.5 F40;               (加工上方右侧圆弧槽)
N150    G02 I12.0 F100;
N160    G00 Z3.0;                    (刀具抬起)
N170        X-15.0 Y-24.0;           (在 XY 平面内快速定位)
N180    G01 Z-1.5 F40;               (加工下方左侧圆弧槽)
N190    G02 J12.0 F100;
N200    G00 Z3.0;                    (刀具抬起)
N210        X15.0 Y-24.0;            (在 XY 平面内快速定位)
N220    G01 Z-1.5 F40;               (加工下方右侧圆弧槽)
N230    G02 J12.0 F100;
N390    G00 Z100.0 M09;              (刀具 Z 向快速抬刀)
```

N400　　M05；　　　　　　　　　　　　（主轴停转）

N410　　M30；　　　　　　　　　　　　（程序结束）

相关理论

1．检查运行轨迹

（1）打开项目

1）启动数控仿真系统，打开急停开关和系统电源，实现回参考点操作。

2）单击下拉菜单［文件（F）］/［打开项目（O）］，弹出如图2—26所示对话框。

3）单击【否】按钮，弹出如图2—27所示“打开”对话框，查找到先前保存的项目“1”，单击【打开】按钮，在仿真软件的系统屏幕中显示先前保存的程序。

图2—26　“请您决定！”对话框

图2—27　“打开”对话框

（2）检查运行轨迹

1）操作面板中的“方式选择”旋钮指向“自动”。

2）单击MDI功能键 PROG ，再单击MDI功能键 CUSTOM GRAPH ，此时在机床区不显示机床。

3）单击机床面板上的循环启动按钮“循环启动”，此时可观察到程序的运行轨迹。

4）采用“旋转”“动态缩放”“平移”功能来切换观察视角，完成后的运行轨迹如图2—28所示。

2．零件模型装夹

在数控加工过程中，常常会采用已加工的零件作为毛坯。在仿真软件中，也可使用已加工的零件作为毛坯，这种毛坯称为零件模型。

（1）导出零件模型

零件在仿真软件中加工完成后，单击菜单［文件（F）］／［导出零件模型］，系统弹出“另存为”对话框，在对话框中输入文件名后单击【保存】按钮，将零件模型保存。

图 2—28　运行轨迹

（2）导入零件模型

单击菜单［文件（F）］／［导入零件模型］，系统弹出“打开”对话框，选择保存的模型零件，单击【打开】按钮，零件模型被放置在工作台面上。

（3）零件模型装夹

单击菜单［零件（P）］／［放置零件］，在弹出的如图 2—14 所示对话框中选中“⊙选择模型”，即可对零件模型进行装夹。

3．设定刀具参数

（1）“方式选择”旋钮指向“编辑”“手动”“手轮”等方式。

（2）重复单击机床 MDI 功能键 OFFSET SETTING，找到如图 2—29 所示工具补正界面。

（3）单击光标移动键“← ↓ → ↑”，将光标移动至“形状（D）”下方对应“001”的位置，输入刀具半径的数值后单击“INPUT”键完成刀具半径的输入。

（4）将光标移动至“形状（H）”下方对应“001”的位置，也可进行刀具长度的输入。

工具补正　　O0020　N　0020

番号	形状(H)	摩耗(H)	形状(D)	摩耗(D)
001	0.000	0.000	0.000	0.000
002	0.000	0.000	0.000	0.000
003	0.000	0.000	0.000	0.000
004	0.000	0.000	0.000	0.000
005	0.000	0.000	0.000	0.000
006	0.000	0.000	0.000	0.000
007	0.000	0.000	0.000	0.000
008	0.000	0.000	0.000	0.000

现在位置(相对座标)

X　0.000　Y　0.000　Z　0.000

>　　S　0　　T

编辑 **** *** ***

[补正][SETTING][坐标系][　][(操作)]

图 2—29　设定刀具参数

输入刀具参数时，应注意输入的值为半径量。另外，应将刀具参数输入在“形状”的下方。

任务实施

1．导入加工程序

（1）在记事本中输入加工程序

1）单击［开始］/［所有程序］/［附件］/［记事本］。

2）输入加工程序，其界面如图 2—30 所示。

3）保存文件至 F 盘，文件名为“1. txt”。

图 2—30　在记事本中输入程序

（2）新建加工项目

1）单击下拉菜单［文件（F）］/［新建项目（N）］，弹出“是否保存当前修改的项目”对话框，单击【否】按钮，完成项目的新建。

2）接通机床电源，执行机床回参考点操作。

（3）导入加工程序并检查刀具运行轨迹

仿真加工过程中的加工程序，除采用传输方式输入外，也可采用 MDI 键盘输入。读者可根据具体情况来选择程序的输入方式。

1）操作面板的“方式选择”旋钮指向“编辑”。

2）单击 MDI 功能键 PROG，在如图 2—31a 所示的 CRT 界面下按软键［操作］，再按软键［▶］，出现如图 2—31b 所示的下一级菜单。

3）单击软键［F 检索］，弹出如图 2—31c 所示“打开”对话框，选择先前保存的文件“1. txt”，单击【打开】按钮。单击图 2—31b 所示的软键［READ］，弹出如图 2—31d 所示的下一级子菜单。

4）单击 MDI 键盘上的数字和字母键，输入“O0020”，然后单击图 2—31d 所示的软键［EXEC］，即可完成数控程序的输入，屏幕中出现图 2—32 所示的加工程序。

5）执行刀具运行轨迹检查，结果如图 2—33 所示。

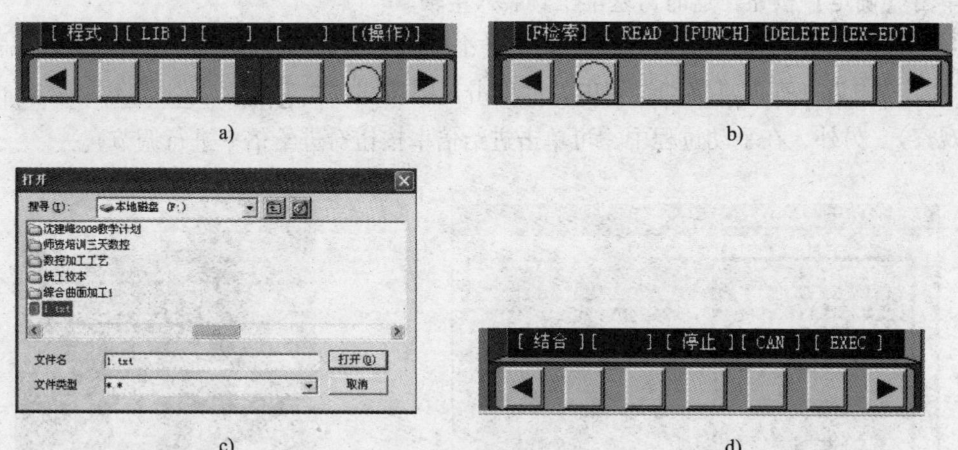

图 2—31　数控程序的传输输入

```
程式            O0020           N 0020
O0020 ;
G90 G94 G21 G40 G17 G54 ;
G91 G28 Z0 ;
M03 S3000 M08 ;
G90 G00 X-42.0 Y0 ;
Z5.0 ;
G01 Z-1.5 F40 ;
G02 I12.0 F100 ;
G00 Z3.0 ;
X-12.0 Y0 ;
G01 Z-1.5 F40 ;
>                          S 0   T
 编辑**** *** ***
[ 程式 ][ LIB ][ ] [ ] [(操作)]
```

图 2—32　本例工件的加工程序

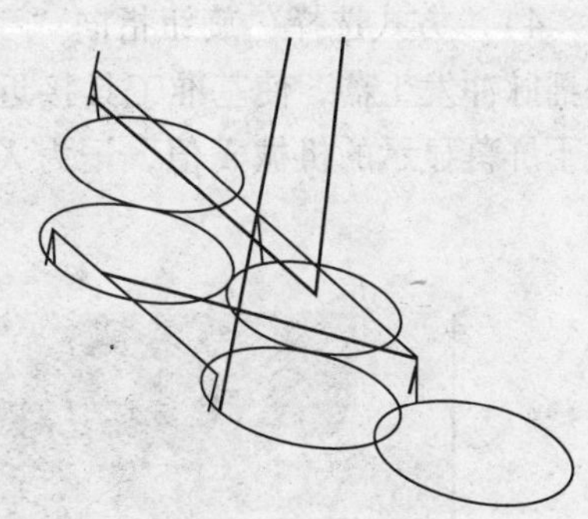

图 2—33　运行轨迹

2．仿真加工准备

（1）单击工具栏图标“ ”，选择 FANUC 0i 系统的数控铣床。

（2）单击工具栏图标“ ”，关闭机床外壳的显示。

（3）单击工具栏图标“ ”，设置毛坯为 100 mm × 80 mm × 15 mm 的长方体。

（4）单击工具栏图标“ ”，选择“平口钳”作为装夹用的夹具。

（5）单击工具栏图标“ ”，完成零件的放置与位置调整。

（6）单击工具栏图标“ ”，选择 *R*2 mm 的球头铣刀作为加工刀具。

3．对刀操作

加工该工件时，以工件上表面的对称中心作为编程原点。其对刀过程如下：

（1）手动对刀

1）单击下拉菜单［机床］/［基准工具…］，弹出如图 2—34 所示“基准工具”对话框，单击【确定】按钮，这时，基准工具装入主轴。

2）“方式选择”旋钮指向“手动”，选择不同的手动轴选择按钮，移动刀具至如图2—35所示工件附近（在刀具移动过程中，可单击视图按钮“ ”变换不同的视角观察）。另外，在手动过程中，可单击进给倍率按钮对进给倍率进行调节）。

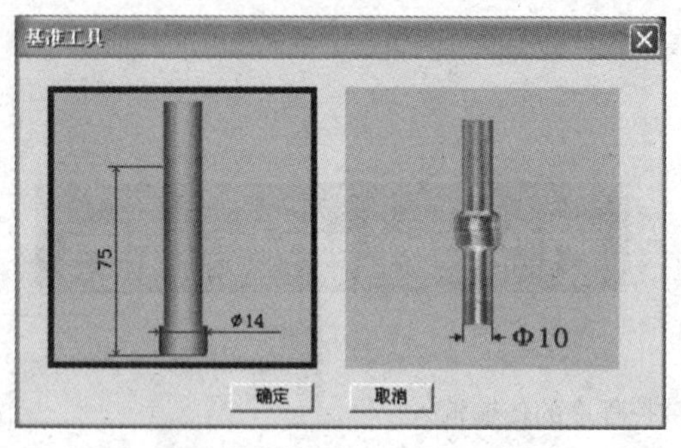

图2—34 “基准工具”对话框

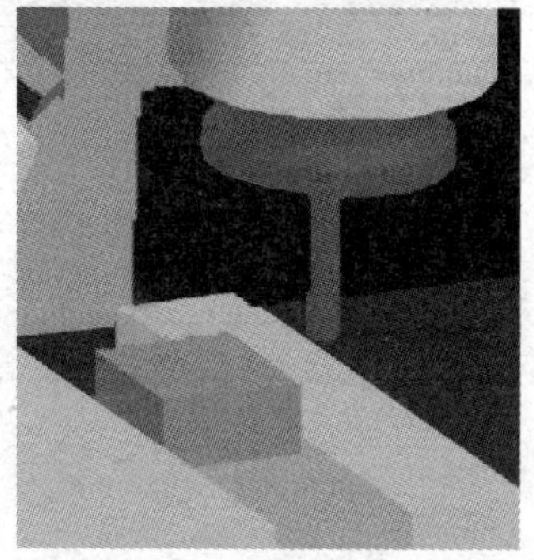

图2—35 基准工具接近工件

3）单击下拉菜单［塞尺检查］/［1mm］，将刀具移动至接近工件附近，此时在机床显示区的显示如图2—36所示，并提示“塞尺检查的结果：太松”。

4）“方式选择”旋钮指向“手轮”，选择相应的轴和增量倍率，如图2—37所示，单击手摇脉冲发生器，使基准工具接近工件并提示“塞尺检查结果：合适”，如图2—38所示，记下屏幕显示的机械 X 值，记为 X_1（假设 $X_1=-462.000$）。

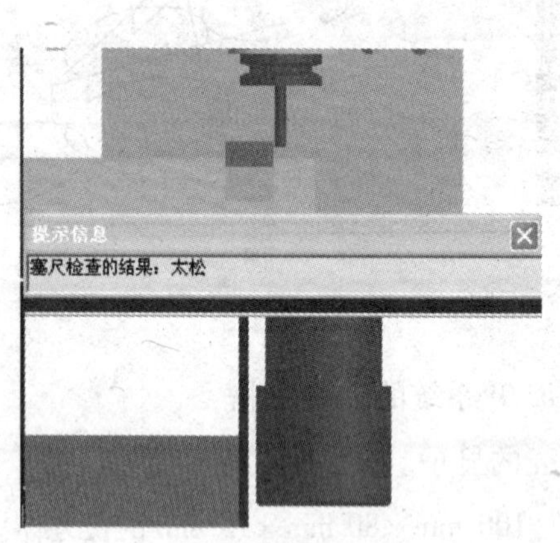

图2—36 塞尺对刀窗口

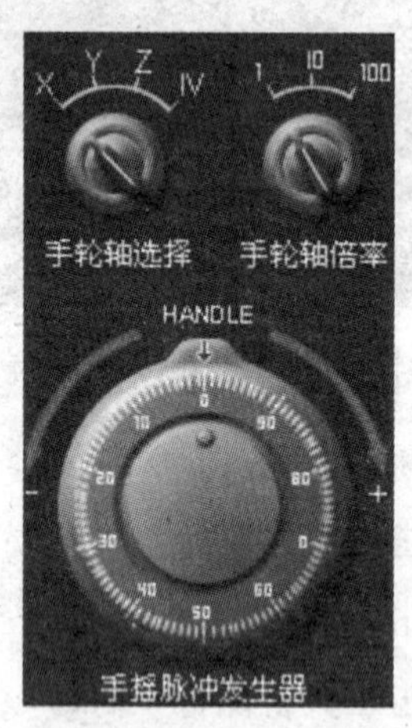

图2—37 手轮轴和增量倍率选择

5）单击下拉菜单［塞尺检查］/［收回塞尺］。“方式选择”旋钮指向“手动”，按下“+Z”按钮将 Z 轴抬起，再按下“-X”按钮，将基准工具移至工件另一侧，重复上述操作，记下此时的机械坐标 X_2（假设 $X_2=-538.000$）。

6）计算工件中心机械坐标系 X 坐标，记为 X，则 $X=(X_1+X_2)/2=-500.000$。

7）用同样的方法得到机械坐标系 Y 坐标，记为 Y，$Y=-415.000$。

8）“方式选择”旋钮指向“手动”，移动刀具至工件的正上方。单击下拉菜单［机床］/［拆除工具］，拆下基准工具。

9）单击下拉菜单［机床］/［选择刀具］，重新选择 $R2$ mm 球头铣刀作为当前刀具。

10）单击下拉菜单［塞尺检查］/［1mm］，将刀具采用手动方式移动至接近工件上表面附近，再使用手摇方式移动刀具接近工件并提示“塞尺检查的结果：合适”，如图 2—39 所示。记下 CRT 中的机械 Z 值，记为 Z_1（假设 $Z_1=-307.000$）。

11）计算工件上表面处的机械坐标系 Z 值，$Z=Z_1-1=-308.000$。

图 2—38　工件另一侧塞尺对刀窗口

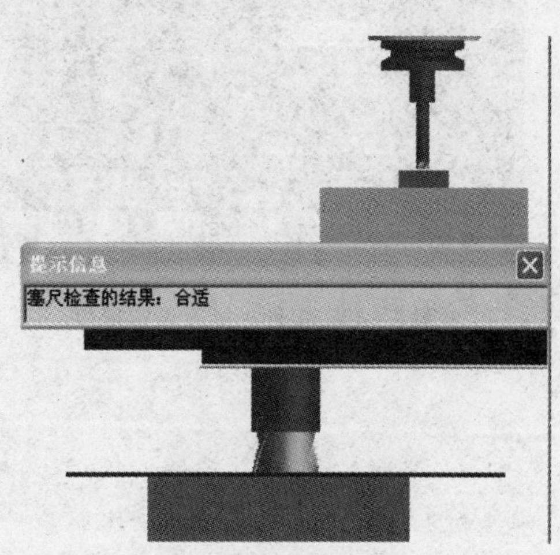

图 2—39　Z 向对刀窗口

（2）设定工件坐标系

1）单击机床 MDI 功能键 OFFSET SETTING，再单击 CRT 屏幕下方的软键［坐标系］，CRT 屏幕显示如图 2—40 所示工件坐标系设定窗口。

2）单击光标移动键“← ↓ → ↑”，将光标移动至 G54 所对应的位置，将前面记录的 X、Y、Z 坐标值输入对应位置。例如，将光标移至 G54 坐标系的 X 坐标后，采用 MDI 方式键入“-500.0”再单击 INPUT 键即可完成 X 坐标值的输入。

4. 自动加工

完成对刀和对刀参数的设置后，即可进行自动加工操作，其操作步骤如下：

（1）机床再次返回参考点，在编辑状态下选择要自动运行的程序。

（2）“方式选择”旋钮指向“自动”。

（3）单击循环启动按钮“循环启动”，进行自动运行加工，加工过程如图 2—41 所示。

在自动运行前，还可按下单段运行按钮“单段”，执行单段运行操作。

（4）加工完成后保存加工项目。

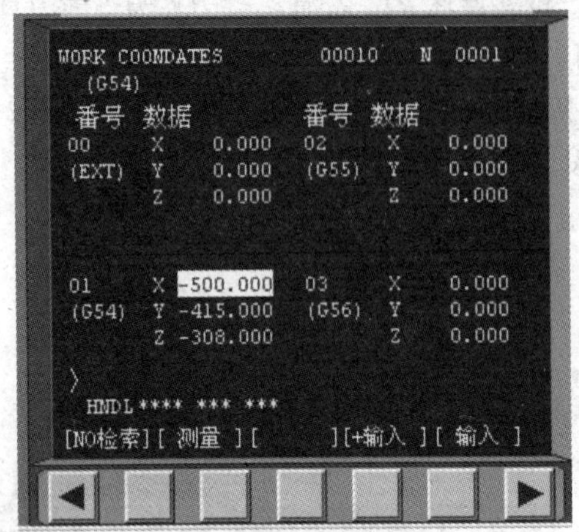

图 2—40 工件坐标系设定窗口

图 2—41 自动加工过程

项目三

铣削平面类零件

任务 1　铣削平面零件

学习目标

1. 了解数控加工的基础知识。
2. 掌握数控编程规则。
3. 掌握数控编程常用指令的含义。

工作任务

任务要求：加工如图 3—1 所示的工件，毛坯为 100 mm × 80 mm × 33 mm 的 45 钢（也可沿用项目一任务 3 中的毛坯），试编写其数控铣加工程序并进行加工。

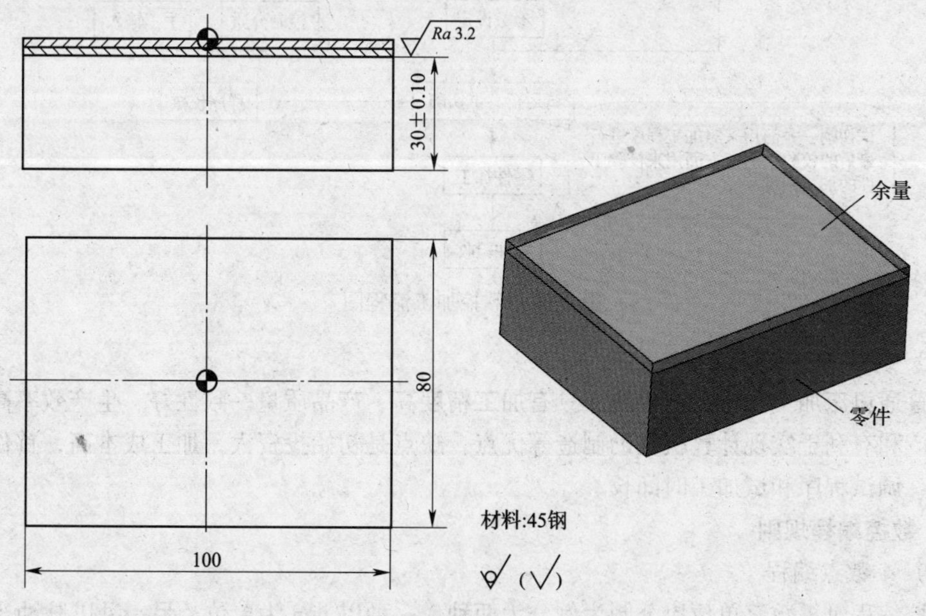

图 3—1　铣削平面零件示例件

任务分析：本任务的编程较为简单，只需掌握数控编程规则、常用指令的指令格式等理论知识及简单的 G00 及 G01 指令即可完成程序编制。

相关理论

1. 数控加工

（1）数控加工的定义

数控加工是指在数控机床上自动加工零件的一种工艺方法。数控加工的实质是：数控机床按照事先编制好的加工程序并通过数字控制过程，自动地对零件进行加工。

（2）数控加工的内容

数控加工的内容如图 3—2 所示，主要包括分析图样、工件的定位与装夹、刀具的选择与安装、编制数控加工程序、试切削或试运行、数控加工、工件的验收与质量误差分析等方面的内容。

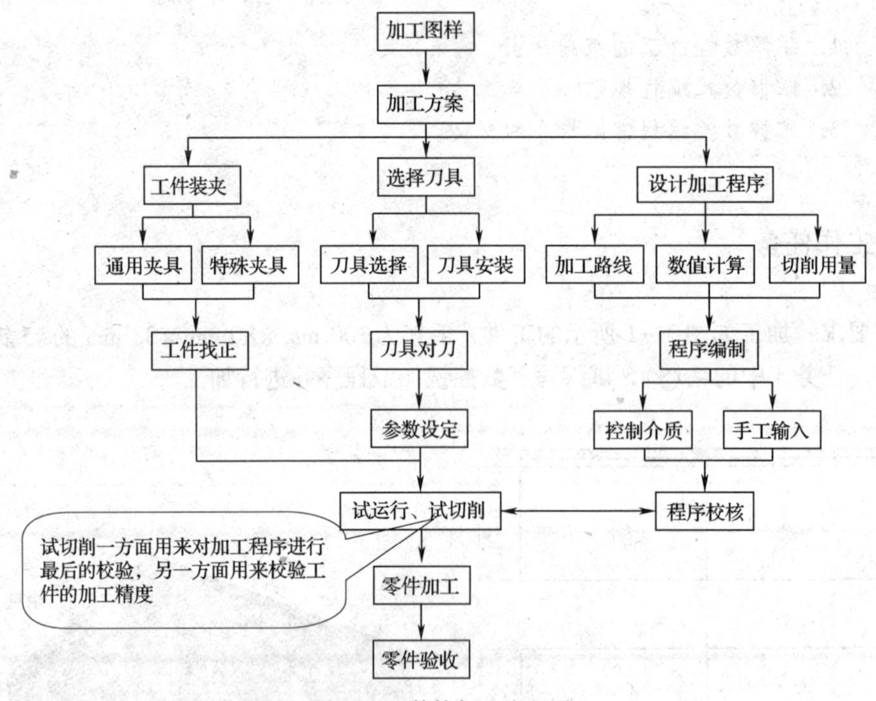

图 3—2 数控加工流程图

（3）数控加工的特点

与普通机床加工相比，数控加工具有加工精度高、产品质量一致性好、生产效率高、加工范围广和有利于实现计算机辅助制造等优点，缺点是初始投资大，加工成本高，首件的加工编程、调试程序和试加工时间长。

2. 数控编程规则

（1）小数点编程

数控编程时，数字单位以公制为例分为两种：一种以 mm 为单位，另一种以脉冲当量即机床的最小输入单位为单位。现在大多数机床常用的脉冲当量为 0.001 mm。

对于数字的输入，有些系统可省略小数点及其后面的零，有些系统则可以通过系统参数来设定是否可以省略小数点及其后面的零，而大部分系统不可省略。对于不可省略小数点及其后面的零的系统，当使用小数点编程时，数字以 mm［英制为英寸（in），角度为度（°）］为输入单位，当不用小数点编程时，则以机床的最小输入单位作为输入单位。

例 从 *A* 点（0，0）移动到 *B* 点（50，0）有以下三种表达方式：

X50.0

X50.　　　　　　　（小数点后的零可省略）

X50000　　　　　　（脉冲当量为 0.001 mm）

以上三组数值表示的坐标值均为 50 mm，50.0 与 50 000 从数学角度上看两者相差了 1 000倍。因此，在进行数控编程时，不管哪种系统，为保证程序的正确性，最好不要省略小数点的输入。此外，脉冲当量为 0.001 mm 的系统采用小数点编程，其小数点后的位数超过三位时，数控系统按四舍五入处理。例如，当输入 X50.1234 时，经系统处理后的数值为 X50.123。

（2）公、英制编程 G21/G20

坐标功能字是使用公制还是英制，多数系统采用准备功能字来选择，如 FANUC 系统采用 G21/G20 来进行公、英制的切换，而 SIEMENS 系统则采用 G71/G70 来进行公、英制的切换。其中 G21 或 G71 表示公制，G20 或 G70 表示英制。

例 G91 G20 G01 X50.0；（表示刀具向 *X* 轴正方向移动 50 in）

G91 G21 G01 X50.0；（表示刀具向 *X* 轴正方向移动 50 mm）

公英制对旋转角度无效，旋转角度的单位总是度（°）。

（3）平面选择指令 G17/G18/G19

当机床坐标系及工件坐标系确定后，对应地就确定了三个坐标平面，即 *XY* 平面、*ZX* 平面和 *YZ* 平面，如图 3—3 所示。可分别用 G 代码 G17（*XY* 平面）、G18（*ZX* 平面）和 G19（*YZ* 平面）表示这三个平面。

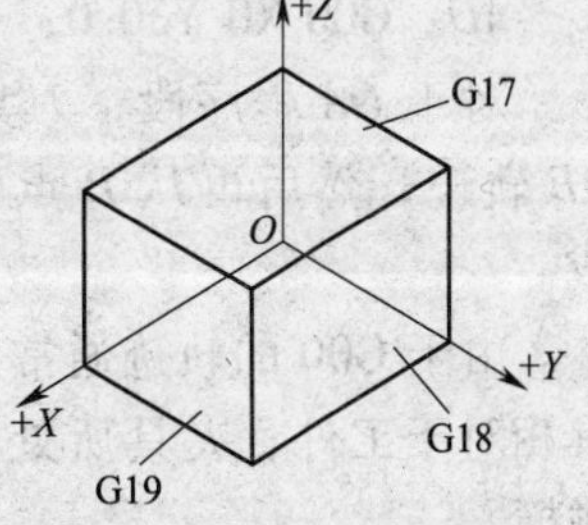

图 3—3　平面选择指令

（4）绝对坐标与增量坐标 G90/G91

1）绝对坐标

ISO 代码中，绝对坐标用 G90 来表示。程序中坐标功能字后面的坐标是以原点作为基准，表示刀具终点的绝对坐标。

例 如图 3—4 所示，用 G90 编程的程序段分别为：

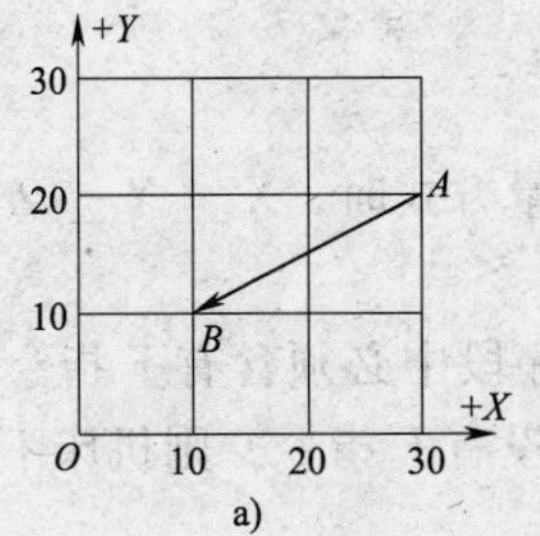

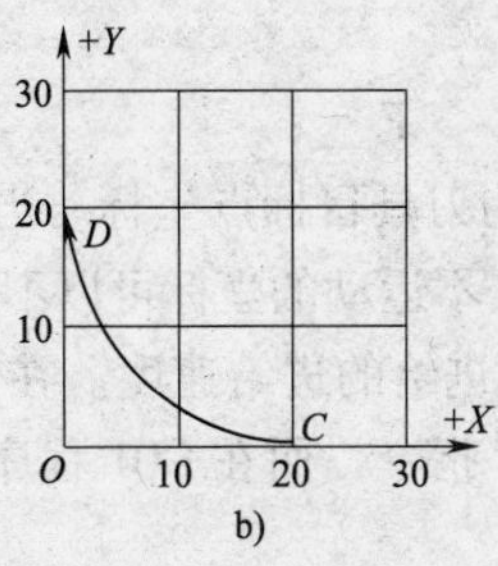

图 3—4　绝对坐标与增量坐标

AB：G90 G01 X10.0 Y10.0 F100；

CD：G02 X0 Y20.0 R20.0 F100；　　（G90 为开机默认指令，编程时可省略）

2）相对坐标指令

ISO 代码中，相对坐标用 G91 来表示。程序中坐标功能字后面的坐标是以刀具起点作为基准，表示刀具终点相对于刀具起点坐标值的增量。

例　如图 3—4 所示，用 G91 编程时，其程序段分别为：

AB：G91 G01 X－20.0 Y－10.0 F100；

CD：G91 G02 X－20.0 Y20.0 R20.0 F100；

G90 与 G91 属于同组模态指令，在程序中可根据需要随时变换。在实际编程中，是采用 G90 还是采用 G91 编程，要根据具体的零件及零件的标注来确定。

3. 基本 G 指令

（1）快速点定位指令（G00）

1）指令格式

G00 X __ Y __ Z __；

X __ Y __ Z __为刀具目标点坐标，当使用增量方式时，X __ Y __ Z __为目标点相对于起始点的增量坐标，不运动的坐标可以不写。

例　G00 X30.0 Y10.0；

2）指令说明

G00 不用指定移动速度，其移动速度由机床系统参数设定。在实际操作时，也可通过机床面板上的按钮“F0”“F25”“F50”和“F100”对其移动速度进行调节。

快速移动的轨迹通常为折线型轨迹，如图 3—5 所示，图中快速移动轨迹 *OA* 和 *AD* 的程序段如下所示：

OA：G00 X30.0 Y10.0；

AD：G00 X0 Y30.0；

对于 *OA* 程序段，刀具在移动过程中先在 *X* 和 *Y* 轴方向移动相同的增量，即图中的 *OB* 轨迹，然后再从 *B* 点移动至 *A* 点。同样，对于 *AD* 程序段，则由轨迹 *AC* 和 *CD* 组成。

由于 G00 的轨迹通常为折线型轨迹，因此，要特别注意采用 G00 方式进、退刀时刀具相对于工件、夹具所处的位置，以避免在进、退刀过程中刀具与工件、夹具等发生碰撞。

（2）直线插补指令（G01）

指令格式：

G01 X __ Y __ Z __ F __；

X __ Y __ Z __为刀具目标点坐标。当使用增量方式时，X __ Y __ Z __为目标点相对于起始点的增量坐标，不运动的坐标可以不写。

F __为刀具切削进给的进给速度。在 G01 程序段中必须含有 F 指令。如果在 G01 程序段前的程序中没有 F 指令，而在 G01 程序段中也没有 F 指令，则机床不运动，有的系统还会出现系统报警。

例　图 3—6 所示切削运动轨迹 *CD* 的程序段为“G01 X0 Y20.0 F100；”。

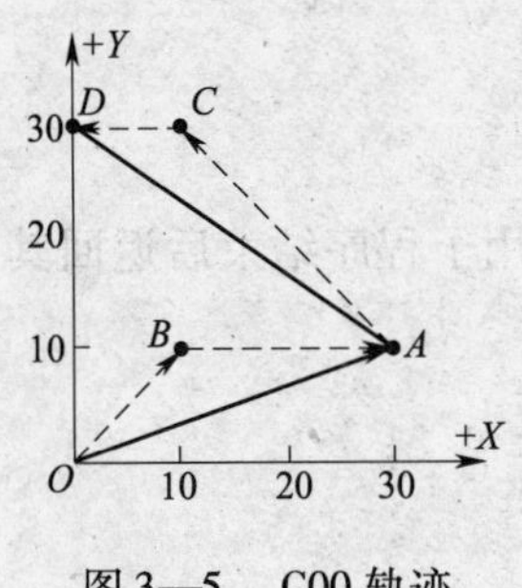

图 3—5　G00 轨迹

图 3—6　G01 轨迹实例

4. 常用 M 指令

不同的机床生产厂家对部分 M 指令定义了不同的功能，但对多数常用的 M 指令，在所有机床上都具有通用性，这些常用的 M 指令见表 3—1。

表 3—1　　数控铣床系统常用 M 指令

序号	指令	功　能	序号	指令	功　能
1	M00	程序暂停	7	M30	主轴停转，程序结束
2	M01	程序选择停止	8	M08	切削液开
3	M02	程序结束	9	M09	切削液关
4	M03	主轴顺时针方向旋转	10	M98	调用子程序
5	M04	主轴逆时针方向旋转	11	M99	返回主程序
6	M05	主轴停转	12	M06	刀具交换指令

（1）程序暂停（M00）

执行 M00 指令后，机床所有动作均被切断，以便进行某种手动操作，如精度的检测等，重新按循环启动按钮后，再继续执行 M00 指令后的程序。该指令常用于粗加工与精加工之间精度检测时的暂停。

（2）程序选择停止（M01）

M01 的执行过程和 M00 相似，不同的是只有按下机床控制面板上的“选择停止”开关后，该指令才有效，否则机床继续执行后面的程序。该指令常用于检查工件的某些关键尺寸。

（3）程序结束（M02）

执行 M02 程序结束指令后，表示本加工程序内所有内容均已完成，但程序结束后，机床 CRT 显示屏上的执行光标不返回程序开始段。

（4）主轴停转，程序结束（M30）

M30 指令的执行过程和 M02 相似，不同之处在于采用 M30 指令，当程序内容结束后，随即关闭主轴、切削液等所有机床动作，机床显示屏上的执行光标返回程序开始段，为加工下一个工件做好准备。

（5）主轴功能（M03/M04/M05）

M03 指令用于主轴顺时针方向旋转（俗称正转），M04 指令用于主轴逆时针方向旋转（俗称反转），主轴停转用指令 M05 表示。

（6）切削液开、关（M08/M09）

切削液开用 M08 表示，切削液关用 M09 表示。

（7）子程序调用和返回主程序指令（M98/M99）

在 FANUC 系统中，M98 规定为子程序调用指令，调用子程序结束后返回其主程序时用 M99 指令。

（8）刀具交换指令（M06）

通过该指令，可实现主轴上刀具与刀库中刀具的交换。

任务实施

1. 加工准备

（1）分析零件图样

本任务加工内容较为简单，主要内容为大平面的铣削加工，加工后零件的尺寸精度为 ±0.10 mm，表面粗糙度值为 $Ra3.2$ μm。

（2）选择数控机床

本任务选用的机床为 TH7650 型 FANUC 0i 系统数控铣床。

（3）选择刀具、切削用量及夹具

加工本例工件时，选择如图 3—7 所示的 ϕ60 mm 面铣刀（刀片材料为硬质合金）进行加工，采用平口钳装夹。切削用量推荐值如下：切削速度 $n=600$ r/min，进给速度 $f=100$ mm/min，铣削深度 $a_p=1\sim3$ mm。

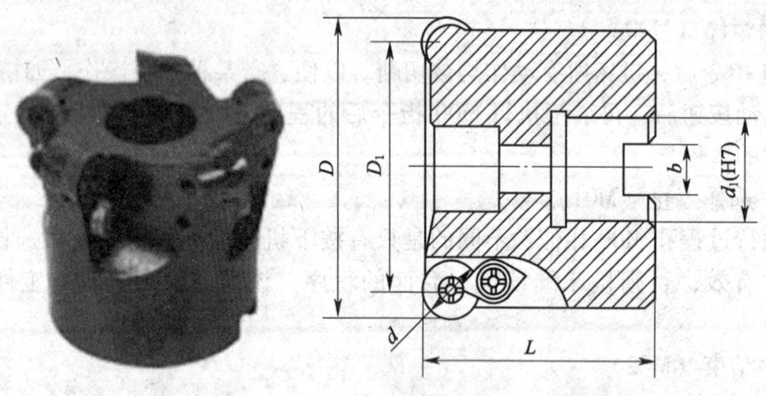

图 3—7　面铣刀

2. 编写加工程序

（1）选择编程原点

如图 3—8 所示，选择工件上表面的对称中心作为工件编程原点。

（2）设计加工路线

加工本例工件时，由于零件 Z 向总切深为 3 mm，所以，采用一次切削至总深的方法加工，刀具的运动轨迹如图 3—8 所示（$A\to B\to C\to D$）。刀具在加工过程中经过的各基点坐标分别为 A（−90.0，−20.0）、B（50.0，−20.0）、C（50.0，20.0）、D（−90.0，20.0）。

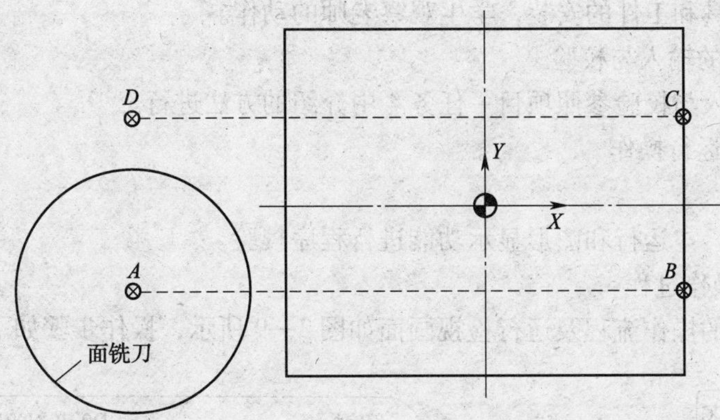

图 3—8 刀具中心在 *XY* 平面中的轨迹图

(3) 编制数控加工程序

采用基本编程指令编写的数控铣加工程序见表 3—2。

表 3—2　　平面铣削实例参考程序

刀具	ϕ60 mm 面铣刀	
程序段号	加工程序	程序说明
	O0081;	程序号
N10	G90 G94 G21 G40 G17 G54;	程序初始化
N20	G91 G28 Z0;	*Z* 向回参考点
N30	M03 S600;	主轴正转
N40	G90 G00 X-90.0 Y-20.0;	刀具在 *XY* 平面中快速定位
N50	Z20.0 M08;	刀具 *Z* 向快速定位，切削液开
N60	G01 Z-3.0 F100;	一次切削至总深
N70	X50.0;	*A*→*B*
N80	Y20.0;	*B*→*C*
N90	X-90.0;	*C*→*D*
N100	G00 Z100.0 M09;	刀具 *Z* 向快速抬刀
N110	M05;	主轴停转
N120	M30;	程序结束

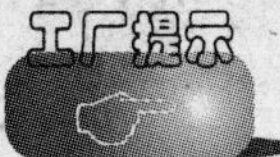

编程完毕后，根据所编写的程序，手工绘出刀具在 *XY* 平面内的轨迹，以验证程序的正确性。另外，编程时应注意模态代码的合理使用。

3. 数控加工

(1) 安装刀具与装夹工件

由教师完成刀具和工件的安装，学生观察老师的动作。

(2) 数控程序的输入与校验

数控程序的输入与校验参照项目一任务4中介绍的方法进行。

(3) 数控自动运行操作

1) 程序校验

采用机床锁住、空运行和图形显示功能进行程序校验。

2) 自动运行操作过程

自动运行操作的操作流程及运行检视画面如图3—9所示，操作步骤如下：

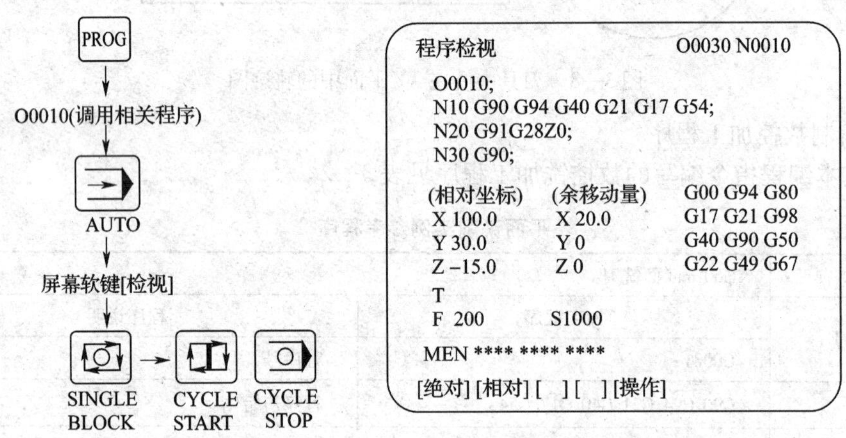

图3—9　自动运行操作流程及运行检视画面

①按下功能键PROG，调用刚才输入的程序O0010。

②按下模式选择按钮“AUTO”。

③按下软键［检视］，使屏幕显示正在执行的程序及坐标。

④按下单段运行按钮“SINGLE BLOCK”，再按下循环启动按钮“CYCLE START”进行自动加工。

3) 操作过程中出错的解决方案

①按循环停止按钮“CYCLE STOP”使程序暂停，该操作主要用于再次确认刀具的运行轨迹及运行的后续程序是否正确。

②按MDI功能键RESET使程序停止执行，机床恢复到初始状态。该操作主要用于发现程序出错或刀具轨迹出错后的操作。

③按紧急停止按钮“E－STOP”，这主要是机床将出现危险事故时的操作，通常情况下，按下紧急停止按钮后，需重新进行回参考点的操作。

在首件自动运行加工时，操作者通常是一手放在循环启动键上，另一手放在循环停止键上，眼睛时刻观察刀具的运行轨迹和加工程序，以保证加工安全。

任务2　铣削台阶类零件

学习目标

1. 掌握圆弧加工指令的指令格式及编程方法。
2. 掌握回参考点指令的指令格式及编程方法。
3. 掌握数控铣加工程序的程序开始与程序结束。
4. 了解数控加工过程中加工路线的确定原则及确定方法。
5. 掌握台阶类零件的编程与加工方法。

工作任务

任务要求：加工如图3—10所示的零件，沿用上一零件（100 mm × 80 mm × 30 mm），试编写其数控铣加工程序并进行加工。

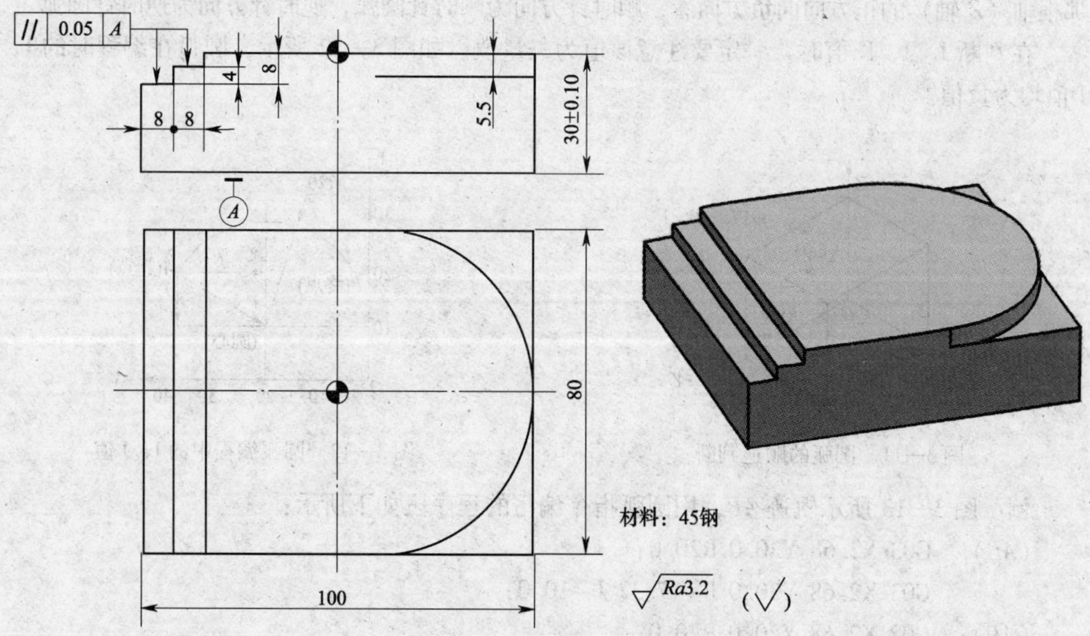

图3—10　台阶零件加工任务图

任务分析：该零件既是台阶类零件，又是圆弧轮廓零件。因此，完成该任务的重点和难点在于正确运用圆弧指令进行编程。

在数控编程过程中，虽然由于数控加工内容不同导致了数控加工程序各不相同，但不同数控程序的程序开始与程序结束却是基本相同的。因此，掌握程序开始与程序结束的基本格式，会给编程工作带来事半功倍的效果。

相关理论

1. 圆弧加工指令

(1) 指令格式

以 G17 平面的圆弧指令为例，其指令格式如下：

G02 X __ Y __ R __ F __;　　　　（半径方式）

G03 X __ Y __ R __ F __;

G02 X __ Y __ I __ J __ F __;　　（圆心方式）

G03 X __ Y __ I __ J __ F __;

G02 表示顺时针圆弧插补，G03 表示逆时针圆弧插补。

X __ Y __ Z __为圆弧的终点坐标值，其值可以是绝对坐标，也可以是增量坐标。在增量方式下，其值为圆弧终点坐标相对于圆弧起点的增量值。

R __为圆弧半径。

I __ J __ K __为圆弧的圆心相对于圆环起点分别在 X、Y 和 Z 坐标轴上的增量值。

(2) 指令说明

如图 3—11 所示，圆弧插补方向的判断方法是：沿垂直于圆弧所在平面（如 XY 平面）的那根轴（Z 轴）的正方向向负方向看，顺时针方向为顺时针圆弧，逆时针方向为逆时针圆弧。

在判断 I、J、K 值时，一定要注意该值为矢量值。如图 3—12 所示，圆弧在编程时的 I、J 值均为负值。

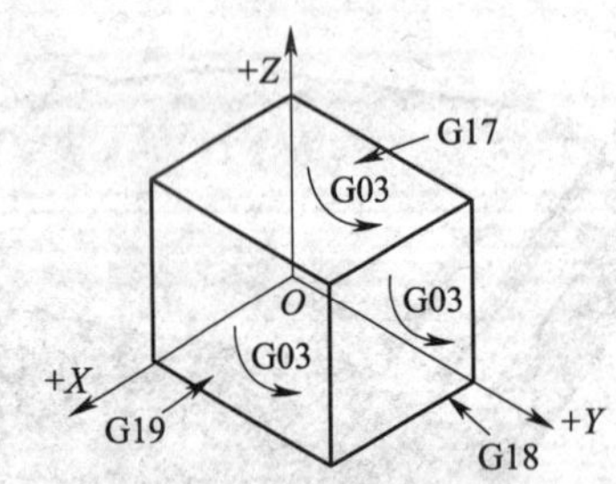

图 3—11　圆弧的顺逆判断

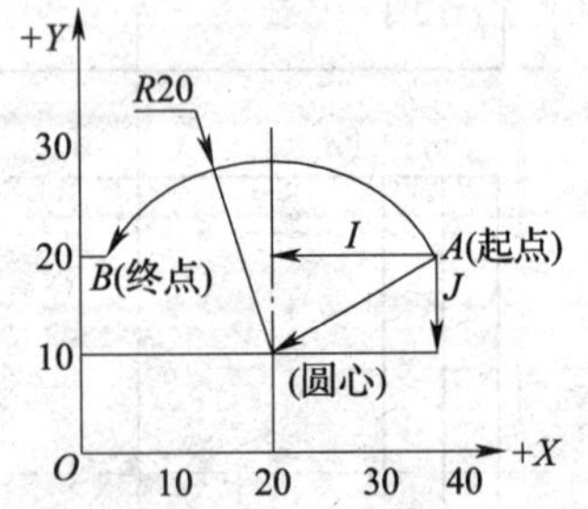

图 3—12　圆弧编程中的 I、J 值

例　图 3—13 所示轨迹 AB，用圆弧指令编写的程序段如下所示：

$(AB)_1$　G03 X2.68 Y20.0 R20.0;

　　　　G03 X2.68 Y20.0 I-17.32 J-10.0;

$(AB)_2$　G02 X2.68 Y20.0 R20.0;

　　　　G02 X2.68 Y20.0 I-17.32 J10.0;

圆弧半径 R 有正值与负值之分。当圆弧圆心角小于或等于 180°［如图 3—14 中圆弧 $(AB)_1$］时，程序中的 R 用正值表示。当圆弧圆心角大于 180°并小于 360°［如图 3—14 中圆弧 $(AB)_2$］时，R 用负值表示。需要注意的是，该指令格式不能用于整圆插补的编程，整圆插补需用 I、J、K 方式编程。

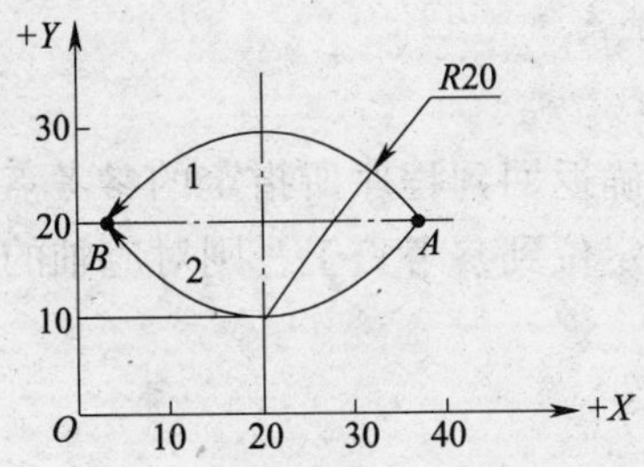

图 3—13　R 及 I、J、K 编程举例

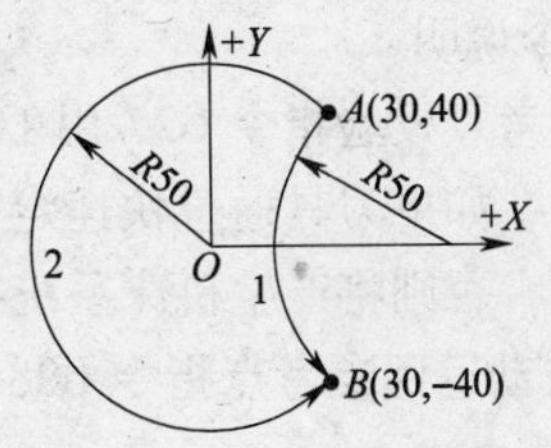

图 3—14　R 值的正负判别

例　如图 3—14 所示的轨迹 AB，用 R 指令格式编写的程序段如下：

$(AB)_1$　G03 X30.0 Y－40.0 R50.0 F100；

$(AB)_2$　G03 Y－40.0 R－50.0 F100；

例　如图 3—15 所示，以 C 点为起点和终点的整圆加工程序段如下：

G03 X50.0 Y0 I－50.0 J0；

或简写成：G03 I－50.0；

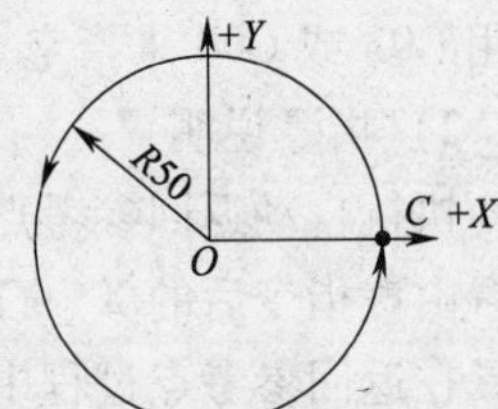

图 3－15　整圆加工实例

2. 工件坐标系零点偏移及取消指令（G54～G59、G53）

（1）指令格式

G54～G59；　　　（程序中设定工件坐标系零点偏移指令）

G53；　　　　　　（程序中取消工件坐标系设定，即选择机床坐标系）

（2）指令说明

通过对刀操作及对机床面板的操作，输入不同的零点偏移数值，可以设定 G54～G59 共 6 个不同的工件坐标系，在编程及加工过程中可以通过 G54～G59 指令来对不同的工件坐标系进行选择。

例　如图 3—16 所示，试编写刀具刀位点在 O 点、A 点、B 点和 C 点间快速移动的程序（系统 G54～G59 存储器中设定了不同的值）。

G90；　　　　　　（绝对坐标系编程）

G54 G00 X0 Y0；　（选择 G54 坐标系，快速定位到该坐标系 XY 平面原点）

G55 G00 X0 Y0；　（选择 G55 坐标系，快速定位到该坐标系 XY 平面原点）

G57 G00 X0 Y0；　（选择 G57 坐标系，快速定位到该坐标系 XY 平面原点）

G58 G00 X0 Y0；　（选择 G58 坐标系，快速定位到该坐标系 XY 平面原点）

M30；　　　　　　（程序结束）

3. 返回参考点指令

对于机床回参考点动作，除可采用手动回参考点的操作外，还可以通过编程指令来自动实现。常见的与返回参考点相关的编程指令主要有 G27、G28、G29 三种，这三种指令均为非模态指令。

（1）返回参考点校验指令（G27）

1）指令格式

G27 X＿Y＿Z＿；

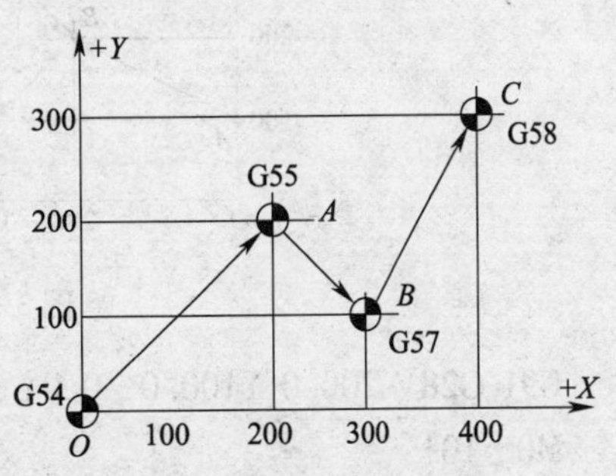

图 3—16　零点偏移指令 G54～G59

X __ Y __ Z __为参考点在工件坐标系中的坐标值。

2）指令说明

返回参考点校验指令 G27 用于检查刀具是否正确返回到程序所指定的参考点位置。执行该指令时，如果刀具通过快速定位指令 G00 正确定位到参考点上，则对应轴的返回参考点指示灯亮，否则将产生机床系统报警。

（2）自动返回参考点指令 G28

1）指令格式

G28 X __ Y __ Z __;

X __ Y __ Z __返回过程中经过的中间点，其坐标值可以用增量值也可以用绝对值，但须用 G91 或 G90 来指定。

2）指令说明

执行自动返回参考点指令时，刀具以快速点定位方式经中间点返回到参考点，中间点的位置由该指令后的 X __ Y __ Z __值决定。返回参考点过程中设定中间点的目的是为了防止刀具在返回参考点过程中与工件或夹具发生干涉。

（3）自动从参考点返回指令 G29

执行这条指令时，可以使刀具从参考点出发，经过一个中间点到达这个指令后 X __ Y __Z __坐标值所指定的位置。G29 中间点的坐标与前面 G28 所指定的中间点坐标为同一坐标，因此，这条指令只能出现在 G28 指令的后面。

1）指令格式

G29 X __ Y __ Z __;

X __ Y __ Z __为从参考点返回后刀具所到达的终点坐标。可用 G91/G90 来决定该值是增量值还是绝对值，如果是增量值，则该值是指刀具终点相对于 G28 中间点的增量值。

2）指令说明

由于在编写 G29 指令时有种种限制，而且在选择 G28 指令后，这条指令并不是必需的，因此，建议用 G00 指令来代替 G29 指令。

例 如图 3—17 所示，刀具回参考点前已定位至 *A* 点，取 *B* 点为中间点，*R* 点为参考点，*C* 点为执行 G29 指令到达的终点。其指令如下：

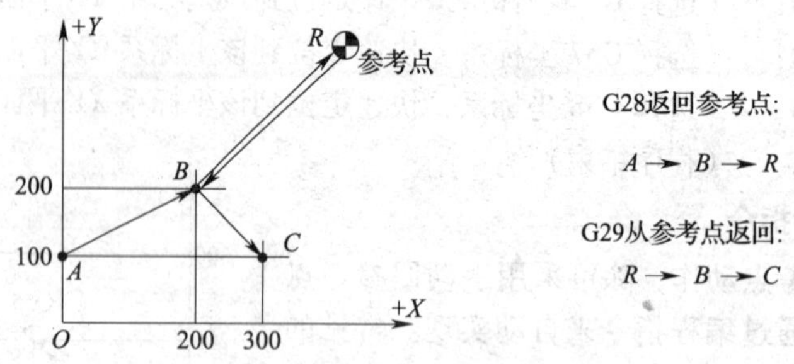

图 3—17　G28 与 G29 指令动作

G91 G28 X200.0 Y100.0 Z0.0;　　（增量坐标方式经过中间点回参考点）

M06 T01;　　（换刀）

G29 X100.0 Y-100.0 Z0.0;　　（从参考点经中间点返回）

或：

G90 G28 X200.0 Y200.0 Z0.0；　　（绝对坐标方式经中间点返回参考点）

M06 T01；

G29 X300.0 Y100.0 Z0.0；

以上程序的执行过程为：首先执行 G28 指令，刀具从 A 点出发，以快速点定位方式经中间点 B 返回参考点 R；返回参考点后执行换刀动作，再执行 G29 指令，从参考点 R 出发，以快速点定位方式经中间点 B 定位到 C 点。

4. 数控铣加工程序的程序开始与程序结束

针对不同的数控机床，其程序开始部分和结束部分的内容都是相对固定的，包括一些机床信息，如程序初始化、工件原点设定、快速点定位、主轴启动、切削液开启等功能。因此，程序的开始和程序的结束可编成相对固定的格式，从而减少编程的重复工作量。

FANUC 系统开始部分与结束部分的程序见表 3—3。

表 3—3　　程序的开始与结束

程序段号	FANUC 0i 系统程序	程序说明
	O0021；	程序号
N10	G90 G94 G21 G40 G17 G54 __；	程序初始化
N20	G91 G28 Z0；	刀具 Z 向回参考点
N30	M03 S __；	主轴正转
N40	G90 G00X __ Z __ M08；	刀具定位
N50	Z __；	
…	…	工件加工
N150	G00 Z50.0；（或 G91 G28 Z0；）	刀具退出
N160	M05；	主轴停转
N170	M30；	程序结束

注：N10 ~ N50 为程序开始部分，N150 ~ N170 为程序结束部分。

任务实施

1. 加工准备

（1）分析零件图样

本任务加工的尺寸精度要求不高，均为自由公差。零件加工后的位置精度要求较高，加工表面与底平面的平行度公差为 0.05 mm，为了保证位置公差要求，需对零件进行精确的装夹与校正。零件加工表面的表面粗糙度要求为 $Ra3.2\ \mu m$。

（2）选择数控机床

本任务选用的机床为 TH7650 型 FANUC 0i 系统数控铣床。

（3）选择刀具和切削用量

加工本例工件时，选择如图 3—18 所示 ϕ20 mm 立铣刀（刀具材料为高速钢）进行加工，切削用量推荐值如下：切削速度 $n=600$ r/min，进给速度 $f=100$ mm/min，铣削深度 $a_p=8$ mm。

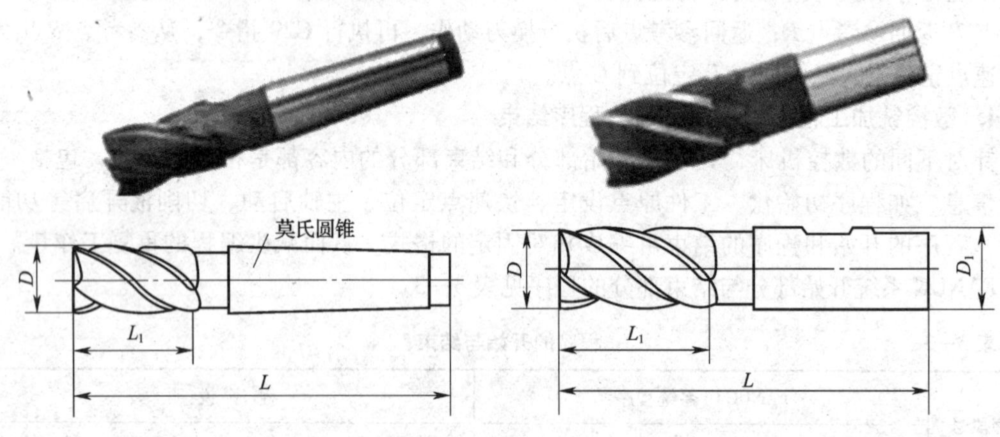

图 3—18　立铣刀

2. 编写加工程序

（1）选择编程原点

如图 3—10 所示，选择工件上表面的对称中心作为工件编程原点。

（2）设计加工路线

加工本例工件时，刀具中心在 *XY* 平面内的轨迹如图 3—19 所示。当铣削台阶时，刀具从 *A* 点到 *B* 点，然后 *Z* 向抬刀并返回 *C* 点，再 *Z* 向落刀至加工高度后，从 *C* 点到 *D* 点。加工圆弧面时，为防止刀具法向进刀造成加工刀痕，采用圆弧过渡方式切入，采用圆弧过渡方式切出（根据本例的实际情况，也可采用法线方式切出）。

图 3—19　刀具中心在 *XY* 平面中的轨迹图

（3）确定基点坐标

确定加工路线后，根据加工路线确定刀具轨迹中各基点坐标，经计算，得出各基点坐标如下：

A 点	（−52.0，−52.0）	*B* 点	（−52.0，52.0）
C 点	（−44.0，−52.0）	*D* 点	（−44.0，52.0）
E 点	（−5.0，65.0）	*F* 点	（10.0，50.0）
G 点	（10.0，−50.0）	*H* 点	（−5.0，−65.0）

（4）编制数控加工程序

采用基本编程指令编写的数控铣削加工程序见表 3—4。

表 3—4　　　　台阶铣削实例参考程序

刀具	φ20 mm 立铣刀	
程序段号	加工程序	程序说明
	O0082；	程序号
N10	G90 G94 G21 G40 G17 G54；	程序初始化
N20	G91 G28 Z0；	Z 向回参考点
N30	M03 S600；	主轴正转
N40	G90 G00 X—52.0 Y—52.0；	刀具在 XY 平面中快速定位
N50	Z20.0 M08；	刀具 Z 向快速定位，切削液开
N60	G01 Z—8.0 F100；	第一个台阶的铣削深度位置
N70	Y52.0；	A→B，延长线上切出
N80	G00 Z3.0；	刀具抬起
N90	X—44.0 Y—52.0；	快速定位至 C 点，延长线上切入
N100	G01 Z—4.0；	第二个台阶的铣削深度位置
N110	Y52.0；	D→C
N120	G00 Z3.0；	刀具抬起
N130	X—5.0 Y65.0；	快速定位至 E 点
N140	G01 Z—5.5；	圆弧台阶的铣削深度位置
N150	G03 X10.0 Y50.0 R15.0；	圆弧切入
N160	G02 Y—50.0 R50.0；	加工圆弧台阶
N170	G03 X—5.0 Y—65.0 R15.0；	圆弧切出
N180	G00 Z100.0 M09；	刀具 Z 向快速抬刀
N190	M05；	主轴停转
N200	M30；	程序结束

3. 数控加工

本例工件的加工步骤如下：

（1）采用精密平口钳装夹，装夹时须进行精确的校正。

（2）正确选择刀具并安装。

（3）采用手工方式输入加工程序，采用数控系统的图形显示功能对加工程序进行校验。

（4）采用单段方式完成零件的数控加工，本例工件各部位的加工次序如图 3—20 所示。

（5）自检零件，然后对机床进行维护与保养。

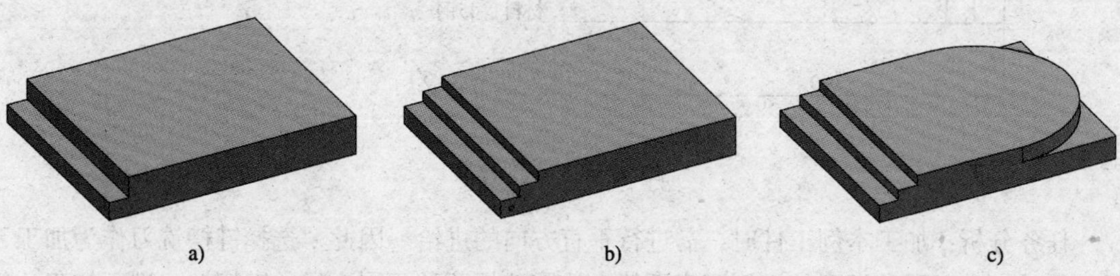

图 3—20　本例工件各部位的加工次序

任务 3　铣削键槽

学习目标

1. 掌握数控铣床/加工中心刀具的安装方法。
2. 掌握加工中心的自动换刀指令。
3. 了解数控铣床/加工中心的刀具系统。
4. 掌握键槽轮廓的编程与铣削加工方法。

工作任务

任务要求：加工如图 3—21 所示零件（键槽深均为 5 mm），沿用前一任务中的加工零件，试编写其加工中心加工程序并进行加工。

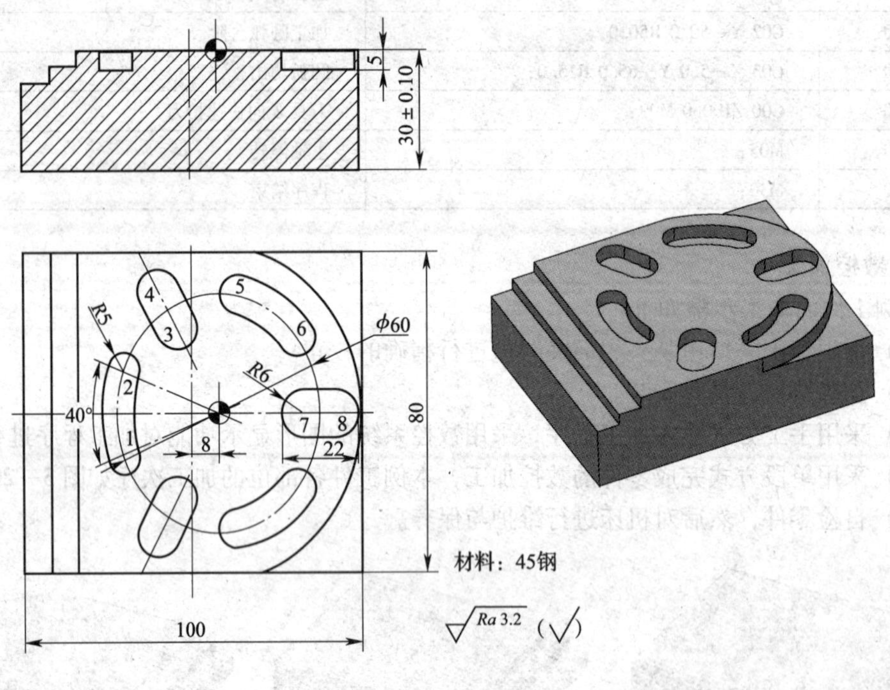

图 3—21　铣削键槽

任务分析：加工本例工件时，需进行垂直方向的进给。因此，选择键槽铣刀作为加工刀具。另外，由于两种类型的键槽宽度不等，故需选择两种不同直径的键槽铣刀进行加工，编写加工程序时，采用自动换刀方式换刀。

相关理论

1. 加工中心的自动换刀

(1) 换刀动作

通常情况下，不同数控系统的加工中心，其换刀程序各不相同，但换刀的动作却基本相同，通常分刀具的选择和刀具的交换两个基本动作。

1) 刀具的选择

刀具选择是将刀库上某个刀位的刀具转到换刀的位置，为换刀做好准备。其指令格式为：

T __；

如：T01、T13 等

刀具选择指令可在任意程序段内执行，有时，为了节省换刀时间，通常在加工过程中就同时执行 T 指令。如下列程序所示：

G01 X100.0 Y100.0 F100 T12；

执行该程序段时，主轴刀具在执行 G01 进给的同时，刀库中的刀具也转到了换刀位置。

2) 刀具换刀前的准备

在执行换刀指令前，通常要做好以下几项换刀准备工作：

① 主轴回到换刀点

立式加工中心的换刀点在 X、Y 方向上是任意的。在 Z 方向上，由于刀库的 Z 向高度是固定的，所以其 Z 向换刀点位置也是固定的，该换刀点通常位于靠近 Z 向机床原点的位置。为了在换刀前使刀具接近该换刀点，通常采用以下指令来实现：

G91 G28 Z0；　　　（返回 Z 向参考点）

G49 G53 G00 Z0；　（取消刀具长度补偿，并返回机床坐标系 Z 向原点）

② 主轴准停

在换刀前必须实现主轴准停，以使主轴上的两个凸起对准刀柄的两个卡槽。FANUC 系统主轴准停通常通过指令“M19”来实现。

③ 切削液关闭

换刀前通常需用“M09”指令关闭切削液。

3) 刀具的交换

刀具交换是指刀库中正位于换刀位置的刀具与主轴上的刀具进行自动换刀的过程。其指令格式为：

M06；

在 FANUC 系统中，“M06”指令中不仅包括刀具交换的过程，还包含刀具换刀前的所有准备动作，即返回换刀点、切削液关、主轴准停等。

(2) 加工中心常用换刀程序

1) 带机械手的换刀程序

带机械手的换刀程序格式如下所示：

T×× M06；

该指令格式中，T 指令在前，表示选择刀具，M06 指令在后，表示通过机械手执行主轴中刀具与刀库中刀具的交换。

例 …

```
G40 G01 X20.0 Y30.0;      （XY 平面内取消刀补）
G49 G53 G00 Z0;           （刀具返回机床坐标系 Z 向原点）
T05 M06;                  （选择 5 号刀具，主轴准停，切削液关，刀具交换）
M03 S600 G54;             （开启主轴，选择工件坐标系）
…
```

在执行该程序时，刀具先在 XY 平面取消刀补；再执行返回 Z 向机床原点命令；主轴准停并 Z 向移动至换刀点；刀库转位寻刀，将 05 号刀转到换刀位置；执行 M06 指令换刀。换刀结束后，如需进行下一步加工，则需开启主轴。

2）不带机械手的换刀程序

当加工中心的刀库为转盘式刀库且不带机械手时，其换刀程序如下：

```
M06 T07;
```

注意：该指令格式中的 M06 指令在前，T 指令在后，且指令中的“M06”指令和“T”指令不可以前后掉换位置。如果掉换位置，则在指令执行过程中产生程序出错报警。

执行该指令时，同样先自动完成换刀前的准备动作，再执行 M06 指令，主轴上的刀具放入当前刀库中处于换刀位置的空刀位；然后刀库转位寻刀，将 7 号刀具转换到当前换刀位置，再次执行 M06 指令，将 7 号刀具装入主轴。因此，采用这种方式，每次换刀过程要执行两次刀具交换。

3）子程序换刀

FANUC 系统中，为了方便编写换刀程序，防止自动换刀过程中出错，系统常自带换刀子程序，子程序号通常为 O8999，其程序内容如下：

```
O8999;                    （立式加工中心换刀子程序）
M05 M09;                  （主轴停转，切削液关）
G80;                      （取消固定循环）
G91 G28 Z0;               （Z 轴返回机床原点）
G49 M06;                  （取消刀具长度补偿，刀具交换）
M99;                      （返回主程序）
```

SIEMENS 系统换刀子程序号通常为 L6，其内容与上述子程序类似。

采用子程序换刀时，其主程序调用格式如下所示：

```
T06 M98 P8999;
```

2. 暂停功能（G04）

G04 暂停指令可使刀具作短时间无进给加工或机床空运转，从而提高加工表面的表面质量。因此，G04 指令一般用于镗平面、锪孔等的光整加工。其指令格式为：

G04 X2.0；或 G04 P2000；（FANUC 系统）

地址符 X 后面可用小数点编程，如 X2.0（F2.0）表示暂停时间为 2 s，而 X2 则表示暂停时间为 2 ms；地址符 P 后面不允许带小数点，单位为 ms，如 P2000 表示暂停时间为 2 s。

3. 数控铣床/加工中心用刀具系统

加工中心的刀具系统（见图 3—22）是刀具与加工中心的连接部分，由工作头（即刀具）、刀柄、拉钉、中间模块等组成，起到固定刀具及传递动力的作用。

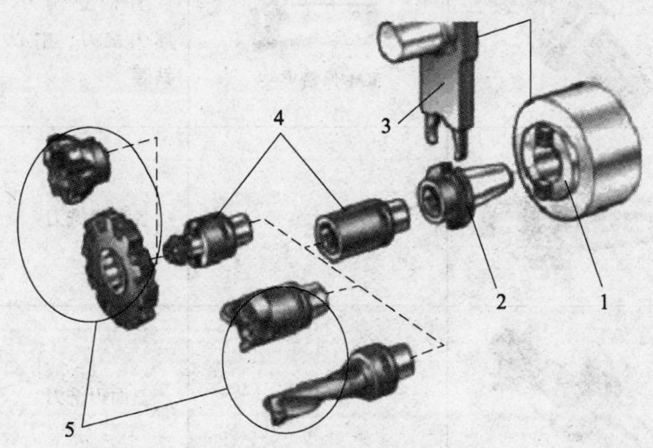

图 3—22　工具系统的组成

1—主轴　2—刀柄　3—换刀机械手　4—中间模块　5—工作头

（1）刀柄

切削刀具通过刀柄与数控铣床主轴连接，其强度、刚度、耐磨性、制造精度以及夹紧力等对加工均有直接影响。数控铣床刀柄一般采用 7∶24 锥面与主轴锥孔配合定位，刀柄及刀柄尾部供主轴内拉紧机构用的拉钉已实现标准化，其使用的标准有国际标准（ISO）和中国、美国、德国、日本等各国国家标准。因此，数控铣床刀柄系统应根据所选用的数控铣床要求进行配备。

加工中心刀柄可分为整体式与模块式两类。根据刀柄柄部形式及所采用的国家标准不同，我国使用的刀柄常分成 BT（日本标准）、JT（GB，带机械手夹持槽）、ST（ISO 或 GB，不带机械手夹持槽）和 CAT（美国 ANSI 标准）等几种系列，这几种系列的刀柄除局部槽的形状不同外，其余结构基本相同。根据锥柄大端直径的不同，刀柄又分成 40、45、50（个别的还有 30 和 35）等几种不同的锥度号，如 BT/JT/ST50 和 BT/JT/ST40 分别代表锥柄大端直径为 69. 85 mm 和 44. 45 mm 的 7∶24 锥柄。加工中心常用刀柄的类型及其使用场合见表 3—5。

表 3—5　　加工中心常用刀柄的类型及其使用场合

刀柄类型	刀柄实物图	夹头或中间模块	夹持刀具	备注及型号举例
削平型工具刀柄		无	直柄立铣刀、球头铣刀、削平型浅孔钻等	JT40 - XP20 - 70
弹簧夹头刀柄		ER 弹簧夹头	直柄立铣刀、球头铣刀、中心钻等	BT30 - ER20 - 60

续表

刀柄类型	刀柄实物图	夹头或中间模块	夹持刀具	备注及型号举例
强力夹头刀柄		 KM 弹簧夹头	直柄立铣刀、球头铣刀、中心钻等	BT40 – C22 – 95
面铣刀刀柄		无	各种面铣刀	BT40 – XM32 – 75
三面刃铣刀刀柄		无	三面刃铣刀	BT40 – XS32 – 90
侧固式刀柄		 粗、精镗及丝锥夹头等	丝锥及粗、精镗刀	21A. BT40. 32 – 58
莫氏锥度刀柄		 莫氏变径套	锥柄钻头、铰刀	有扁尾 ST40 – M1 – 45
		莫氏变径套	锥柄立铣刀和锥柄带内螺纹立铣刀等	无扁尾 ST40 – MW2 – 50
钻夹头刀柄		 钻夹头	直柄钻头、铰刀	ST50 – Z16 – 45
丝锥夹头刀柄		攻螺纹夹套	机用丝锥	ST50 – TPG875
整体式、刀柄	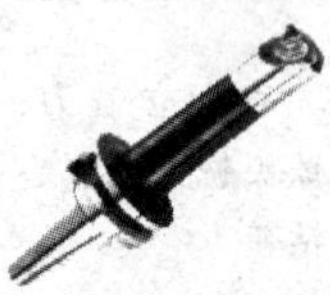	 粗、精镗刀头	整体式粗、精镗刀	BT40 – BCA30 – 160

（2）拉钉

刀柄尾部的拉钉（见图 3—23）尺寸也已标准化，ISO 和国家标准规定了 A 型和 B 型两种形式的拉钉，其中 A 型拉钉采用不带钢球的拉紧装置，而 B 型拉钉采用带钢球的拉紧装置。刀柄及拉钉的具体尺寸可查阅有关标准的规定。

（3）弹簧夹头及中间模块

弹簧夹头有两种，即 ER 弹簧夹头（见图 3—24a）和 KM 弹簧夹头（见图 3—24b）。其中 ER 弹簧夹头的夹紧力较小，适用于切削力较小的场合；KM 弹簧夹头的夹紧力较大，适用于强力铣削。

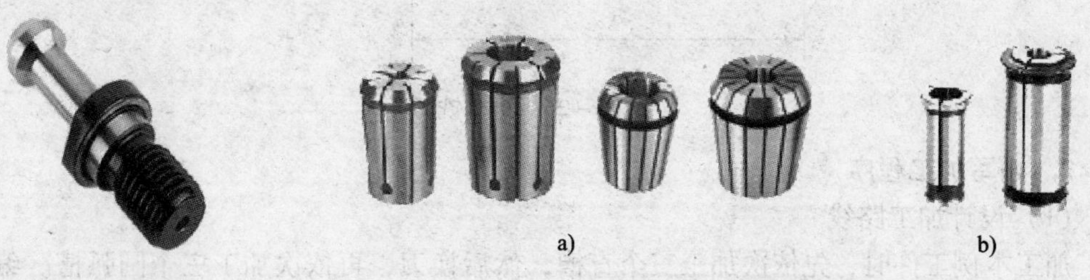

图 3—23　拉钉

图 3—24　弹簧夹头

a）ER 弹簧夹头　b）KM 弹簧夹头

中间模块（见图 3—25）是刀柄和刀具之间的中间连接装置，中间模块的使用，提高了刀柄的通用性能，例如，镗刀、丝锥与莫氏钻头和刀柄的连接就经常使用中间模块。

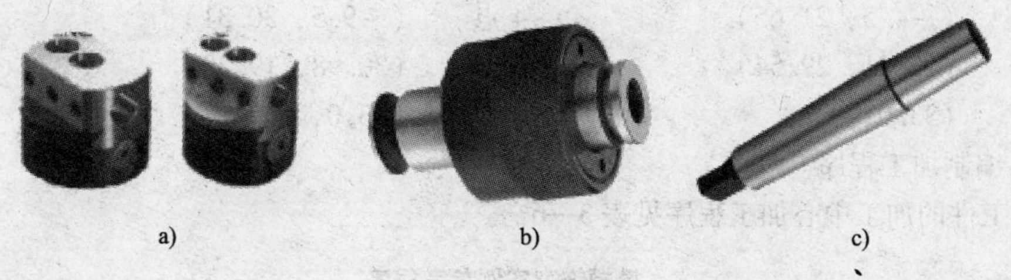

图 3—25　中间模块

a）精镗刀中间模块　b）攻螺纹夹套　c）钻夹头接柄

任务实施

1．加工准备

（1）选择数控机床

加工本例工件时，由于涉及自动换刀，因此，选用的机床为 TH7650 型 FANUC 0i 系统加工中心。

（2）选择刀具

加工本例工件时，选择如图 3—26 所示键槽铣刀或钻铣刀（刀具材料为高速钢）进行加工，直径分别为 12 mm 和 10 mm。

（3）选择切削用量

切削用量推荐值如下：切削速度 $n=700\sim800$ r/min，XY 平面内进给时的进给速度取 $f=100$ mm/min，Z 向进给时的进给速度取 $f=40$ mm/min，铣削深度的取值等于槽深，取 $a_p=5$ mm。

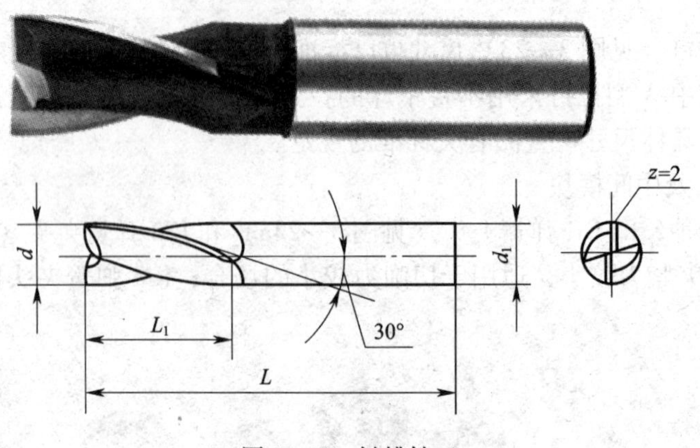

图 3—26　键槽铣刀

2. 编写加工程序

（1）设计加工路线

加工本例工件时，先依次加工三个直槽，然后换刀，再依次加工三个圆弧槽。编程时，应注意该加工路线中的 Z 向进刀与退刀。

（2）计算基点坐标

采用三角函数法计算图 3—21 所示各基点坐标，得出圆弧的圆心坐标如下：

1 点	（-20.19，-10.26）	2 点	（-20.19，10.26）
3 点	（-4.5，21.65）	4 点	（-9.5，30.31）
5 点	（13.21，29.54）	6 点	（30.98，19.28）
7 点	（33.0，0）	8 点	（43.0，0）

（3）编制加工程序

本例工件的加工中心加工程序见表 3—6。

表 3—6　　键槽铣削实例参考程序

刀具	1 号 ϕ12 mm 键槽铣刀，2 号 ϕ10 mm 键槽铣刀	
程序段号	加工程序	程序说明
	O0083；	程序号
N10	G90 G94 G21 G40 G17 G54；	程序初始化
N20	G91 G28 Z0；	Z 向回参考点
N30	M06 T01；	换 1 号 ϕ12 mm 键槽铣刀
N40	M03 S700；	主轴正转
N50	G90 G00 X33.0 Y0；	刀具在 XY 平面中快速定位
N60	Z5.0 M08；	刀具 Z 向快速定位，切削液开
N70	G01 Z-5.0 F40；	加工第一条直槽
N80	X43.0 F100；	

续表

刀具	1 号 ϕ12 mm 键槽铣刀，2 号 ϕ10 mm 键槽铣刀	
程序段号	加工程序	程序说明
	O0083；	程序号
N90	G00 Z3.0；	刀具抬起
N100	X-4.5 Y21.65；	在 XY 平面内快速定位
N110	G01 Z-5.0 F40；	加工第二条直槽
N120	X-9.5 Y30.31 F100；	
N130	G00 Z3.0；	刀具抬起
N140	X-4.5 Y-21.65；	在 XY 平面内快速定位
N150	G01 Z-5.0 F40；	加工第三条直槽
N160	X-9.5 Y-30.31 F100；	
N170	G91 G28 Z0；	Z 向回参考点
N180	M06 T02；	换 2 号 ϕ10 mm 键槽铣刀
N190	M03 S800 G55；	主轴正转，选择 G55 坐标系
N200	G90 G00 X-20.19 Y-10.26；	刀具在 XY 平面中快速定位
N210	Z5.0 M08；	刀具 Z 向快速定位，切削液开
N220	G01 Z-5.0 F40；	铣削第一条圆弧槽
N230	G02 X-20.19 Y10.26 R30.0 F100；	
N240	G00 Z3.0；	刀具抬起
N250	X13.21 Y29.54；	在 XY 平面中快速定位
N260	G01 Z-5.0 F40；	铣削第二条圆弧槽
N270	G03 X30.98 Y19.28 R30.0 F100；	
N280	G00 Z3.0；	刀具抬起
N290	X30.98 Y-19.28；	在 XY 平面中快速定位
N300	G01 Z-5.0 F40；	铣削第三条圆弧槽
N310	G03 X13.21 Y-29.54 R30.0 F100；	
N320	G00 Z100.0 M09；	刀具 Z 向快速抬刀
N330	M05；	主轴停转
N340	M30；	程序结束

注：本例中使用了 G54 和 G55 两个工件坐标系，对于 G54 和 G55 存储器中设定的值，*X* 值和 *Y* 值均相同，G54 中设定的 *Z* 值与 G55 中设定的 *Z* 值不同，其原因是两种刀具安装后的刀具长度不同。另外，对不同的刀具长度还可用 G43、G44 和 G49 指令（指令说明后叙）来进行刀具长度补偿编程。

3．安装刀具

（1）数控刀具在刀柄中的安装

1）选择 KM 弹簧夹头（ϕ12 mm），将键槽铣刀装入弹簧夹头。

2）选择强力夹头刀柄。

3）将刀具装入如图 3—27 所示的锁刀器，刀柄卡槽对准锁刀器的凸起部分。

4）用月牙形扳手松开锁紧螺母，将装有刀具的 KM 弹簧夹头装入刀柄。

5）拧紧锁紧螺母，完成刀具在刀柄中的安装。

（2）数控刀柄在数控机床上的安装

1）打开供气气泵，向数控机床的气动装置供气。

2）按下数控机床控制面板上的“刀具松”按钮。

3）手握刀柄底部，将刀柄柄部伸入主轴锥孔中。

4）按下主轴上的气动按钮（见图 3—28），同时向上推刀柄。

图 3—27　锁刀器与月牙形扳手

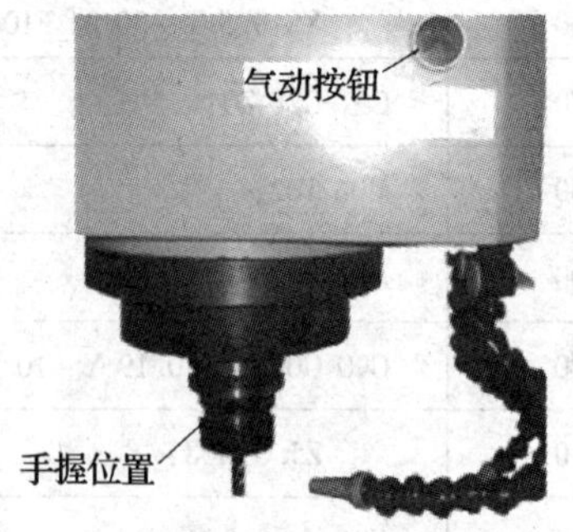

图 3—28　刀柄在数控机床上的安装

5）松开气动按钮，然后松开刀柄。

6）检查刀柄在数控机床上的安装情况。

（3）将主轴刀具装入刀库

将主轴刀具装入刀库的操作流程如图 3—29 所示，操作步骤如下：

1）采用手动方式转动刀库，使刀库当前刀位为 1 号刀位，主轴上采用手动方式装入 1 号 ϕ12 mm 键槽铣刀。

2）按下模式选择按钮“MDI”。

3）按下功能键 PROG 。

4）直接输入 M06 T02。

5）按下循环启动按钮“CYCLE START”，主轴中的刀具装入刀库中的 1 号刀位，主轴上换上刀库中 2 号刀位上的刀具，同时刀库停在 2 号刀位上。

用同样的方法将 ϕ10 mm 键槽铣刀装入刀库的 2 号刀位。

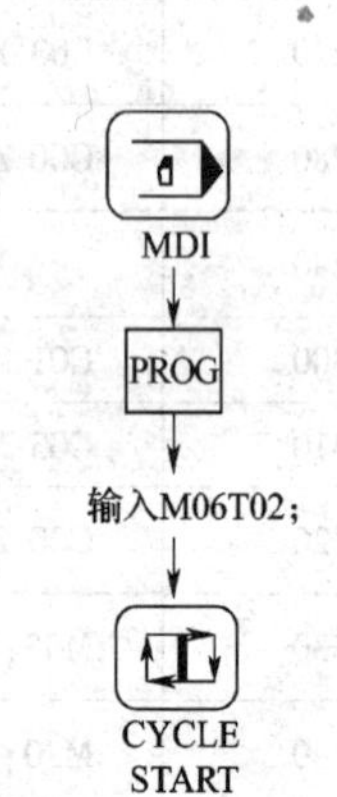

图 3—29　刀具装入刀库操作流程

4．零件加工

本例工件各部位的加工次序如图 3—30 所示。

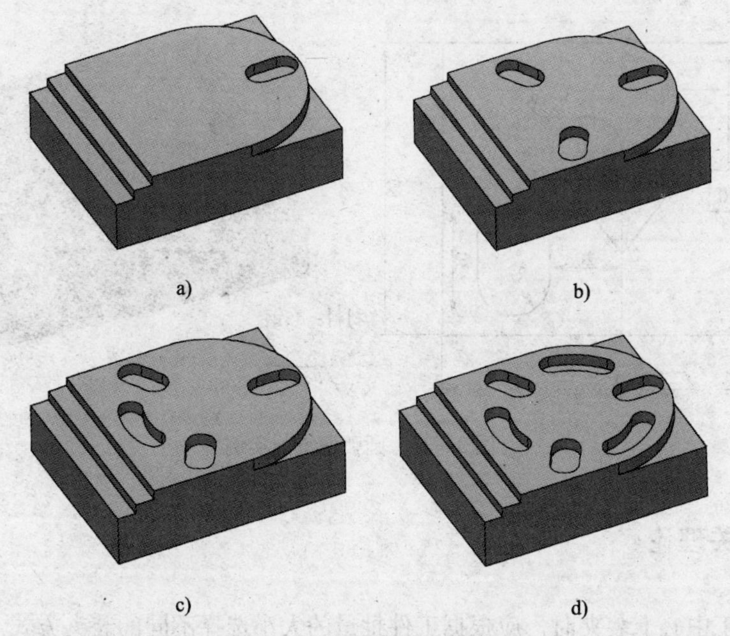

图 3—30　零件加工次序

a）加工第一条直槽　b）加工其余直槽　c）加工第一条圆弧槽　d）加工其余圆弧槽

任务 4　铣削圆弧槽

学习目标

1. 了解数控铣床/加工中心常用夹具。
2. 掌握数控铣床/加工中心工件装夹与找正方法。
3. 了解数控铣床/加工中心常用成形刀具。
4. 掌握圆弧槽的编程与加工方法。

工作任务

任务要求：沿用前一任务的零件，先用面铣刀将上平面铣平（总铣削深度为 6 mm），然后用 $R2$ mm 的球头铣刀或经修磨后的 B2.5 中心钻加工如图 3—31 所示零件（槽深为 1 mm），试编写其数控铣加工程序并进行加工。

任务分析：为了完成该项任务，首先应选择合适的刀具（球头铣刀或经修磨后的中心钻）进行加工，其次在加工前应对工件进行精确的校正，以保证加工后圆弧槽深度的一致性。

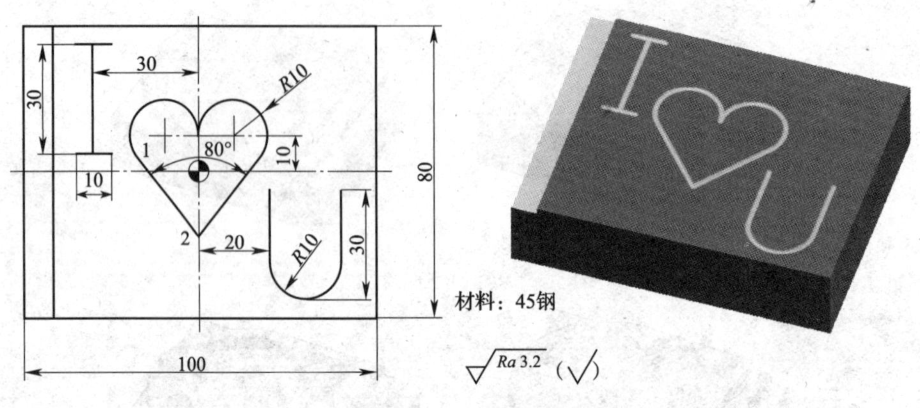

图 3—31　圆弧槽铣削实例

相关理论

工件在加工中心上装夹时，应根据工件批量的大小选择不同的装夹方式。单件、小批量工件通常采用通用夹具装夹，中小批量工件通常采用组合夹具装夹，大批量工件则最好选择专用夹具装夹。

1. 平口钳和压板及其装夹与找正

（1）平口钳和压板

平口钳具有较好的通用性和经济性，适用于尺寸较小的方形工件的装夹。常用精密平口钳如图 3—32 所示，常采用机械螺旋式、气动式或液压式夹紧方式。

图 3—32　平口钳

对于大型工件，无法采用平口钳或其他夹具装夹时，可直接采用压板（见图 3—33）装夹。加工中心的压板通常采用 T 形螺母与螺栓的夹紧方式。

对于除底面以外其余 5 面都要加工的零件，无法采用平口钳或压板装夹时，可采用精密治具板装夹。装夹前在工件底面加工出工艺螺钉孔，再用内六角螺钉锁紧在精密治具板上，最后将精密治具板安装在工作台面上。精密治具板有 HT、HL、HC、HH 等多种系列，如图 3—34 所示为 HH 系列精密治具板。

（2）工件在平口钳中的装夹与找正

平口钳装夹示意图如图 3—35 所示。装夹时，首先根据工件的切削高度在平口钳内垫上合适的高精度平行垫铁，以保证工件在切削过程中不会因受力而移动；然后对平口钳钳口找正，以保证平口钳的钳口方向与主轴刀具的进给方向平行或垂直。

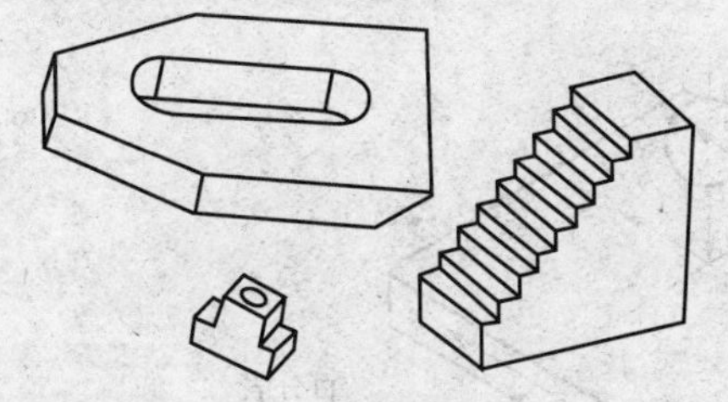
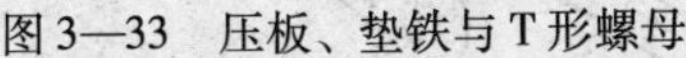

图 3—33 压板、垫铁与 T 形螺母

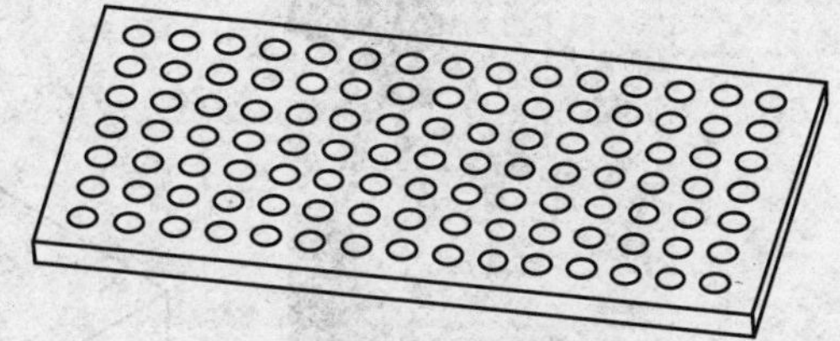

图 3—34 HH 系列精密治具板

工件找正方法如图 3—36 所示。找正时，将百分表用磁性表座固定在主轴上，百分表测量头接触工件，在前后或左右方向移动主轴，从而找正工件上下平面与工作台面的平行度。如工件与工作台面不平行，则可根据平行度误差大小在相应的角上垫相应尺寸的垫片来纠正。

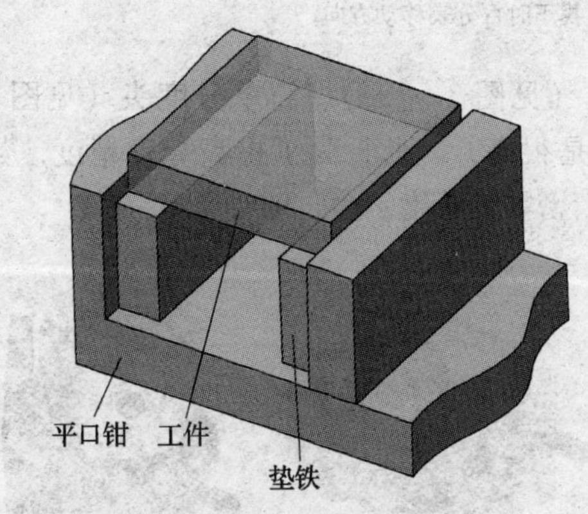

图 3—35 工件装夹示意图

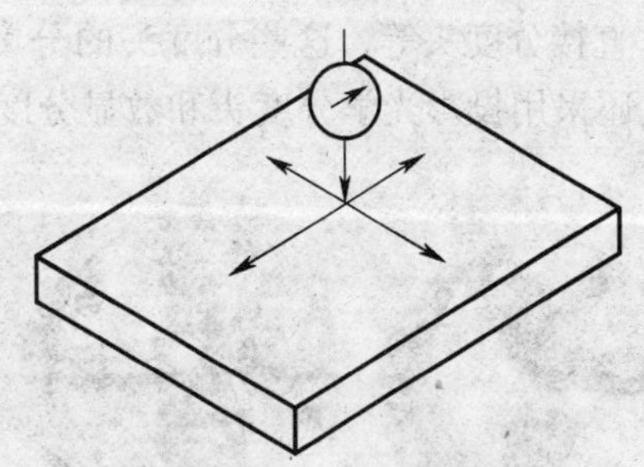

图 3—36 工件找正示意图

(3) 压板的装夹与找正

采用压板装夹工件时，应使垫铁的高度略高于工件，以保证夹紧效果；压板螺栓应尽量靠近工件，以增大压紧力；压紧力要适中，或在压板与工件表面安装软材料垫片，以防工件变形或工件表面受到损伤；不能在工作台面上拖动工件，以免划伤工作台面。

使用压板装夹时，装夹与找正方法如图 3—37 所示，除了要找正工件上下平面与工作台面的平行度外，还要找正工件侧面与轴进给方向的平行度。如果不平行，可用铜棒轻敲工件或垫垫片的办法纠正，然后重新找正。

2. 卡盘和分度头及其装夹与找正

(1) 卡盘和分度头

卡盘根据卡爪的数量不同分为二爪卡盘、三爪自定心卡盘、四爪单动卡盘和六爪卡盘等几种类型。在数控车床和数控铣床上应用较多的是三爪自定心卡盘（见图 3—38a）和四爪单动卡盘（见图 3—38b）。特别是三爪自定心卡盘，由于其具有自动定心作用和装夹简单的特点，因此，中小型圆柱形工件在数控铣床或数控车床上加工时，常采用三爪自定心卡盘进行装夹。卡盘的夹紧有机械螺旋式、气动式或液压式等多种形式。

许多机械零件，如花键、离合器、齿轮等零件在加工中心上加工时，常采用分度头分度的办法来等分每一个齿槽，以加工出合格的零件。分度头是数控铣床或普通铣床的主要部

a)

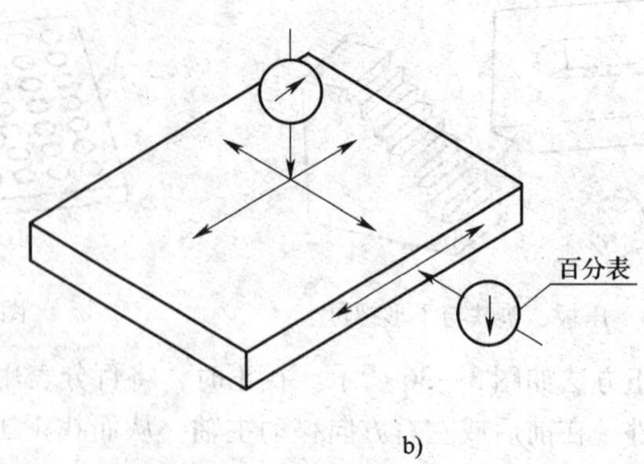

b)

图 3—37　压板装夹与找正

a）压板装夹与找正示意图　b）找正时百分表移动方向

件。在机械加工中，常用的分度头有万能分度头（见图 3—39a）、简单分度头（见图 3—39b）、直接分度头等，这些分度头的分度精度不是很高，因此，为了提高分度精度，数控机床上还采用投影光学分度头和数显分度头等对精密零件分度。

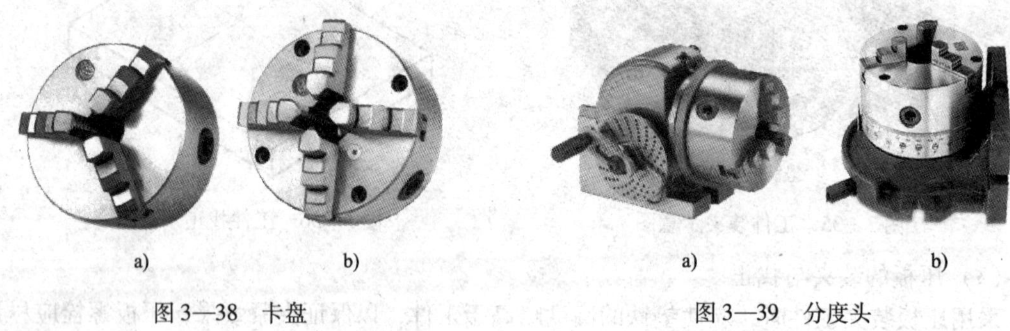

a)　b)

图 3—38　卡盘

a)　b)

图 3—39　分度头

a）万能分度头　b）简单分度头

（2）卡盘和分度头的装夹与找正

在加工中心上使用卡盘作为夹具时，通常用压板将卡盘压紧在工作台面上，使卡盘轴线与主轴平行。采用三爪自定心卡盘装夹圆柱形工件的找正如图 3—40 所示，将百分表固定在主轴上，测量头接触工件外圆母线，上下移动主轴，根据百分表的读数用铜棒轻敲工件进行调整，当主轴上下移动过程中百分表读数不变时，表示工件母线平行于 *Z* 轴。

当找正工件外圆圆心时，可手动旋转主轴，根据百分表的读数值在 *XY* 平面内手动移动工件，直至手动旋转主轴时百分表读数值不变，此时，工件中心与主轴轴心同轴，记下此时的 *X*、*Y* 机床坐标系的坐标值，可将该点（圆柱中心）设为工件坐标系 *XY* 平面的编程原点。内孔中心的找正方法与外圆圆心的找正方法相同。

分度头装夹工件（工件横放）的找正方法如图 3—41 所示。首先，分别在 *A* 点和 *B* 点处前后移动百分表，调整工件，保证两处百分表的最大读数相等，以找正工件与工作台面的平行度；其次，找正工件母线与工件进给方向的平行度。

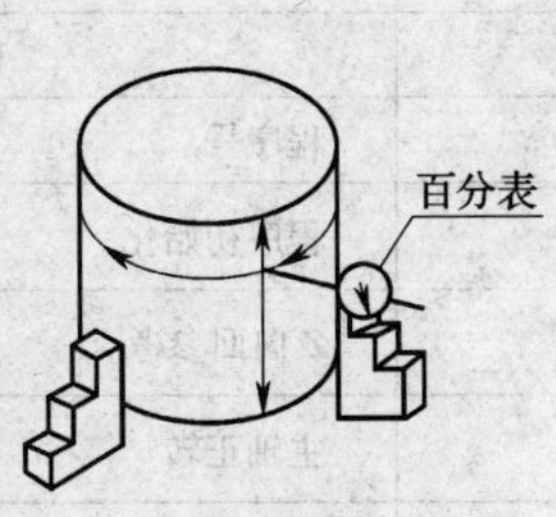

图 3—40　三爪自定心卡盘装夹找正

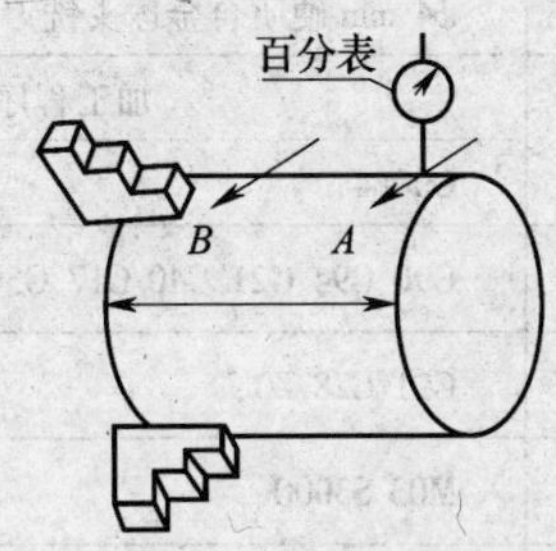

图 3—41　分度头装夹工件（工件横放）的找正

任务实施

1. 加工准备

（1）选择数控机床

本任务选用的机床为 TH7650 型 FANUC 0i 系统数控铣床。

（2）选择刀具

加工本例工件时，选择 $\phi60$ mm 面铣刀加工上表面，再选择如图 3—42 所示球头铣刀（刀具材料为硬质合金，球头半径为 2 mm）或如图 3—43 所示中心钻加工圆弧槽。

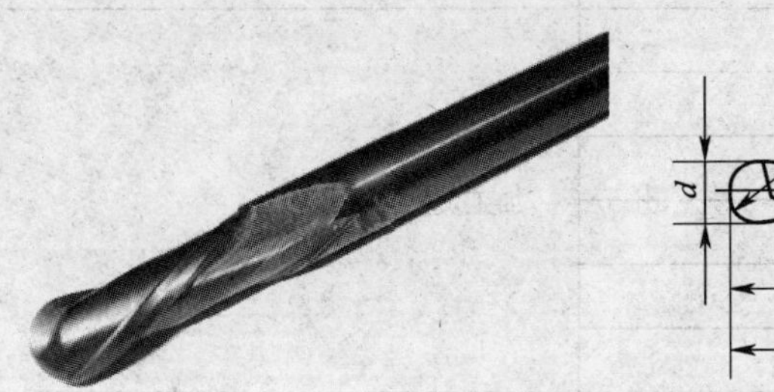

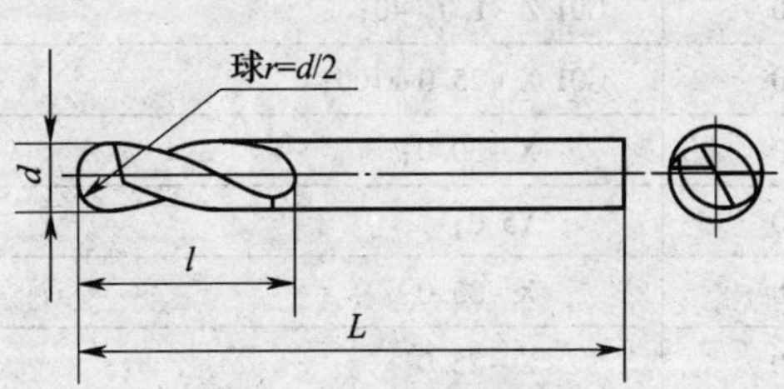

图 3—42　球头铣刀

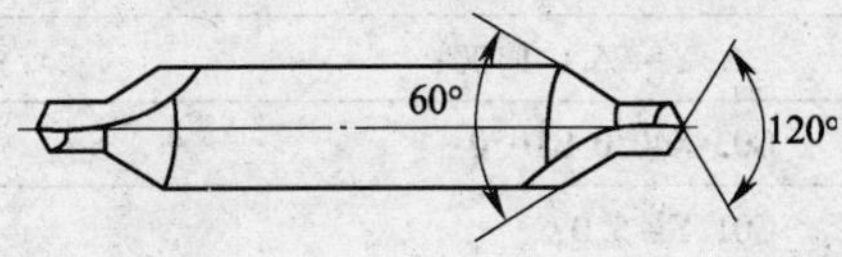

图 3—43　中心钻

（3）选择切削用量

加工圆弧槽时的切削用量推荐值如下：切削速度 $n=3\,000$ r/min；XY 平面内进给时的进给速度取 $f=100$ mm/min，Z 向进给时的进给速度取 $f=40$ mm/min；铣削深度的取值等于槽深，取 $a_p=1$ mm。

2. 编写加工程序

本例工件圆弧槽加工的加工程序见表 3—7。

表 3—7　　圆弧槽铣削实例参考程序

刀具	φ4 mm 硬质合金球头铣刀	
程序段号	加工程序	程序说明
	O0084；	程序号
N10	G90 G94 G21 G40 G17 G54；	程序初始化
N20	G91 G28 Z0；	*Z* 向回参考点
N30	M03 S3000；	主轴正转
N40	G90 G00 X0 Y10.0；	刀具在 *XY* 平面中快速定位
N50	Z20.0 M08；	刀具 *Z* 向快速定位，切削液开
N60	G01 Z－1.0 F40；	刀具下降至槽深位置
N70	G03 X－17.07 Y2.93 R－10.0 F100；	加工心形图案
N80	G01 X0 Y－14.14；	
N90	X17.07 Y2.93；	
N100	G03 X0 Y10.0 R－10.0；	
N110	G00 Z5.0；	刀具抬起后重新定位
N120	X－35.0 Y35.0；	
N130	G01 Z－1.0 F40；	加工文字“I”
N140	G01 X－25.0 F100；	
N150	X－30.0；	
N160	Y5.0；	
N170	X－35.0；	
N180	X－25.0	
N190	G00 Z5.0；	刀具抬起后重新定位
N200	X20.0 Y－5.0；	
N210	G01 Z－1.0 F40；	加工下方文字“U”
N220	Y－25.0 F100；	
N230	G03 X40.0 R10.0；	
N240	G01 Y－5.0；	
N250	G91 G28 Z0 M09；	*Z* 向回参考点
N260	M05；	主轴停转
N270	M30；	程序结束

注意：编程过程中注意变换 *Z* 向进给时与 *XY* 平面内进给时的进给速度。

3. 零件加工

本例工件各部位的加工次序如图 3—44 所示。

图 3—44　工件加工次序示意图

a）面铣刀加工上平面　b）加工心形图案　c）加工“I”　d）加工“U”

项目四

铣削轮廓类零件

任务1　刀具半径补偿编程

1. 掌握外轮廓铣削的编程方法。
2. 掌握刀具半径补偿的基本概念。
3. 能熟练运用刀具半径补偿功能编程。
4. 了解数控铣削加工阶段的划分方法。

工作任务

任务要求：加工如图4—1所示零件，沿用项目三任务4的零件模型，试编写其数控铣加工程序。

任务分析：加工本例工件时，由于轮廓较为复杂，如果直接计算刀具刀位点的轨迹进行编程，则计算复杂，容易出错，编程效率低，而采用刀具半径补偿方式进行编程，则较为简便。

相关理论

1. 刀具补偿功能

(1) 刀位点的概念

在数控编程过程中，为了方便编程，通常将数控刀具假想成一个点，该点称为刀位点或刀尖点。因此，刀位点既是用于表示刀具特征的点，也是对刀和加工的基准点。数控铣床常用刀具的刀位点如图4—2所示。车刀与镗刀的刀位点通常指刀具的刀尖，钻头的刀位点通常指钻尖，立铣刀、端面铣刀和铰刀的刀位点指刀具底面的中心，而球头铣刀的刀位点指球头中心。

(2) 刀具补偿功能的概念

数控编程过程中，一般不考虑刀具的长度与半径，而只考虑刀位点与编程轨迹重合。但在实际加工过程中，由于刀具半径与刀具长度各不相同，在加工中势必造成很大的加工误

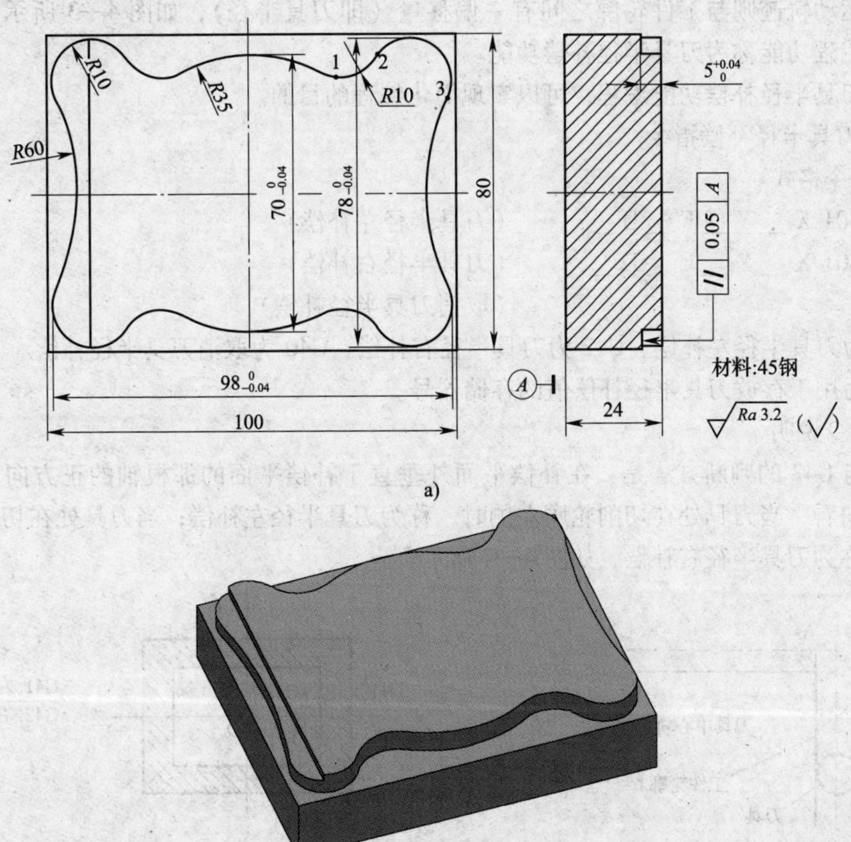

图 4—1　外轮廓铣削实例

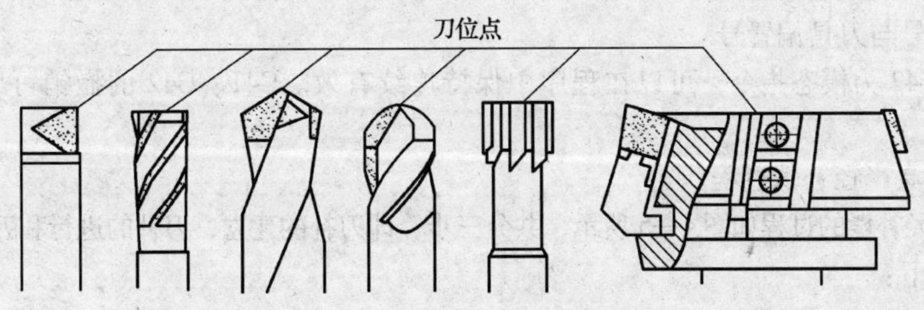

图 4—2　数控刀具的刀位点

差。因此，实际加工时必须通过刀具补偿指令，使数控机床根据实际使用的刀具尺寸，自动调整各坐标轴的移动量，确保实际加工轮廓与编程轨迹完全一致。数控机床的这种根据实际刀具尺寸，自动改变坐标轴位置，使实际加工轮廓与编程轨迹完全一致的功能，称为刀具补偿功能。

数控铣床的刀具补偿功能分为刀具半径补偿功能和刀具长度补偿功能两种。

2. 刀具半径补偿（G40、G41、G42）

（1）刀具半径补偿的定义

在编制轮廓切削加工程序的场合，一般以工件的轮廓尺寸作为刀具轨迹进行编程，而实际的刀具运动轨迹则与工件轮廓之间有一偏移量（即刀具半径），如图 4—3 所示。数控系统的这种编程功能称为刀具半径补偿功能。

运用刀具半径补偿功能编程，可以实现简化编程的目的。

（2）刀具半径补偿指令

1）指令格式

G41 G01 X _ Y _ F _ D _;　　（刀具半径左补偿）

G42 G01 X _ Y _ F _ D _;　　（刀具半径右补偿）

G40;　　（取消刀具半径补偿）

G41 为刀具半径左补偿，G42 为刀具半径右补偿，G40 为取消刀具半径补偿。

D _为用于存放刀具半径补偿值的存储器号。

2）指令说明

G41 与 G42 的判断方法是：在补偿平面外垂直于补偿平面的那根轴的正方向，沿刀具的移动方向看，当刀具处在切削轮廓左侧时，称为刀具半径左补偿；当刀具处在切削轮廓的右侧时，称为刀具半径右补偿，如图 4—4 所示。

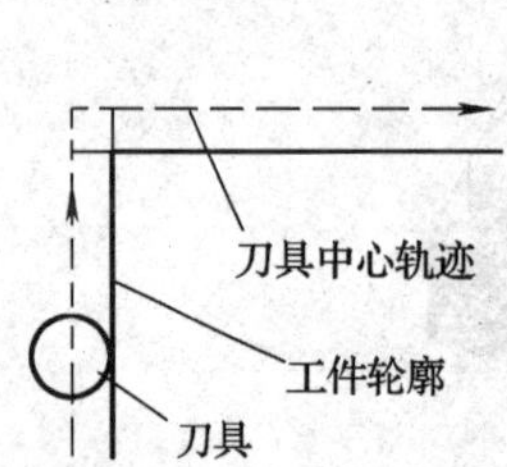

图 4—3　刀具半径补偿功能

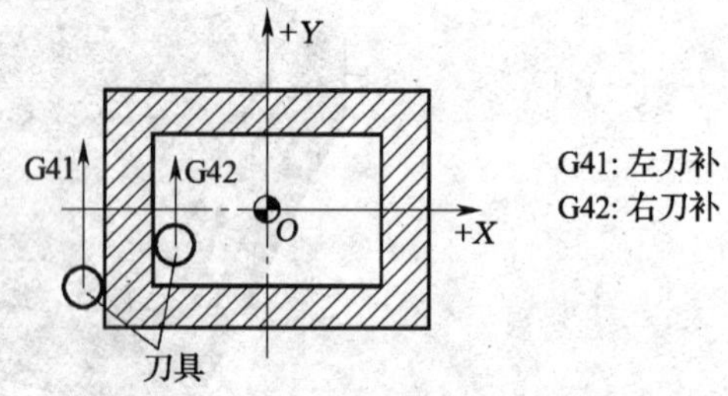

图 4—4　刀具半径补偿偏置方向的判别

地址 D 所对应的偏置存储器中存入的偏置值通常指刀具半径值。与刀具长度补偿一样，刀具刀号与刀具偏置存储器号可以相同，也可以不同，一般情况下，为防止出错，最好采用相同的刀具号与刀具偏置号。

G41、G42 为模态指令，可以在程序中保持连续有效。G41、G42 的撤销可以使用 G40 指令实现。

（3）刀具半径补偿过程

刀具半径补偿的过程如图 4—5 所示，共分三步，即刀补的建立、刀补的进行和刀补的取消。

程序如下：

```
O0010;
…
N10 G41 G01 X100.0 Y100.0 D01;        刀补建立
N20          Y200.0 F100;  ┐
N30          X200.0;       │
N40          Y100.0;       ├ 刀补进行
N50          X100.0;       ┘
N60 G40 G00 X0 Y0;                    刀补取消
…
```

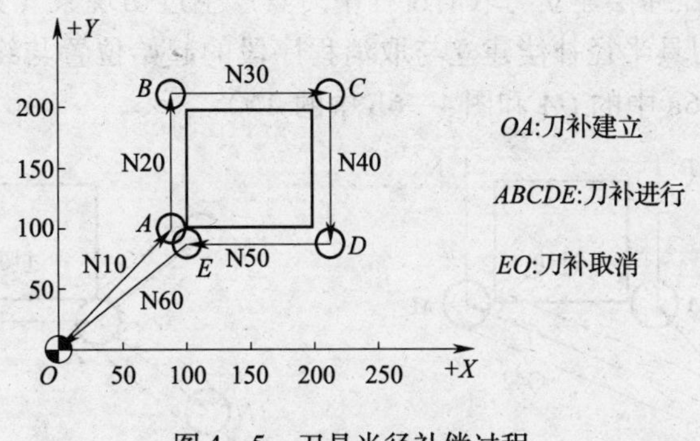

图4—5 刀具半径补偿过程

1）刀补建立

刀补的建立指刀具从起点接近工件时，刀具中心从与编程轨迹重合过渡到与编程轨迹偏离一个偏置量的过程。该过程的实现必须有 G00 或 G01 功能才有效。

刀具补偿过程通过 N10 程序段建立。当执行 N10 程序段时，机床刀具的坐标位置由以下方法确定：预读包含 G41 语句的下边两个程序段（N20、N30），连接在补偿平面内最近两移动语句的终点坐标（图 4—5 中的 *AB* 连线），其连线的垂直方向为偏置方向，根据 G41 或 G42 来确定偏向哪一边，偏置的大小由偏置号 D01 地址中的数值决定。经补偿后，刀具中心位于图中 *A* 点处，即坐标点［（100－刀具半径），100］处。

2）刀补进行

在 G41 或 G42 程序段后，程序进入补偿模式，此时刀具中心与编程轨迹始终相距一个偏置量，直到刀补取消。

在补偿模式下，数控系统要预读两段程序，找出当前程序段刀位点轨迹与下一个程序段刀位点轨迹的交点，以确保机床在下一个工件轮廓处向某一方向补偿一个偏置量，如图 4—5 中的 *B* 点、*C* 点等。

3）刀补取消

刀具离开工件，刀具中心轨迹过渡到与编程轨迹重合的过程称为刀补取消，如图 4—5 中的 *EO* 程序段。

刀补的取消用 G40 或 D00 来执行，要特别注意的是，G40 必须与 G41 或 G42 成对使用。

（4）刀具半径补偿注意事项

在刀具半径补偿过程中要注意以下几个方面的问题：

1）半径补偿模式的建立与取消程序段只能在 G00 或 G01 移动指令模式下才有效。当然，现在有部分系统也支持 G02、G03 模式，但为防止出现差错，在半径补偿建立与取消程序段最好不使用 G02、G03 指令。

2）为保证刀补建立与刀补取消时刀具与工件的安全，通常采用 G01 运动方式来建立或取消刀补。如果采用 G00 运动方式来建立或取消刀补，则要采取先建立刀补再下刀和先退刀再取消刀补的编程加工方法。

3）为了便于计算坐标，采用切线切入方式或法线切入方式来建立或取消刀补。对于不便于沿工件轮廓线方向切向或法向切入、切出时，可根据情况增加一个圆弧辅助程序段。

4）为了防止在半径补偿建立与取消过程中刀具产生过切现象（见图 4—6a 中的 *OM* 和图 4—6b 中的 *AM*），刀具半径补偿建立与取消程序段的起始位置与终点位置最好与补偿方向在同一侧（见图 4—6a 中的 *OA* 和图 4—6b 中的 *AN*）。

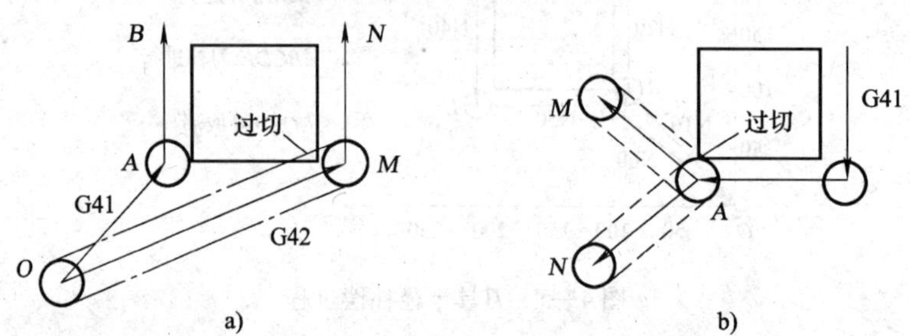

图 4—6　刀补建立与取消时的起始与终点位置

a）建立刀补进刀　b）取消刀补退刀

5）在刀具补偿模式下，一般不允许存在连续两段以上的非补偿平面内移动指令，否则刀具也会出现过切等危险动作。

非补偿平面移动指令通常指：只有 G、M、S、F、T 代码的程序段（如 G90、M05 等），程序暂停程序段（如 G04 X10.0 等），G17（G18、G19）平面内的 *Z*（*Y*、*X*）轴移动指令等。

(5) 刀具半径补偿的应用

刀具半径补偿功能除了使编程人员直接按轮廓编程，简化了编程工作外，在实际加工中还有许多其他方面的应用。

例　采用同一段程序，对零件进行粗、精加工。

如图 4—7a 所示，编程时按实际轮廓 *ABCD* 编程，在粗加工时，将偏置量设为 $D=R+\Delta$，其中 R 为刀具的半径，Δ 为精加工余量，这样在粗加工完成后，形成的工件轮廓的加工尺寸要比实际轮廓 *ABCD* 每边都大 Δ。在精加工时，将偏置量设为 $D=R$，这样，零件加工完成后，即得到实际加工轮廓 *ABCD*。同理，当工件加工后，如果测量尺寸比图样要求尺寸大，也可用同样的办法修整解决。

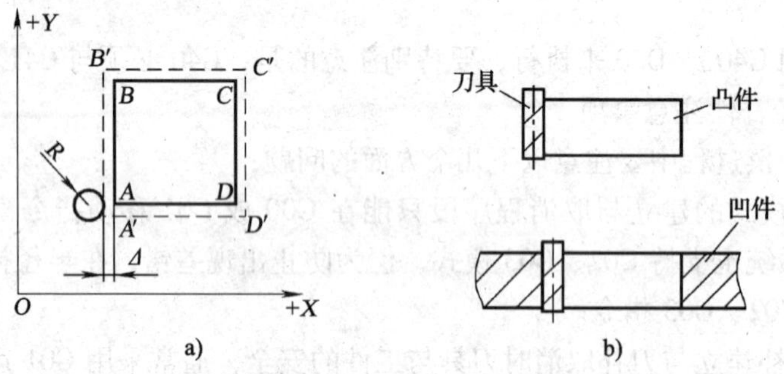

图 4—7　刀具半径补偿的应用

a）采用刀具半径补偿保留精加工余量　b）采用刀具半径补偿加工同尺寸凹、凸轮廓

例　采用同一程序段，加工同一公称直径的凹、凸型面。

如图 4—7b 所示，对于同一公称直径的凹、凸型面，内外轮廓编写成同一程序，在加工外轮廓时，将偏置值设为 $+D$，刀具中心将沿轮廓的外侧切削；当加工内轮廓时，将偏置值

设为 $-D$，这时刀具中心将沿轮廓的内侧切削。这种编程与加工方法，在模具加工中运用较多。

3. 刀具半径补偿编程示例

例 选用 ϕ16 mm 立铣刀在 80 mm × 80 mm × 20 mm 的毛坯上加工如图 4—8a 所示的凸台外形轮廓，试编写其加工中心加工程序。

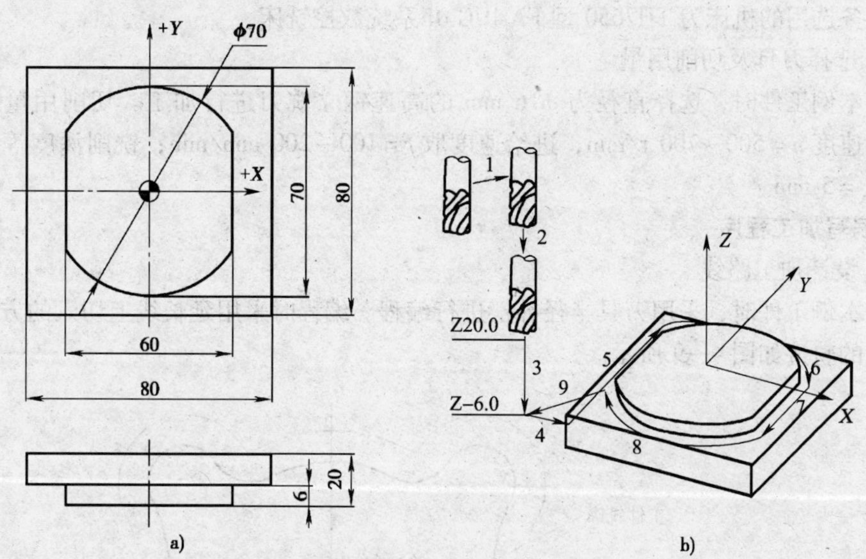

图 4—8　刀具半径补偿编程示例

a）零件图　b）刀具轨迹图

本例工件采用刀具半径补偿编程后，刀具刀位点的轨迹如图 4—8b 所示。其加工中心加工程序如下所示：

```
O0025;                                   （轮廓加工程序）
N10    G90 G94 G21 G40 G17 G54;          （程序初始化）
N20    G91 G28 Z0;                       （刀具退回 Z 向参考点）
N30    M03 S600;                         （主轴正转，600 r/min）
N40    G90 G00 X-50.0 Y-50.0;            （刀具定位，轨迹 1）
N50        Z20.0 M08;                    （轨迹 2，切削液开）
N60    G01 Z-6.0 F100;                   （刀具 Z 向下刀，轨迹 3）
N70    G41 G01 X-30.0 D01;               （轮廓延长线上建立刀补，轨迹 4）
N80        Y18.03;                       （轨迹 5）
N90    G02 X30.0 R35.0;                  （轨迹 6）
N100   G01 Y-18.03;                      （轨迹 7）
N110   G02 X-30.0 R35.0;                 （轨迹 8）
N120   G40 G01 X-50.0 Y-50.0;            （取消刀补，轨迹 9）
N130   G91 G28 Z0 M09;                   （刀具返回 Z 向参考点）
N140   M05;                              （主轴停转）
N150   M30;                              （程序结束）
```

任务实施

1. 加工准备

（1）选择数控机床

本任务选用的机床为 TH7650 型 FANUC 0i 系统数控铣床。

（2）选择刀具及切削用量

加工本例工件时，选择直径为 $\phi16$ mm 的高速钢立铣刀进行加工。切削用量推荐值如下：切削速度 $n=500\sim700$ r/min，进给速度取 $f=100\sim200$ mm/min；铣削深度等于台阶高度，取 $a_p=5$ mm。

2. 编写加工程序

（1）设计加工路线

加工本例工件时，采用刀具半径补偿进行编程。编程时采用延长线上切入的方式，其刀具刀位点的轨迹如图 4—9 所示。

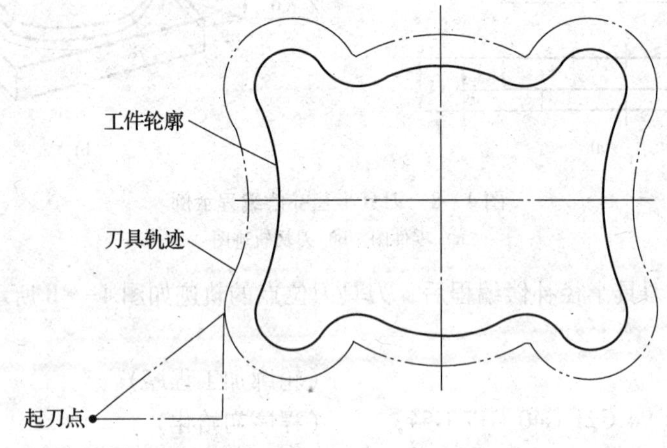

图 4—9　采用刀具半径补偿后的刀具轨迹

（2）分析基点坐标

采用 CAD 软件进行基点坐标分析，得出图 4—1 中部分基点坐标如下：

1 点　（17.01，30.59）　　2 点　（30.44，34.16）

3 点　（48.10，24.86）

（3）编制加工程序

本例工件的数控铣加工程序见表 4—1。

表 4—1　　外轮廓铣削实例参考程序

刀具	$\phi16$ mm 立铣刀	
程序段号	加工程序	程序说明
	O0081；	程序号
N10	G90 G94 G21 G40 G17 G54；	程序初始化

续表

刀具	ϕ16 mm 立铣刀	
程序段号	加工程序	程序说明
	O0081;	程序号
N20	G91 G28 Z0;	Z 向回参考点
N30	M03 S600;	主轴正转
N40	G90 G00 X-60.0 Y-50.0;	刀具在 XY 平面中快速定位
N50	Z20.0 M08;	刀具 Z 向快速定位，切削液开
N60	G01 Z-5.0 F100;	Z 向下刀至铣削深度位置
N70	G41 G01 X-49.0 D01;	轮廓延长线上建立刀补
N80	Y-39.0;	加工外形轮廓
N90	G02 X-48.10 Y-24.86 R10.0;	
N100	G03 Y24.86 R60.0;	
N110	G02 X-30.44 Y34.16 R10.0;	
N120	G03 X-17.01 Y30.59 R10.0;	
N130	G02 X17.01 R35.0;	
N140	G03 X30.44 Y34.16 R10.0;	
N150	G02 X48.10 Y24.86 R10.0;	
N160	G03 Y-24.86 R60.0;	
N170	G02 X30.44 Y-34.16 R10.0;	
N180	G03 X17.01 Y-30.59 R10.0;	
N190	G02 X-17.01 R35.0;	
N200	G03 X-30.44 Y-34.16 R10.0;	
N210	G02 X-48.10 Y-24.86 R10.0;	
N220	G40 G01 X-50.0 Y-50.0;	取消刀补
N230	G00 Z100.0 M09;	程序结束部分
N240	M05;	
N250	M30;	

进行轮廓铣削时，应尽可能选用最大直径的刀具。本例最小内凹圆弧为 R10 mm，故选用的刀具直径为 ϕ16 mm。

任务2　刀具长度补偿编程

学习目标

1. 能熟练运用加工中心的自动换刀指令。
2. 掌握刀具长度补偿的基本概念。
3. 能熟练运用刀具长度补偿功能编程。
4. 掌握内轮廓铣削时刀具的进刀方式。

工作任务

任务要求：加工如图4—10所示零件，沿用上一任务的零件模型，试编写其加工中心加工程序。

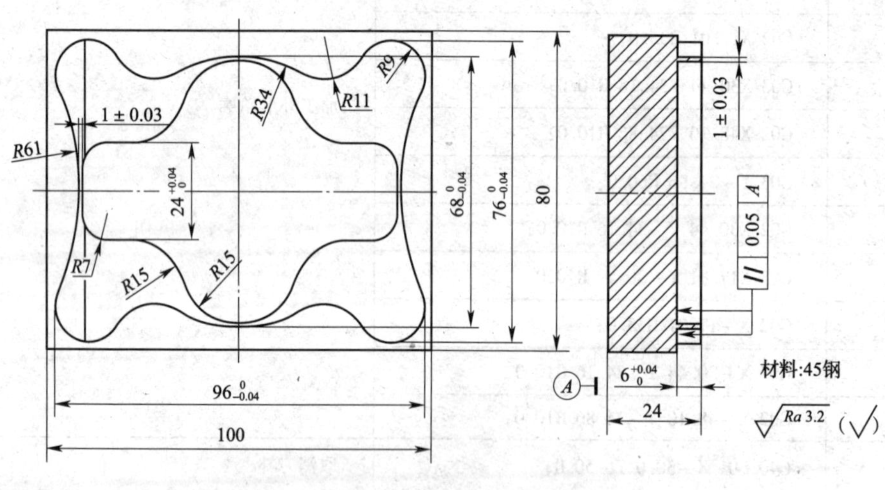

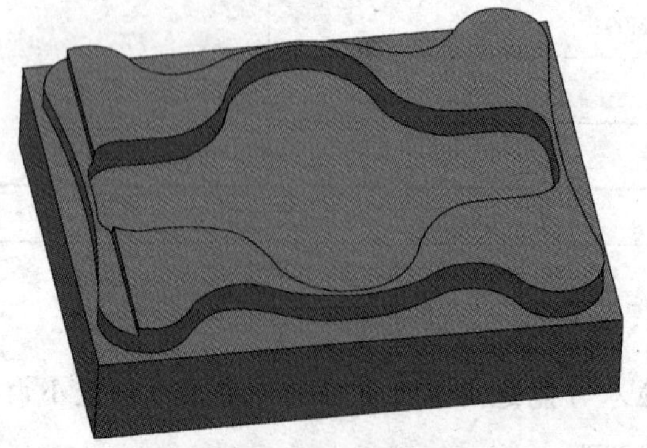

图4—10　刀具长度补偿实例

任务分析：加工本例工件时，内、外轮廓选用不同直径的立铣刀进行加工。为此，可采用自动换刀方式编程，自动换刀时应注意采用刀具长度补偿来编写加工程序。另外，加工内轮廓时需采用螺旋线方式 Z 向进刀。

相关理论

1. 刀具长度补偿

刀具长度补偿指令是用来补偿假定的刀具长度与实际的刀具长度之间的差值的指令。系统规定所有的轴都可采用刀具长度补偿，同时规定刀具长度补偿只能加在其中的一个轴上，要对补偿轴进行切换，必须先取消前面轴的刀具长度补偿。

（1）刀具长度补偿指令

1）指令格式

G43 H __；　　　（刀具长度补偿“+”）

G44 H __；　　　（刀具长度补偿“-”）

G49；或 H00；　（取消刀具长度补偿）

H __用于指令偏置存储器的偏置号。在地址 H 所对应的偏置存储器中存入相应的偏置值，执行刀具长度补偿指令时，系统首先根据偏移方向指令将指令要求的移动量与偏置存储器中的偏置值作相应的“+”（G43）或“-”（G44）运算，计算出刀具的实际移动值，然后指令刀具作相应的运动。

2）指令说明

G43、G44 为模态指令，可以在程序中保持连续有效。G43、G44 的撤销可以使用 G49 指令或选择 H00（H00 规定刀具偏置值为 0）进行。

在实际编程中，为避免混淆，通常采用 G43 而非 G44 的指令格式进行刀具长度补偿的编程。

3）编程示例

如图 4—11 所示，假定的标准刀具长度为 0，理论移动距离为 -100。采用 G43 指令编程，计算刀具从当前位置移动至工件表面的实际移动量（已知：H01 中的偏置值为 20.0，H02 中的偏置值为 60.0，H03 中的偏置值为 40.0）。

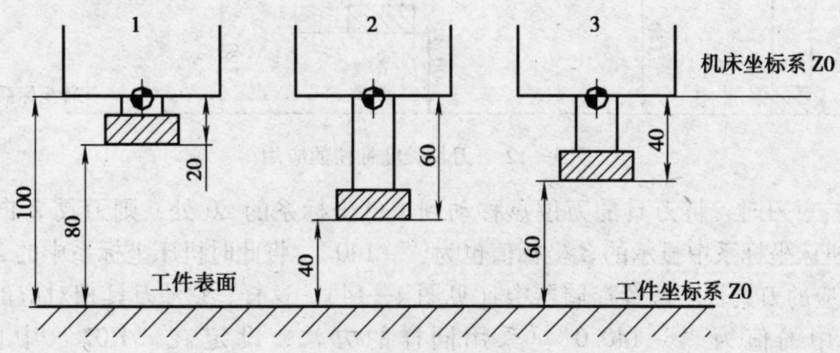

图 4—11　刀具长度补偿示例

刀具1：

G43 G01 Z0 H01 F100；

刀具的实际移动量 = -100 +20 = -80，刀具向下移80 mm。

刀具2：

G43 G01 Z0 H02 F100；

刀具的实际移动量 = -100 +60 = -40，刀具向下移40 mm。

刀具3：

如果采用G44编程，则输入H03中的偏置值应为 -40.0，其编程指令及对应的刀具实际移动量如下：

G44 G01 Z0 H03 F100；

刀具的实际移动量 = -100 -（-40）= -60，刀具向下移60 mm。

（2）刀具长度补偿的应用

1）将 *Z* 向对刀值设为刀具长度

对于立式加工中心，刀具长度补偿常用于工件坐标系零点偏置的设定。即用G54指令设定工件坐标系时，仅在 *X*、*Y* 方向偏置坐标原点的位置，而 *Z* 方向不偏置，*Z* 方向刀位点与工件坐标系Z0平面之间的差值全部通过刀具长度补偿值来解决。

采用以上方法加工时，显示的 *Z* 坐标始终为机床坐标系中的 *Z* 坐标，而非工件坐标系中的 *Z* 坐标，这样，无法直观地了解刀具当前的加工深度。

如图4—12所示，假设用一标准刀具进行对刀，该刀具的长度等于机床坐标系原点与工件坐标原点之间的距离值。对刀后采用G54指令设定工件坐标系，则 *Z* 向偏置值设定为图4—13所示的“0”。

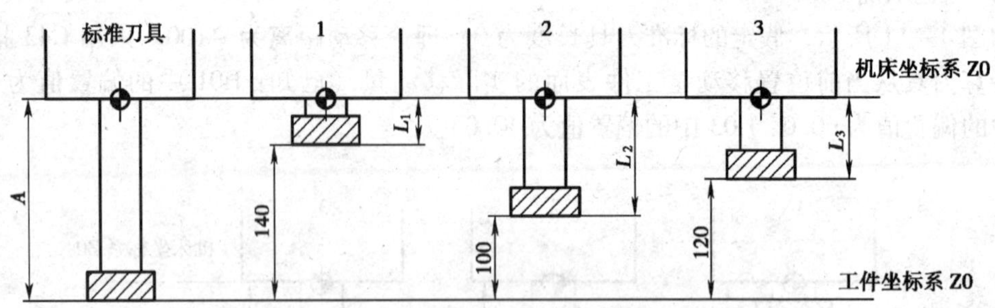

图4—12　刀具长度补偿的应用

1号刀具对刀时，将刀具的刀位点移动到工件坐标系的Z0处，则刀具 *Z* 向移动量为“-140”，机床坐标系中显示的 *Z* 坐标值也为“-140”，将此时机床坐标系中的 *Z* 坐标值直接输入相对应的刀具长度偏置存储器中（见图4—14）。这样，1号刀具相对应的偏置存储器“H01”中的值为“-140.0”。采用同样的方法，设定在“H02”中的值应为“-100.0”，设定在“H03”中的值应为“-120.0”。采用这种方法对刀的刀具移动编程指令如下：

```
WORK COORDINATES              O0001 N0000
 (G54)
 NO.DATA                      NO.DATA
 00      X 0.000              02       X 0.000
 (EXT)   Y 0.000              (G455)   X 0.000
         Z 0.000                       Z 0.000

 01      X -234.567           03       X 0.000
 (G54)   Y -123.456           (G56)    Y 0.000
         Z 0.000                       Z 0.000

[OFFSET] [SETING] [WORK] [  ] [OPRT]
```

图 4—13　G54 工件坐标系参数设定

```
 WORK COORDINATES            O0001 N0000
OFFSET
NO. GEOM(H) WEAR(H) GEOM(D) WEAR(D)
001 -140.0  0.000   0.000   0.000
002 -100.0  0.000   0.000   0.000
003 -120.0  0.000   0.000   0.000
004 0.000   0.000   0.000   0.000
005 0.000   0.000   0.000   0.000
006 0.000   0.000   0.000   0.000
007 0.000   0.000   0.000   0.000
008 0.000   0.000   0.000   0.000

 [OFFSET] [SETING] [WORK] [  ] [OPRT]
```

图 4—14　刀具长度补偿参数设定

```
G90 G54 G49 G94;
G43 G00 Z __ H __ F100 M03 S __;
  …
G49 G91 G28 Z0;
  …
```

2）机外对刀后的设定

当采用机外对刀时，通常选择其中一把刀具作为标准刀具，也可将所选择的标准刀具的长度设为“0”，再将图 4—12 中测得的机械坐标 *A* 值（通常为负值）输入 G54 的 *Z* 偏置存储器中，而将不同的刀具长度（见图 4—12 中的 L_1、L_2 和 L_3）输入对应的刀具长度补偿存储器中。

另外，也可以 1 号刀具作为标准刀具，则以 1 号刀具对刀后在 G54 存储器中设定的 *Z* 坐标值为“－140. 0”。设定在刀具长度偏置存储器中的值依次为：H01 = 0，H02 = 40，H03 = 20。

2. 加工内轮廓时的 *Z* 向进刀方式

与加工外轮廓相比，内轮廓加工过程中的主要问题是如何进行 *Z* 向切深进刀。通常，选择的刀具种类不同，其进刀方式也不同。在数控加工中，常用的内轮廓加工 *Z* 向进刀方式主要有以下几种：

（1）垂直切深进刀

如图 4—15a 所示，采用垂直切深进刀时，须选择切削刃过中心的键槽铣刀或钻铣刀进行加工，而不能选择立铣刀（中心处没有切削刃）进行加工。另外，由于采用这种进刀方式切削时，刀具中心的切削线速度为零，因此，即使选用键槽铣刀进行加工，也应选择较低的切削进给速度（通常为 *XY* 平面内切削进给速度的一半）。

（2）在工艺孔中进刀

在内轮廓加工过程中，有时需用立铣刀来加工内型腔，以保证刀具的强度。由于立铣刀无法进行 *Z* 向垂直切深，此时可选用直径稍小的钻头先加工出工艺孔，如图 4—15b 所示，再以立铣刀进行 *Z* 向垂直切深进给。

（3）三轴联动斜直线进刀

采用立铣刀加工内轮廓时，也可采用三轴联动斜直线方式进刀，如图 4—15c 所示，从而避免刀具中心部分参与切削。但这种进刀方式无法实现 *Z* 向进给与轮廓加工的平滑过渡，

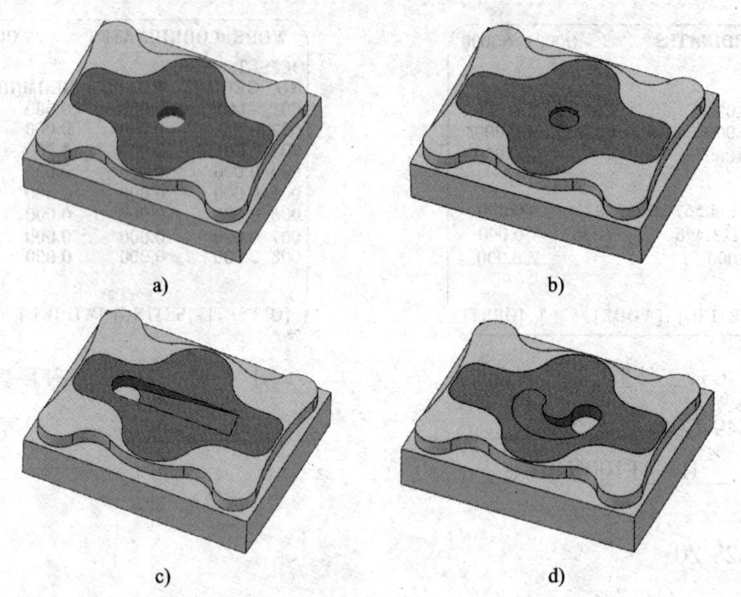

图 4—15 内型腔的 *Z* 向进刀方式

a）垂直切深进刀 b）钻工艺孔进刀 c）斜直线进刀 d）螺旋线进刀

容易产生加工痕迹。这种进刀方式的指令如下：

```
G01 X20.0 Y25.0 Z0;        （定位至起刀点）
X-20.0 Z-8.0;              （斜直线进刀）
```

（4）三轴联动螺旋线进刀

采用三轴联动的另一种进刀方式是螺旋线进刀，如图 4—15d 所示。这种进刀方式容易实现 *Z* 向进刀与轮廓加工的自然平滑过渡，不会产生加工过程中的刀具接痕。因此，在手工编程和自动编程的内轮廓铣削加工中广泛使用这种进刀方式。这种进刀方式的刀具轨迹如图 4—16 所示，其指令格式如下：

```
G02/G03 X__ Y__ Z__ R__;             （非整圆加工的螺旋线指令）
G02/G03 X__ Y__ Z__ I__ J__ K__;     （整圆加工的螺旋线指令）
```

X__ Y__ Z__为螺旋线的终点坐标；

R 为螺旋线的半径；

I__ J__ K__为螺旋线起点到圆心的矢量值。

3. 螺旋线进刀编程示例

例 采用 $\phi 16$ mm 的立铣刀加工如图 4—17 所示的台阶孔，试编写其加工程序。

```
O0045;
G90 G94 G21 G40 G17 G54;      （程序初始化）
G91 G28 Z0;                   （刀具退回 Z 向参考点）
M03 S600;                     （主轴正转，转速为 600 r/min）
G90 G00 X0 Y0;                （刀具定位）
    Z20.0 M08;
G01 Z0 F100;
```

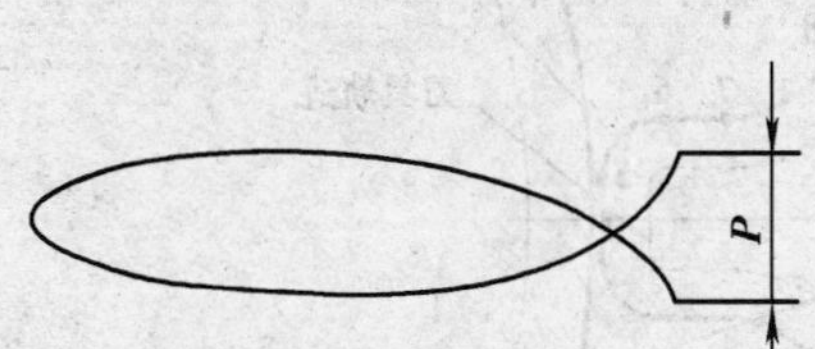

图 4—16　螺旋线进刀的刀具轨迹

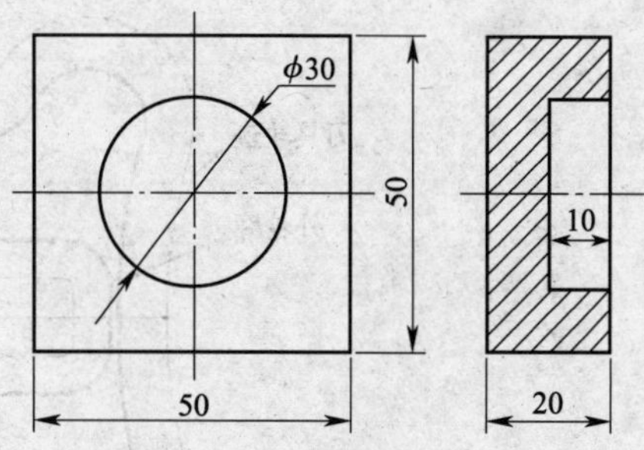

图 4—17　螺旋线进刀编程示例

```
G41 G01 X15.0 D01;                  (建立刀补)
G03 X15.0 Y0 Z-5.0 I-15.0;          (螺旋线进刀)
G03 Z-10.0 I-15.0;
G03 I-15.0;
G40 G01 X0 Y0;                      (取消刀补)
G91 G28 Z0 M09;                     (刀具返回Z向参考点)
M05;                                (主轴停转)
M30;                                (程序结束)
```

任务实施

1. 加工准备

（1）选择数控机床

本任务选用的机床为 TH7650 型 FANUC 0i 系统加工中心。

（2）选择刀具及切削用量

选择 ϕ16 mm 的高速钢立铣刀加工外轮廓。切削用量推荐值如下：切削速度 $n=500\sim600$ r/min，进给速度取 $f=100\sim200$ mm/min，铣削深度的取值等于凸台高度，取 $a_p=6$ mm。

选择 ϕ12 mm 的高速钢立铣刀加工内轮廓。切削用量推荐值如下：切削速度 $n=600\sim800$ r/min，XY 平面内进给速度取 $f=100\sim200$ mm/min，Z 向进给速度取 $f=50\sim100$ mm/min，铣削深度的取值等于型腔高度，取 $a_p=6$ mm。

2. 编写加工程序

（1）设计加工路线

编写本例的加工程序时，内外轮廓均采用延长线上切入方式进刀，其刀具刀位点的轨迹如图 4—18 所示。

（2）分析基点坐标

采用 CAD 软件进行基点坐标分析，得出图 4—18 中部分基点的坐标如下：

1 点　（-50，-35.40）　　2 点　（16.53，29.71）
3 点　（31.29，33.64）　　4 点　（47.78，27.01）
5 点　（43.84，4.73）　　6 点　（36.85，12.0）
7 点　（28.62，12.0）　　8 点　（14.31，22.5）

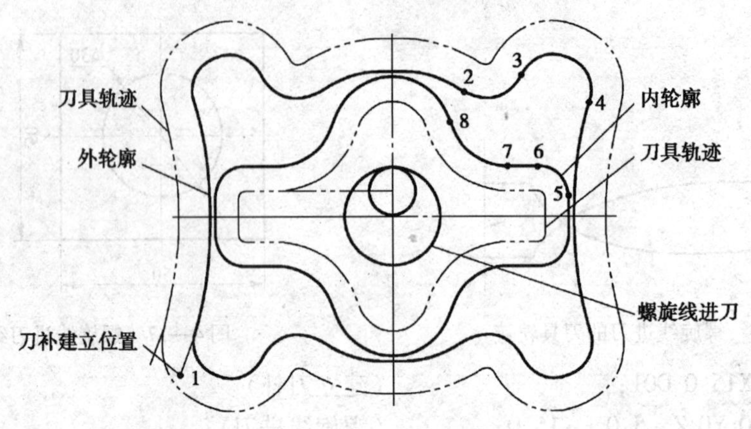

图 4—18　采用刀具半径补偿后的刀具轨迹

(3) 编制加工程序

本例工件的加工中心加工程序见表 4—2。

表 4—2　　内、外轮廓铣削实例参考程序

刀具	1 号：ϕ16 mm 立铣刀；2 号：ϕ12 mm 立铣刀	
程序段号	加工程序	程序说明
	O0082；	程序号
N10	G90 G94 G21 G40 G17 G54；	程序初始化
N20	G91 G28 Z0；	Z 向回参考点
N30	M06 T01；	换 1 号刀
N40	M03 S600；	主轴正转
N50	G90 G00 X－60.0 Y－50.0；	刀具在 XY 平面中快速定位
N60	G43 Z20.0 H01 M08；	刀具 Z 向快速定位，切削液开
N70	G01 Z－6.0 F50；	Z 向进给速度取 $f=50$ mm/min
N80	G41 G01 X－50.0 Y－35.40 D01；	轮廓延长线上建立刀补
N90	G03 X－47.78 Y27.01 R61.0；	加工左侧外轮廓
N100	G02 X－31.29 Y33.64 R9.0；	
N110	G03 X－16.53 Y29.71 R11.0；	加工上方外轮廓
N120	G02 X16.53 R34.0；	
N130	G03 X31.29 Y33.64 R11.0；	
N140	G02 X47.78 Y27.01 R9.0；	
N150	G03 Y－27.01 R61.0；	加工右侧外轮廓
N160	G02 X31.29 Y－33.64 R9.0；	

续表

刀具	1 号：ϕ16 mm 立铣刀；2 号：ϕ12 mm 立铣刀	
程序段号	加工程序	程序说明
	O0082；	程序号
N170	G03 X16.53 Y－29.71 R11.0；	加工下方处轮廓
N180	G02 X－16.53 R34.0；	
N190	G03 X－31.29 Y－33.64 R11.0；	
N200	G02 X－47.78 Y－27.01 R9.0；	
N210	G40 G01 X－60.0 Y0；	取消刀具半径补偿
N220	G49 M05 M09；	取消刀具长度补偿
N230	G91 G28 Z0；	自动换刀，更换转速
N240	M06 T02；	
N250	M03 S800；	
N260	G90 G00 X0 Y0；	刀具定位
N270	G43 Z20.0 H01 M08；	
N280	G01 Z0 F100；	
N290	G41 G01 Y12.0 D02；	
N300	G03 Z－6.0 J－12.0；	螺旋线进刀
N310	G01 X－36.85；	加工左侧内轮廓
N320	G03 X－43.84 Y4.73 R7.0；	
N330	G02 Y－4.73 R62.0；	
N340	G03 X－36.85 Y－12.0 R7.0；	
N350	G01 X－28.62；	加工下方内轮廓
N360	G02 X－14.31 Y－22.5 R15.0；	
N370	G03 X14.31 R15.0；	
N380	G02 X28.62 Y－12.0 R15.0；	
N390	G01 X36.85；	加工右侧内轮廓
N400	G03 X43.84 Y－4.73 R7.0；	
N410	G02 Y4.73 R62.0；	
N420	G03 X36.85 Y12.0 R7.0；	
N430	G01 X28.62；	加工上方内轮廓
N440	G02 X14.31 Y22.5 R15.0；	
N450	G03 X－14.31 R15.0；	
N460	G02 X－28.62 Y12.0 R15.0；	
N470	G40 G01 X0 Y0 M08；	取消半径补偿
N480	G49 M05；	程序结束部分
N490	G91 G28 Z0；	
N500	M30；	

任务 3　子程序与坐标平移编程

学习目标

1. 了解子程序的概念及运用。
2. 掌握采用子程序编程的方法。
3. 掌握坐标平移基本指令。
4. 掌握采用坐标平移指令编程的方法。

工作任务

任务要求：加工如图 4—19a 所示零件，实体外形如图 4—19b 所示，毛坯为 50 mm × 48 mm × 10 mm 的 45 钢，内孔已加工完成，现以内孔定位装夹来加工外轮廓，在数控铣床上进行 4 件或多件加工，零件在夹具中的装夹如图 4—19c 所示，试编写其数控铣加工程序。

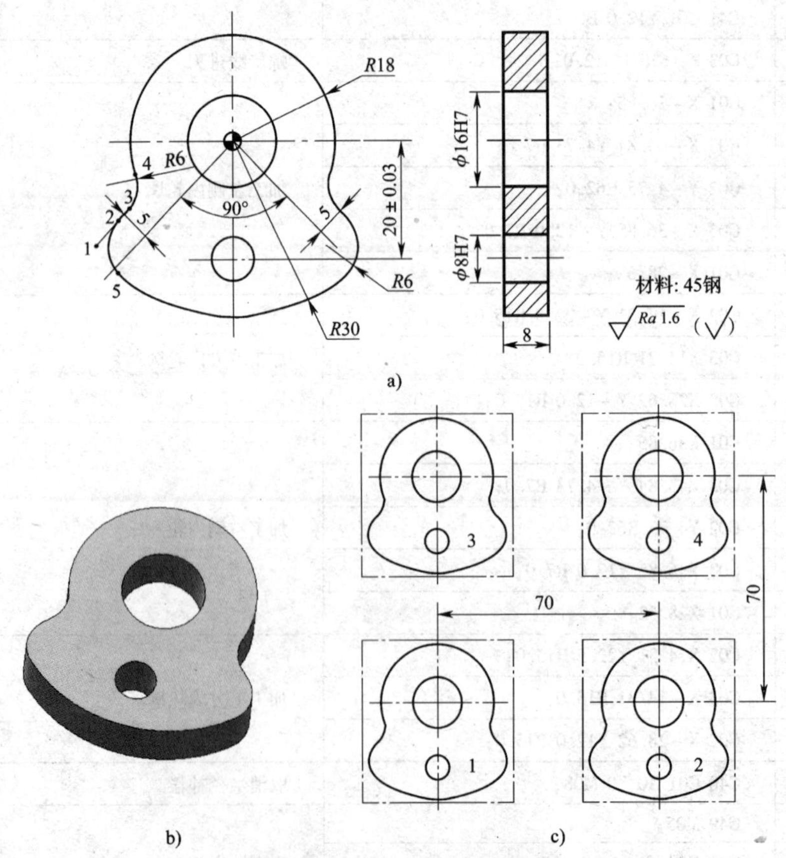

图 4—19　子程序及坐标平移编程实例

a）零件图　b）零件实体图　c）零件在夹具中的装夹示意图

任务分析：加工本例工件时，如果每个轮廓均采用单一的加工程序编程与加工，则基点换算困难，编写和输入程序容易出错，如采用子程序并结合坐标平移指令编程，则程序简单明了。

相关理论

1. 子程序的概念及编程方法

（1）子程序的定义

机床的加工程序可以分为主程序和子程序两种。所谓主程序是一个完整的零件加工程序，或是零件加工程序的主体部分。它和被加工零件或加工要求一一对应，不同的零件或不同的加工要求，都有唯一的主程序。

在编制加工程序时，有时会遇到一组程序段在一个程序中多次出现，或者在几个程序中都要使用它。这个典型的加工程序可以做成固定程序，并单独加以命名，这组程序段就称为子程序。

子程序一般都不可以作为独立的加工程序使用，它只能通过调用，实现加工中的局部动作。子程序执行结束后，能自动返回到调用的程序中。

（2）子程序的嵌套

为了进一步简化程序，可以让子程序调用另一个子程序，这一功能称为子程序的嵌套。

当主程序调用子程序时，该子程序被认为是一级子程序，系统不同，其子程序的嵌套级数也不相同。一般情况下，在 FANUC 0 系统中，子程序可以嵌套 4 级，如图 4—20 所示。

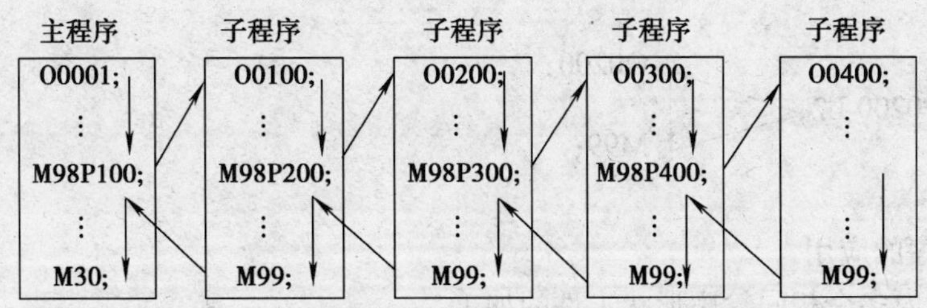

图 4—20　子程序嵌套

（3）子程序的格式

在 FANUC 系统中，子程序和主程序并无本质区别。子程序和主程序在程序号及程序内容方面基本相同，但结束标记不同。主程序用 M02 或 M30 表示主程序结束，而子程序则用 M99 表示子程序结束，并实现自动返回主程序功能。

例　O0100；

G91 G01 Z-2.0；

…

G91 G28 Z0；

M99；

对于子程序结束指令 M99，不一定要单独书写一行，如上面程序中最后两行写成“G91 G28 Z0 M99；”也是允许的。

(4) 子程序的调用

在 FANUC 系统中，子程序的调用可通过辅助功能代码 M98 指令进行，且在调用格式中将子程序的程序号地址改为 P，其常用的子程序调用格式有两种。

格式一：　M98 P×××× L××××；

例　M98 P100 L5；

例　M98 P100；

其中地址 P 后面的四位数字为子程序序号，地址 L 后面的数字表示重复调用的次数，子程序号及调用次数前的 0 可省略不写。如果只调用子程序一次，则地址 L 及其后的数字可省略。如上面第 1 个例子表示调用子程序 O100 五次，而第 2 个例子表示调用子程序一次。

格式二：M98P××××××××；

例　M98 P50010；

例　M98 P510；

地址 P 后面的八位数字中，前四位表示调用次数，后四位表示子程序序号，采用此种调用格式时，调用次数前的 0 可以省略不写，但子程序号前的 0 不可省略。如上面第 1 个例子表示调用子程序 O0010 五次，而第 2 个例子则表示调用子程序 O510 一次。

子程序的执行过程如以下程序所示。

主程序：

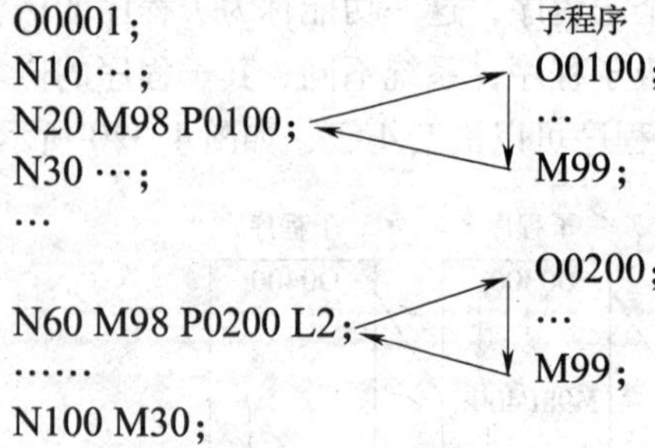

(5) 子程序的应用

1) 同平面内多个相同轮廓形状工件的加工

在一次装夹中，若要完成多个相同轮廓形状工件的加工，编程时只需编写一个轮廓形状的加工程序作为子程序，然后用主程序调用子程序。

例　加工如图 4—21 所示六个相同的外形轮廓，试采用子程序编程方式编写其数控铣加工程序。

```
O0020；                          （主程序）
G90 G94 G21 G40 G17 G54；
G91 G28 Z0；
M03 S800；
G90 G00 X-48.0 Y-40.0；
Z10.0 M08；
G01 Z-5.0 F100；
M98 P201 L6；                    （调用子程序 6 次）
```

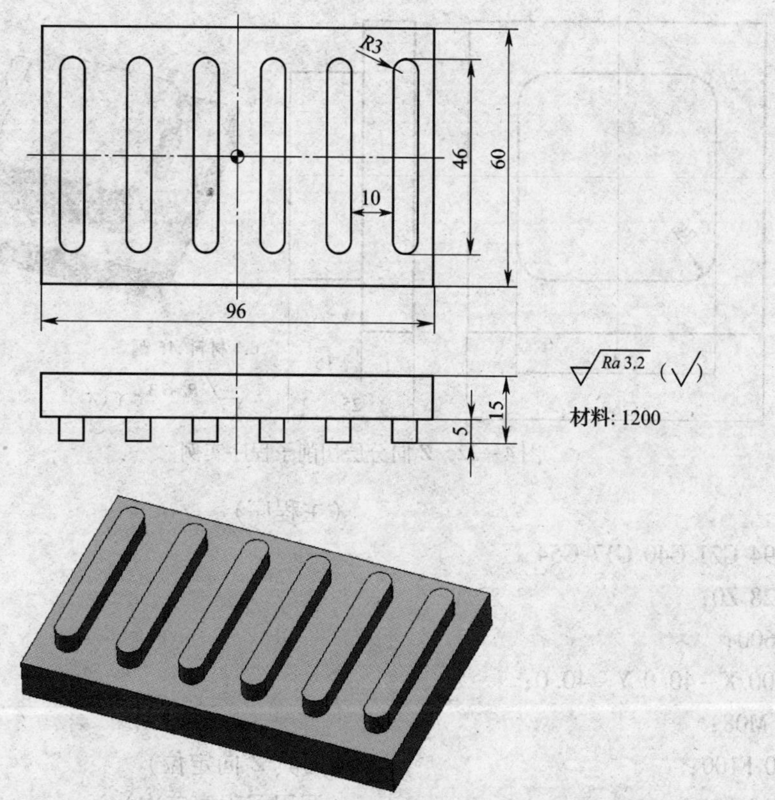

图 4—21　子程序加工相同轮廓

```
G00 Z50. 0;
M05 M09;
M30;
O0201;                              (子程序)
G91 G41 G01 X5. 0 D01;              (在子程序中编写刀具半径补偿)
Y60. 0;
G02 X6. 0 R3. 0;
G01 Y -40. 0;
G02 X -6. 0 R3. 0;
G40 G01 X -5. 0 Y -20. 0;           (刀具半径补偿不能被分支)
G01 X 16. 0;                        (移动到下一个轮廓起点)
M99;
```

2）实现零件的分层切削

当零件在 Z 方向上的总铣削深度比较大时，需采用分层切削方式进行加工。实际编程时先编写该轮廓加工的刀具轨迹子程序，然后通过子程序调用方式来实现分层切削。

例　加工如图 4—22 所示零件凸台外形轮廓，Z 向每次切深为 5 mm，试编写其数控铣加工程序。

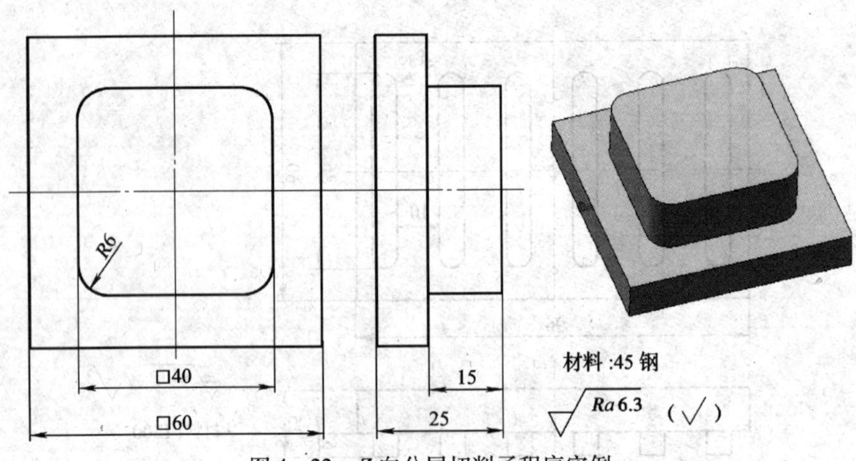

图 4—22　*Z* 向分层切削子程序实例

```
O0080;                              (主程序)
G90 G94 G21 G40 G17 G54;
G91 G28 Z0;
M03 S600;
G90 G00 X -40.0 Y -40.0;
Z20.0 M08;
G01 Z0 F100;                        (刀具 Z 向定位)
M98 P10 L3;                         (调用子程序三次)
G90 G00 Z50.0 M09;
M30;

O10;                                (子程序)
G91 G01 Z -5.0;                     (增量进给 5 mm)
G90 G41G01 X -20.0 D01;             (注意模式的转换)
Y14.0;
G02 X -14.0 Y20.0 R6.0;
G01 X14.0;
G02 X20.0 Y14.0 R6.0;
G01Y -14.0;
G02 X14.0 Y -20.0 R6.0;
G01 X -14.0;
G02 X -20.0 Y -14.0 R6.0;
G40 G01 X -40.0 Y -40.0;
M99;
```

3）实现程序的优化

加工中心的程序往往包含许多独立的工序，为了优化加工顺序，通常将每一个独立的工序编写成一个子程序，主程序只有换刀和调用子程序的命令，从而实现优化程序的目的。

在实际生产中，若零件有多个轮廓需要加工，常用子程序来实现每个局部轮廓的加工。

（6）使用子程序的注意事项

1）注意主、子程序间模式代码的变换

在上例中，子程序的起始行用了 G91 模式，从而避免了重复执行子程序过程中刀具在同一深度进行加工。但需要注意及时进行 G90 与 G91 模式的变换。

O1；	（主程序）	O2；（子程序）
G90 G54；	（G90 模式）	G91…；
M98 P2；		…；
…；		
G91…；	（G91 模式）	M99；
G90…；	（G90 模式）	
M30；		

2）在半径补偿模式中的程序不能被分支

O1；（主程序）	O2；（子程序）
G91…；	…；
G41…；	M99；
M98 P2；	
G40…；	
M30；	

在以上程序中，刀具半径补偿模式在主程序及子程序中被分支执行，在编程过程中应尽量避免编写这种形式的程序。在有些系统中如出现这种刀具半径补偿被分支执行的程序，则可能出现系统报警。正确的书写格式如下：

O1；（主程序）	O2；（子程序）
G91…；	G41…；
…；	…；
M98 P2；	G40…；
M30；	M99；

2. 局部坐标系（坐标平移）

在数控编程中，为了方便编程，有时要给程序选择一个新的参考，通常是将工件坐标系偏移一个距离。在 FANUC 系统中，通过指令 G52 来实现，其指令格式如下：

G52 X __ Y __ Z __；

G52 X0 Y0 Z0；

G52：设定局部坐标系，该坐标系的参考基准是当前设定的有效工件坐标系原点，即使用 G54 ~ G59 设定的工件坐标系。

X __ Y __ Z __：局部坐标系的原点在原工件坐标系中的位置，该值用绝对坐标值加以指定。

G52 X0 Y0 Z0：取消局部坐标系，其实质是将局部坐标系仍设定在原工件坐标系原点处。

例　G54；

G52 X20.0 Y10.0；

上例表示设定一个局部坐标系，该坐标系位于原工件坐标系 XY 平面的（20.0，10.0）位置，如图 4—23 所示。

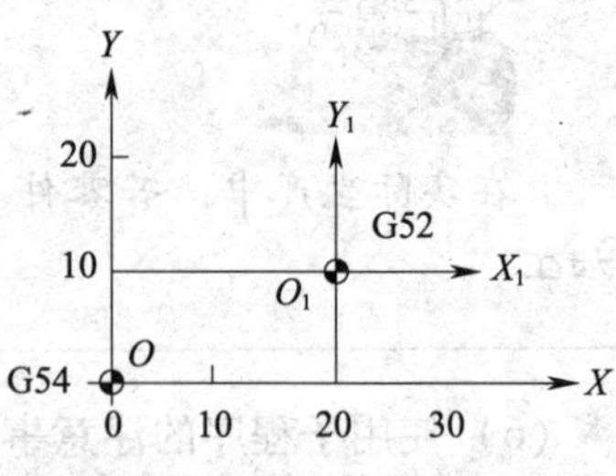

图 4—23　设定局部坐标系

任务实施

1. 加工准备

（1）选择数控机床

本任务选用的机床为 TH7650 型 FANUC 0i 系统加工中心。

（2）选择刀具及切削用量

选择 $\phi16$ mm 的高速钢立铣刀加工周边轮廓。切削用量推荐值如下：切削速度 $n = 500 \sim 600$ r/min，进给速度取 $f = 100 \sim 200$ mm/min，铣削深度的取值稍大于零件毛坯高度，取 $a_p = 10$ mm。

2. 编写加工程序

（1）设计加工路线

编写本例周边轮廓的加工程序时，应注意切入方式的合理选择，此处选择轮廓左侧直线的延长线切入。另外，还应注意刀具轨迹的合理规划，防止刀具移动过程中与其他轮廓发生干涉。

采用 CAD 软件进行基点坐标分析，得出图 4—19 中部分基点坐标如下：

1 点　（－24.07，17.0）　　2 点　（－20.49，－13.42）
3 点　（－18.62，－11.55）　　4 点　（－17.15，－5.48）
5 点　（－20.31，－22.08）

（2）编制加工程序

本例工件的加工中心加工程序见表 4—3。

表 4—3　子程序编程实例参考程序

刀具	$\phi16$ mm 立铣刀	
程序段号	加工程序	程序说明
	O0082；	主程序
N10	G90 G94 G21 G40 G17 G54；	程序初始化
N20	G91 G28 Z0；	Z 向回参考点
N30	M03 S600；	主轴正转
N40	G90 G00 X0 Y0；	刀具在 XY 平面中快速定位
N50	Z10.0 M08；	刀具 Z 向快速定位，切削液开
N60	M98 P100；	调用子程序加工第一个轮廓

<table>
<tr><td>刀具</td><td colspan="2">φ16 mm 立铣刀</td></tr>
<tr><td rowspan="2">程序段号</td><td>加工程序</td><td>程序说明</td></tr>
<tr><td>O0082；</td><td>主程序</td></tr>
<tr><td>N70</td><td>G52 X70.0 Y0</td><td rowspan="2">调用子程序加工第二个轮廓</td></tr>
<tr><td>N80</td><td>M98 P100；</td></tr>
<tr><td>N90</td><td>G52 X0 Y70.0；</td><td rowspan="2">调用子程序加工第三个轮廓</td></tr>
<tr><td>N100</td><td>M98 P100；</td></tr>
<tr><td>N110</td><td>G52 X70.0 Y70.0；</td><td rowspan="2">调用子程序加工第四个轮廓</td></tr>
<tr><td>N120</td><td>M98 P100；</td></tr>
<tr><td>N130</td><td>G52 X0 Y0；</td><td>取消坐标平移</td></tr>
<tr><td>N140</td><td>G90 G00 Z100.0 M09；</td><td rowspan="2">程序结束</td></tr>
<tr><td>N150</td><td>M30；</td></tr>
</table>

<table>
<tr><td></td><td>O100；</td><td>加工轮廓子程序</td></tr>
<tr><td>N10</td><td>G00 X－35.0 Y－40.0；</td><td rowspan="2">刀具定位</td></tr>
<tr><td>N20</td><td>G01 Z－9.0；</td></tr>
<tr><td>N30</td><td>G41 G01 X－24.07 Y－17.0 D01；</td><td>在子程序中建立刀补</td></tr>
<tr><td>N40</td><td>X－18.62 Y－11.55；</td><td rowspan="8">加工单个轮廓</td></tr>
<tr><td>N50</td><td>G03 X－17.15 Y－5.48 R6.0；</td></tr>
<tr><td>N60</td><td>G02 X17.15 Y－5.48 R－18.0；</td></tr>
<tr><td>N70</td><td>G03 X18.62 Y－11.55 R6.0；</td></tr>
<tr><td>N80</td><td>G01 X20.49 Y－13.42；</td></tr>
<tr><td>N90</td><td>G02 X20.31 Y－22.08 R6.0；</td></tr>
<tr><td>N100</td><td>G02 X－20.31 Y－22.08 R30.0；</td></tr>
<tr><td>N110</td><td>G02 X－20.49 Y－13.42 R6.0；</td></tr>
<tr><td>N120</td><td>G40 X－35.0 Y－25.0；</td><td>在子程序中取消刀补</td></tr>
<tr><td>N130</td><td>G00 Z10.0；</td><td>刀具抬起</td></tr>
<tr><td>N140</td><td>M99</td><td>返回主程序</td></tr>
</table>

说明：上表中的加工程序，也可采用工件坐标系零点偏移指令编写。采用这种方式编程时，其主程序如“O0252”所示，子程序与采用坐标平移指令编程时的子程序相同。机床偏置存储器中的参数设置如图 4—24 所示，其 X 参数或 Y 参数的数值之间的差值即为工件之间的距离。

O0252；

…

G54 G90 G00 X0 Y0；　　　　　（选择 G54 坐标系加工第 1 个零件）

Z10.0；

M98 P100；

G55 M98 P100；　　　　　（选择 G55 坐标系加工第 2 个零件）

G56 M98 P100；　　　　　（选择 G56 坐标系加工第 3 个零件）

G57 M98 P100;　　　　　　　　　　（选择 G57 坐标系加工第 4 个零件）

…

```
WORK COORDINATES              O0001 N0000
（G54）
NO.DATA                  NO.DATA
00       X 0.000         02        X-451.223
（EXT）  Y 0.000         （G55）   Y-334.445
         Z 0.000                   Z-308.379

01       X-521.223       03        X-521.223
（G54）  Y-334.445       （G56）   Y-264.445
         Z-308.379                 Z-308.379

[OFFSET] [SETING] [WORK] [ ] [OPRT]
```

```
WORK COORDINATES              O0001 N0000
（G54）
NO.DATA                  NO.DATA
04       X-451.223       06        X 0.000
（G57）  Y-264.445       （G59）   Y 0.000
         Z-308.379                 Z 0.000

05       X 0.000
（G58）  Y 0.000
         Z 0.000

[OFFSET] [SETING] [WORK] [ ] [OPRT]
```

图 4—24　机床偏置存储器参数

任务 4　轮廓铣削综合加工实例

学习目标

1. 了解外轮廓测量的常用量具。
2. 进一步提高数控编程过程中的基点计算能力。
3. 进一步提高内外轮廓的编程能力。
4. 掌握数控加工过程中精度误差产生的原因。
5. 掌握精加工余量的确定方法。

工作任务

任务要求：加工如图 4—25 所示零件（毛坯沿用本项目任务 2 的零件模型），试编写其加工中心加工程序。

任务分析：本例工件的编程相对于前几个任务没有难度，其难度在于如何保证零件的各项加工精度。另外，本例的基点坐标采用三角函数法计算。

相关理论

1. 外轮廓类零件的测量

外轮廓类零件常用的测量量具主要有游标卡尺（见图 4—26a）、千分尺（见图 4—26b）、万能角度尺（见图 4—26c）、90°角尺（见图 4—26d）、半径样板（见图 4—26e）、百分表（见图 4—26f）等。

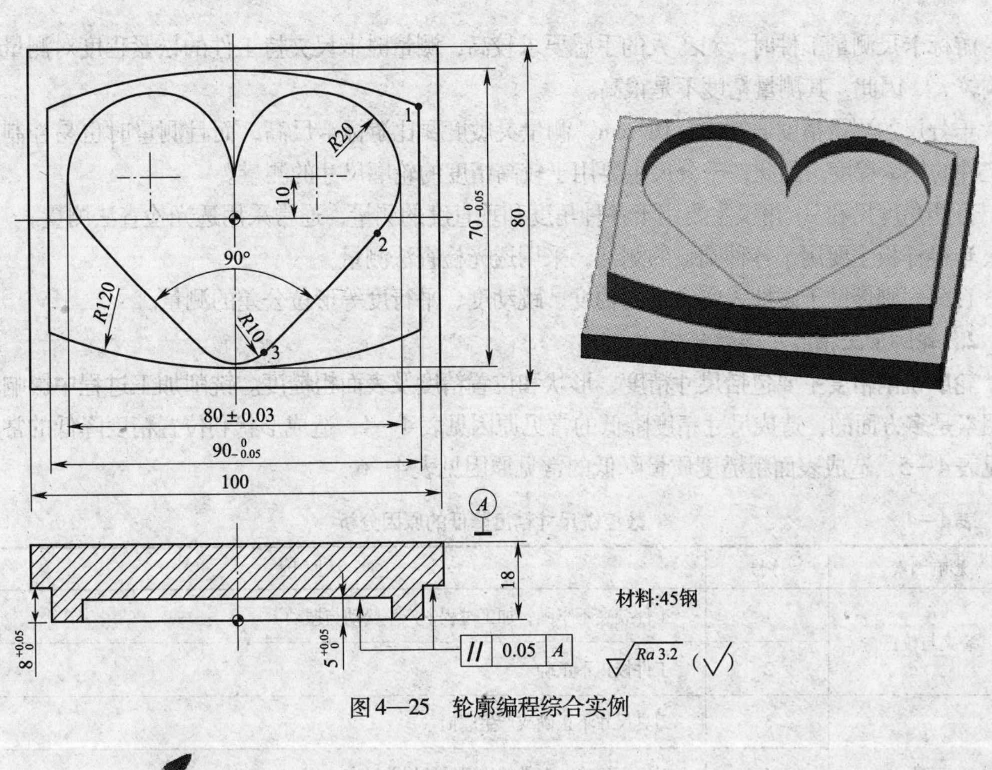

图 4—25　轮廓编程综合实例

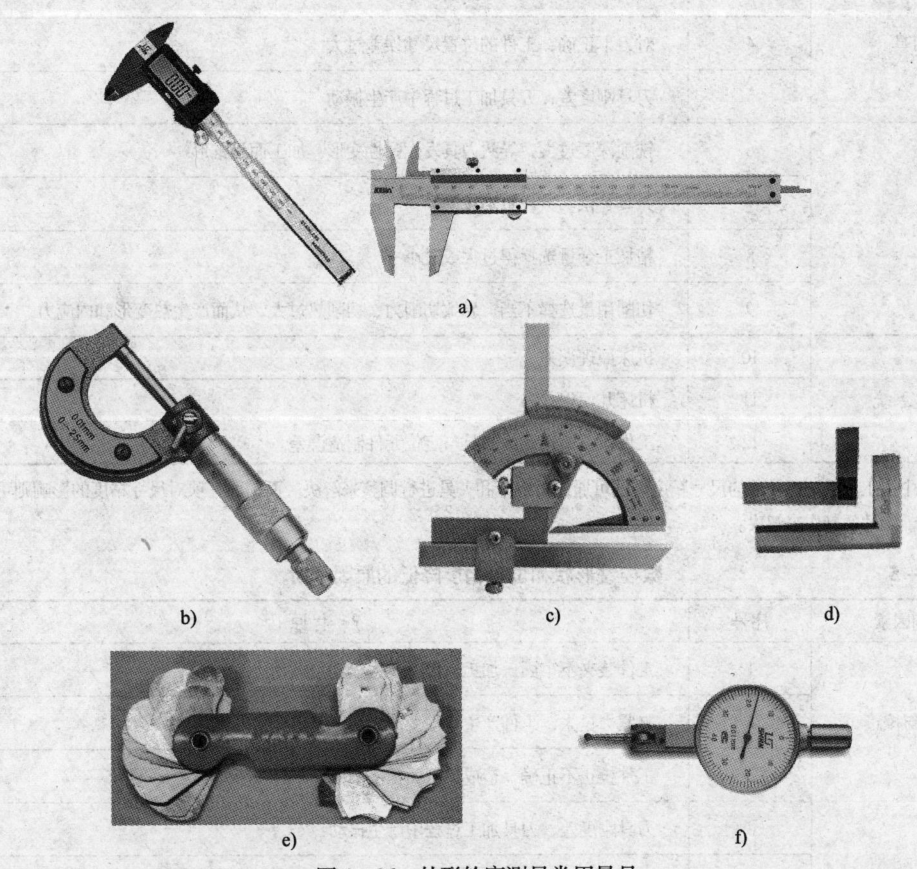

图 4—26　外形轮廓测量常用量具

a）游标卡尺　b）千分尺　c）万能角度尺　d）90°角尺　e）半径样板　f）百分表

游标卡尺测量工件时，对工人的手感要求较高，测量时卡尺夹持工件的松紧程度对测量结果影响较大。因此，其测量精度不是很高。

千分尺的测量精度通常为0.01 mm，测量灵敏度要比游标卡尺高，而且测量时也易控制其夹持工件的松紧程度。因此，千分尺主要用于较高精度的轮廓尺寸的测量。

万能角度尺和90°角尺主要用于各种角度和垂直度的测量，通常采用透光检查法测量。

半径样板主要用于各种圆弧的测量，采用透光检查法测量。

百分表则借助于磁性表座进行同轴度、跳动度、平行度等形位公差的测量。

2. 轮廓加工精度及误差分析

轮廓铣削精度主要包括尺寸精度、形状和位置精度及表面粗糙度。铣削加工过程中影响精度的因素是多方面的，造成尺寸精度降低的常见原因见表4—4，造成形状和位置精度降低的常见原因见表4—5，造成表面粗糙度质量降低的常见原因见表4—6。

表4—4　　数控铣尺寸精度降低的原因分析

影响因素	序号	产生原因
装夹与校正	1	工件装夹不牢固，加工过程中产生松动与振动
	2	工件校正不正确
刀具	3	刀具尺寸不正确或产生磨损
	4	对刀不正确，工件的位置尺寸误差过大
	5	刀具刚度差，刀具加工过程中产生振动
加工	6	铣削深度过大，导致刀具发生弹性变形，加工面呈锥形
	7	刀具补偿参数设置不正确
	8	精加工余量选择得过大或过小
	9	切削用量选择不当，导致切削力、切削热过大，从而产生热变形和内应力
工艺系统	10	机床原理误差
	11	机床几何误差
	12	工件定位不正确或夹具与定位元件制造误差

注：表中由工艺系统所导致的尺寸精度降低可通过对机床和夹具进行调整来解决。而前面三项对尺寸精度的影响则可以通过操作者正确、细致的操作来解决。

表4—5　　数控铣形状和位置精度降低的原因分析

影响因素	序号	产生原因
装夹与校正	1	工件装夹不牢固，加工过程中产生松动与振动
	2	夹紧力过大，工件产生弹性变形，切削完成后变形恢复
	3	工件校正不正确，造成加工面与基准面不平行或不垂直
刀具	4	刀具刚度差，刀具加工过程中产生振动
	5	对刀不正确，位置精度误差过大

续表

影响因素	序号	产 生 原 因
加工	6	铣削深度过大，导致刀具发生弹性变形，加工面呈锥形
	7	切削用量选择不当，导致切削力过大，从而导致工件变形
工艺系统	8	夹具装夹找正不正确
	9	机床几何误差
	10	工件定位不正确或夹具与定位元件制造误差

表 4—6　　　　表面粗糙度质量降低的原因分析

影响因素	序号	产 生 原 因
装夹与校正	1	工件装夹不牢固，加工过程中产生振动
刀具	2	刀具磨损后没有及时修磨
	3	刀具刚度差，刀具加工过程中产生振动
	4	刀具主偏角、副偏角及刀尖圆弧半径选择不当
加工	5	进给量过大，导致残留面积高度增大
	6	切削速度不合理，产生积屑瘤
	7	铣削深度（精加工余量）过大或过小
	8	Z 向分层切削后没有进行精加工，留有接刀痕迹
	9	切削液选择不当或使用不当
	10	加工过程中刀具停顿
加工工艺	11	工件材料热处理不当或热处理工艺安排不合理
	12	采用不适当的进给路线，精加工采用逆铣

3. 精加工余量的选择

（1）精加工余量的概念

精加工余量是指精加工过程中所切去的金属层厚度。通常情况下，精加工余量由精加工一次切削完成。

加工余量有单边余量和双边余量之分。轮廓和平面的加工余量指单边余量，它等于实际切削的金属层厚度。而对于一些内圆和外圆等回转体表面，加工余量有时指双边余量，即以直径方向计算，实际切削的金属层厚度为加工余量的一半。

（2）精加工余量的影响因素

精加工余量的大小对零件加工的最终质量有直接影响。选取的精加工余量不能过大，也不能过小。余量过大会增加切削力、切削热的产生，进而影响加工精度和加工表面质量；余量过小则不能消除上道工序（或工步）留下的各种误差、表面缺陷和本工序的装夹误差，容易造成废品。因此，应根据影响余量大小的因素合理地确定精加工余量。

影响精加工余量大小的因素主要有两个，即上道工序（或工步）的各种表面缺陷、误差和本工序的装夹误差。

（3）精加工余量的确定

确定精加工余量的方法主要有以下三种：

1）经验估算法

这种方法是凭工艺人员的实践经验估计精加工余量。为避免因余量不足而产生废品，所估余量一般偏大，仅用于单件小批量生产。

2）查表修正法

将工厂生产实践和试验研究积累的有关精加工余量的资料制成表格，并汇编成手册。确定精加工余量时，可先从手册中查得所需数据，然后再结合工厂的实际情况适当修正。这种方法目前应用最广。

3）分析计算法

采用这种方法确定精加工余量时，需运用计算公式和一定的试验资料，对影响精加工余量的各项因素进行综合分析和计算，从而确定精加工余量。用这种方法确定的精加工余量比较经济合理，但必须有比较全面和可靠的试验资料，目前，只在原材料十分贵重，以及军工生产或少数大量生产的工厂中采用。

4）精加工余量的确定

加工中心机床上，采用经验估算法或查表修正法确定的精加工余量推荐值见表4—7，轮廓指单边余量，孔指双边余量。

表4—7　　精加工余量推荐值　　mm

加工方法	刀具材料	精加工余量	加工方法	刀具材料	精加工余量
轮廓铣削	高速钢	0.2 ~ 1	铰孔	高速钢	0.1 ~ 0.2
	硬质合金	0.3 ~ 2		硬质合金	0.2 ~ 0.4
扩孔	高速钢	0.5 ~ 1	镗孔	高速钢	0.1 ~ 0.5
	硬质合金	1 ~ 2		硬质合金	0.3 ~ 1.0

说明：选择精加工余量时，应注意以下几个问题：

①余量最小原则，在保证加工精度和加工质量的前提下，余量越小越好。较小的加工余量可缩短加工时间、减少材料消耗、降低加工成本。

②余量充分原则，防止因余量不足而造成加工废品。

③余量中应包含热处理引起的变形。

④大零件取大余量，零件越大，切削力及内引力引起的加工变形就越大。

任务实施

1. 加工准备

（1）选择数控机床

选用的机床为TH7650型FANUC 0i系统加工中心。

（2）选择刀具和切削用量

选 ϕ16 mm立铣刀加工内、外轮廓，加工内轮廓时，采用斜直线方式进行 Z 向切深。切削用量推荐值如下：切削速度 $n = 600 \sim 800$ r/min，进给速度取 $f = 100 \sim 200$ mm/min，铣削深度取 $a_p = 5$ mm。

2. 编写加工程序

（1）计算基点坐标

如图 4—27 所示，点 1 坐标的计算方法如下：

在$\triangle ABC$中，$AC=120$，$BC=45$，则$AB=\sqrt{AC^2-BC^2}=\sqrt{12375}=111.24$。

则C点（即点 1）的坐标$X_C=45.0$，$Y_C=111.24-80=31.24$。

如图 4—28 所示，点 2 和点 3 坐标的计算方法如下：

在$\triangle O_1EF$中，$O_1F=EF=R_1\times\cos45°=20\times\cos45°=14.14$。

则E点（即点 2）的坐标$X_E=20+14.14=34.14$，$Y_E=10-14.14=-4.14$。

在$\triangle ADE$中，$AD=DE=34.14$，在$\triangle ABG$中，$AB=BG=R_2\times\cos45°=10\times\cos45°=7.07$。

则G点（即点 3）的坐标$X_G=7.07$，$Y_G=-4.14-34.14+7.07=-31.21$。

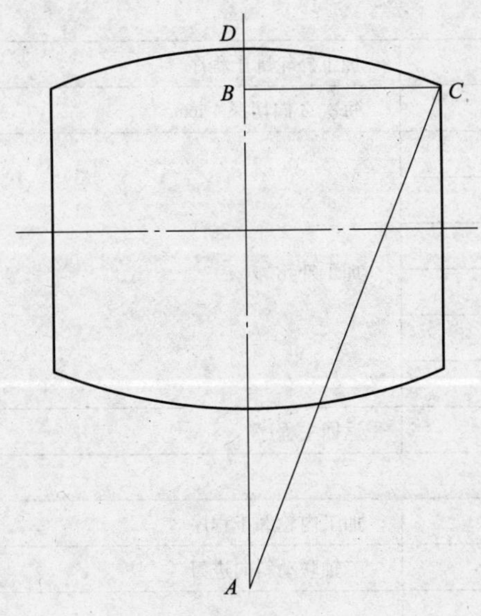

图 4—27　基点计算 1

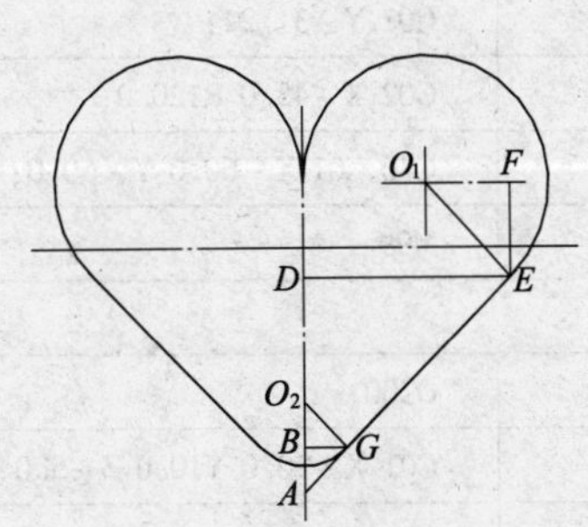

图 4—28　基点计算 2

（2）编制加工程序

本例工件的加工中心加工程序见表 4—8。

表 4—8　　轮廓编程综合实例参考程序

刀具	ϕ16mm 高速钢立铣刀	
程序段号	FANUC 0i 系统程序	程序说明
	O0035；	主程序
N10	G90 G94 G21 G40 G17 G54；	程序初始化
N20	G91 G28 Z0；	刀具退回 Z 向参考点
N30	M03 S800 F100；	主轴正转
N40	G90 G00 X -60.0 Y -60.0；	刀具定位
N50	Z0.0 M08；	
N60	M98 P100 L2；	分层切削加工外轮廓
N70	G00 Z5.0；	刀具抬起后重新定位
N80	X10.0 Y0；	
N90	G01 Z0；	

续表

刀具	ϕ16mm 高速钢立铣刀	
程序段号	FANUC 0i 系统程序	程序说明
	O0035；	主程序
N100	M98 P200；	加工内轮廓
N110	G91 G28 Z0 M09；	刀具返回 Z 向参考点
N120	M05；	主轴停转
N130	M30；	程序结束

	O100；	加工外轮廓子程序
N10	G91 G01 Z-5.0；	每次 Z 向切深 4 mm
N20	G90 G41 G01 X-45.0 D01；	加工外轮廓
N30	Y31.24；	
N40	G02 X45.0 R120.0；	
N50	G01 Y-31.24；	
N60	G02 X-45.0 R120.0；	
N70	G40 G01 X-60.0 Y-60.0；	
N80	M99；	返回主程序

	O200；	加工内轮廓子程序
N10	G01 X-20.0 Y10.0 Z-5.0；	三轴联动斜向进刀
N20	G41 G01 Y-10.0 D01；	加工内轮廓
N30	G03 X-34.14 Y-4.14 R-20.0；	
N40	G01 X-7.07 Y-31.21；	
N50	G03 X7.07 R10.0；	
N60	G01 X34.14 Y-4.14；	
N70	G03 X20.0 Y-10.0 R-20.0；	
N80	G40 G01 X0 Y0；	
N90	M99；	返回主程序

项目五

铣削孔类零件

任务1 钻、扩、锪孔加工

学习目标

1. 掌握数控加工固定循环的基本概念与基本格式。
2. 掌握钻孔与锪孔固定循环的指令格式。
3. 掌握孔加工方法的选择。
4. 掌握孔加工路线的确定方法。

工作任务

任务要求：选择合适的刀具加工如图5—1所示零件，毛坯为80 mm×80 mm×15 mm的45钢，试编写其加工中心加工程序。

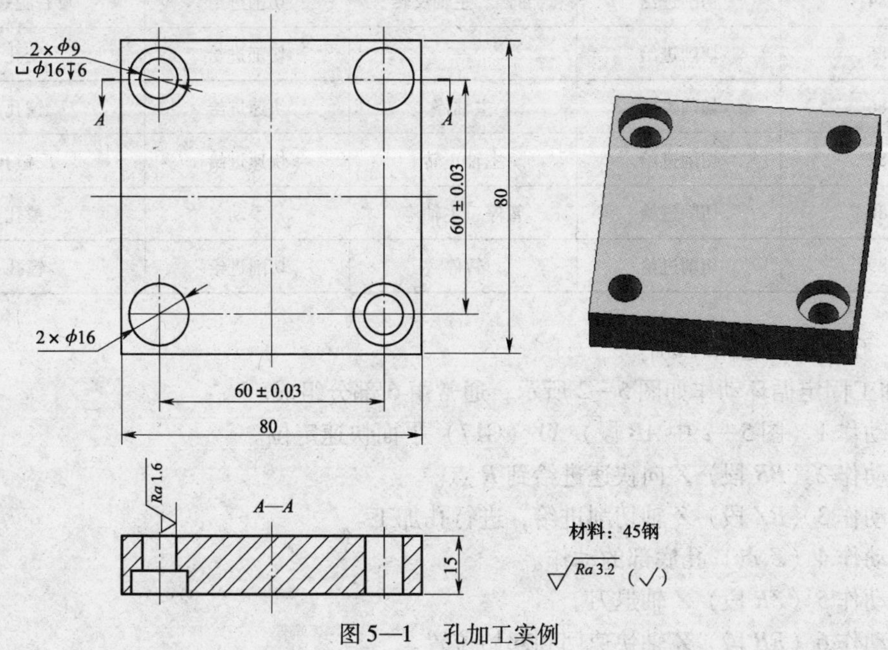

图5—1 孔加工实例

任务分析：加工本例工件时，精度要求较高的孔采用钻孔和铰孔的加工方法。精度要求低的孔，则采用钻孔和扩孔（或锪孔）的加工方法。另外，为了保证孔与孔之间的位置精度，钻孔加工前须用中心钻进行孔定位。

相关理论

1. 孔加工固定循环基本概念

在数控铣床与加工中心上进行孔加工时，通常采用系统配备的固定循环功能编程。通过对这些固定循环指令的使用，可以在一个程序段内完成某个孔加工的全部动作（孔加工进给、退刀、孔底暂停等），从而大大减少编程工作量。FANUC 0i 系统加工中心的固定循环指令见表 5—1。

表 5—1　孔加工固定循环指令及其动作一览表

G 代码	加工动作	孔底部动作	退刀动作	用途
G73	间歇进给	—	快速进给	钻深孔
G74	切削进给	暂停、主轴正转	切削进给	攻左旋螺纹
G76	切削进给	主轴准停	快速进给	精镗孔
G80	—	—	—	取消固定循环
G81	切削进给	—	快速进给	钻孔
G82	切削进给	暂停	快速进给	钻孔与锪孔
G83	间歇进给	—	快速进给	钻深孔
G84	切削进给	暂停、主轴反转	切削进给	攻右旋螺纹
G85	切削进给	—	切削进给	铰孔
G86	切削进给	主轴停	快速进给	镗孔
G87	切削进给	主轴正转	快速进给	反镗孔
G88	切削进给	暂停、主轴停	手动	镗孔
G89	切削进给	暂停	切削进给	镗孔

（1）孔加工固定循环动作

孔加工固定循环动作如图 5—2 所示，通常由 6 部分组成。

1）动作 1（图 5—2 中 *AB* 段）*XY*（G17）平面快速定位。

2）动作 2（*BR* 段）*Z* 向快速进给到 *R* 点。

3）动作 3（*RZ* 段）*Z* 轴切削进给，进行孔加工。

4）动作 4（*Z* 点）孔底部的动作。

5）动作 5（*ZR* 段）*Z* 轴退刀。

6）动作 6（*RB* 段）*Z* 轴快速回到起始位置。

(2) 固定循环编程格式

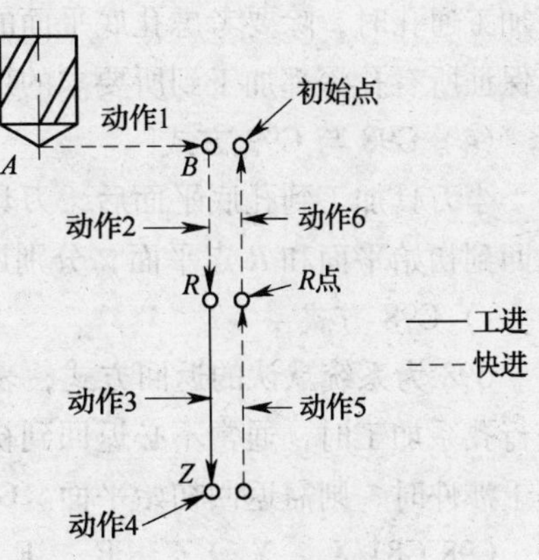

图 5—2　固定循环动作

孔加工循环的通用编程格式如下所示：

G73 ~ G89 X __ Y __ Z __ R __ Q __ P __ F __ K __；

X __ Y __：孔在 XY 平面内的位置。

Z __：孔底平面的位置。

R __：R 点平面所在位置。

Q __：G73 和 G83 深孔加工指令中刀具每次加工深度或 G76 和 G87 精镗孔指令中主轴准停后刀具沿准停反方向的让刀量。

P __：指定刀具在孔底的暂停时间，数字不加小数点，以 ms 作为时间单位。

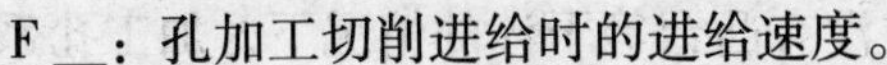

F __：孔加工切削进给时的进给速度。

K __：孔加工循环的次数，该参数仅在增量编程中使用。

在实际编程时，并不是每一种孔加工循环的编程都要用到以上格式的所有代码。如下例的钻孔固定循环指令格式：

例　G81 X30.0 Y20.0 Z -32.0 R5.0 F50；

孔加工循环指令编程格式中，除 K 代码外，其他所有代码都是模态代码，只有在循环取消时才被清除，因此，这些指令一经指定，在后面的重复加工中不必重新指定。如下例所示：

例　G82 X30.0 Y20.0 Z -32.0 R5.0 P1000 F50；

X50.0；

G80；

执行以上指令时，将在两个不同位置加工出两个深度相同的孔。

孔加工循环用指令 G80 取消。另外，如在孔加工循环中出现 01 组的 G 代码，则孔加工方式也会自动取消。

(3) 固定循环的平面

1) 初始平面

初始平面（见图 5—3）是为保证安全下刀而规定的一个平面。初始平面可以设定在任意一个安全高度上。当使用同一把刀具加工多个孔时，刀具在初始平面内任意移动，不会与夹具、工件凸台等发生干涉。

2) R 点平面

R 点平面又叫 R 参考平面。这个平面是刀具下刀时，由快进转为工进的高度平面，距工件表面的距离主要考虑工件表面的尺寸变化，一般情况下取 2 ~ 5 mm（见图 5—3）。

3) 孔底平面

加工不通孔时，孔底平面就是孔底的 Z 轴高度平面。

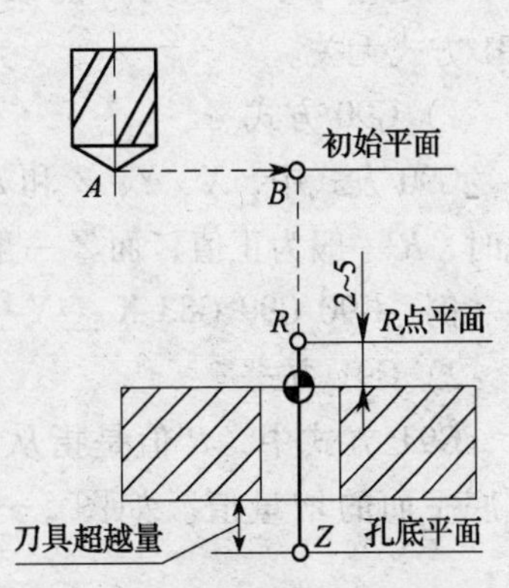

图 5—3　固定循环平面

而加工通孔时，除要考虑孔底平面的位置外，还要考虑刀具的超越量（见图5—3中Z点），以保证所有孔深都加工到所要求的尺寸。

（4）G98与G99方式

当刀具加工到孔底平面后，刀具从孔底平面以两种方式返回（见图5—2中动作5），即返回到初始平面和R点平面，分别用指令G98与G99来决定。

1）G98方式

G98为系统默认的返回方式，表示返回到初始平面，如图5—4a所示。当采用固定循环进行孔系加工时，通常不必返回到初始平面。当全部孔加工完成后或孔之间存在凸台或夹具等干涉件时，则需返回初始平面。G98指令格式如下：

G98 G81 X __ Y __ Z __ R __ F __;

2）G99方式

G99表示返回R点平面，如图5—4b所示。在没有凸台等干涉的情况下，加工孔系时，为了节省加工时间，刀具一般返回到R点平面。G99指令格式如下：

G99 G82 X __ Y __ Z __ R __ P __ F __;

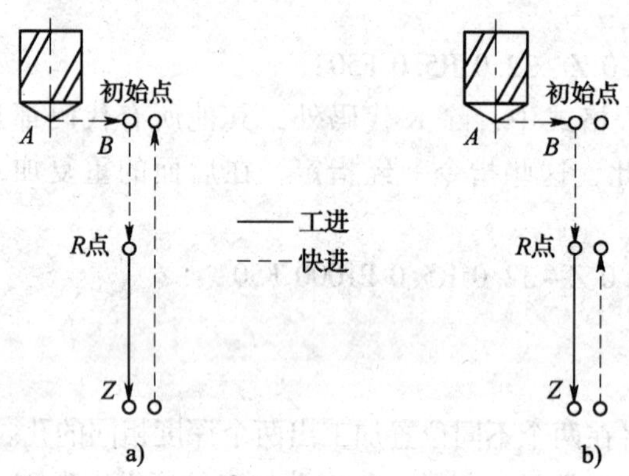

图5—4 G98与G99方式

a）G98方式 b）G99方式

（5）G90与G91方式

固定循环中R值与Z值数据的指定与G90和G91的方式选择有关，而Q值与G90和G91方式无关。

1）G90方式

G90方式中，X、Y、Z和R的取值均指工件坐标系中的绝对坐标值，如图5—5a所示。此时，R一般为正值，而Z一般为负值。如下例所示：

例 G90 G99 G83 X __ Y __ Z-20.0 R5.0 Q5.0 F __;

2）G91方式

G91方式中，R值是指从初始平面到R点平面的增量值，而Z值是指从R点平面到孔底平面的增量值。如图5—5b所示，R值与Z值（G87例外）均为负值。如下例所示：

例 G91 G99 G83 X __ Y __ Z-25.0 R-30.0 Q5.0 F __ K __;

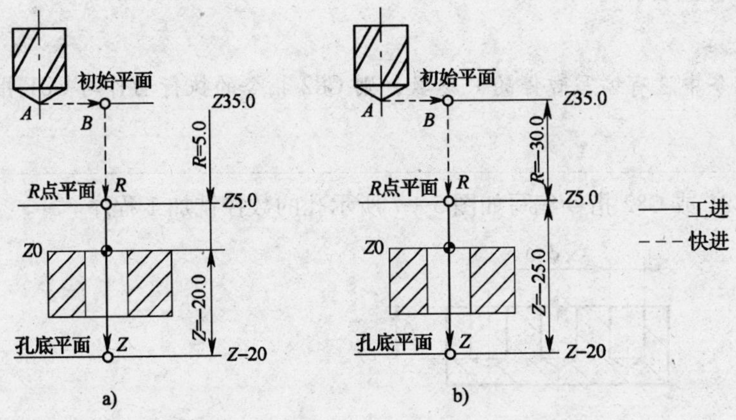

图 5—5　G90 与 G91 方式

a）G90 方式　b）G91 方式

2. 固定循环指令

（1）钻孔循环 G81 与锪孔循环 G82

1）指令格式

G81 X __ Y __ Z __ R __ F __;

G82 X __ Y __ Z __ R __ P __ F __;

2）指令动作

G81 指令常用于普通钻孔，其加工动作如图 5—6a 所示，刀具在初始平面快速（G00 方式）定位到指令中指定的 *X*、*Y* 坐标位置，再 *Z* 向快速定位到 *R* 点平面，然后执行切削进给到孔底平面，刀具从孔底平面快速 *Z* 向退回到 *R* 点平面或初始平面。

G82 指令在孔底增加了进给后的暂停动作，如图 5—6b 所示，以提高孔底表面粗糙度质量。该指令常用于锪孔或台阶孔的加工。

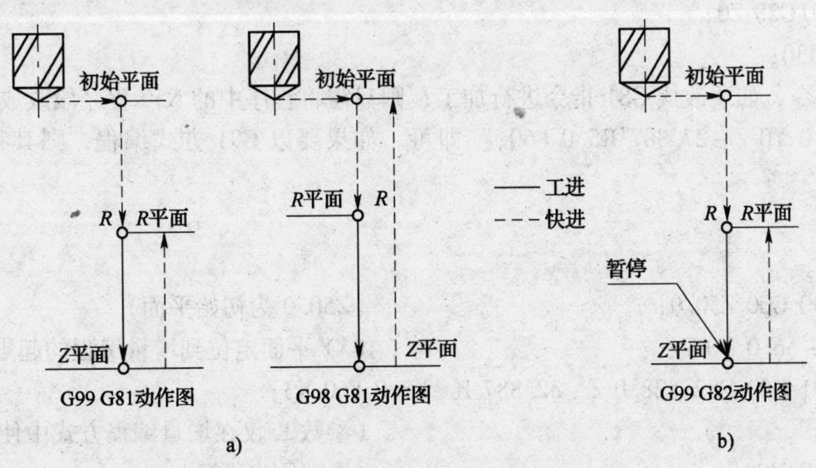

图 5—6　G81 与 G82 指令动作图

若 G82 指令中没有编写暂停的 P 参数，则 G82 指令的执行动作与 G81 指令的执行动作相同。

例 试用 G81 或 G82 指令编写如图 5—7 所示孔的数控铣加工程序。

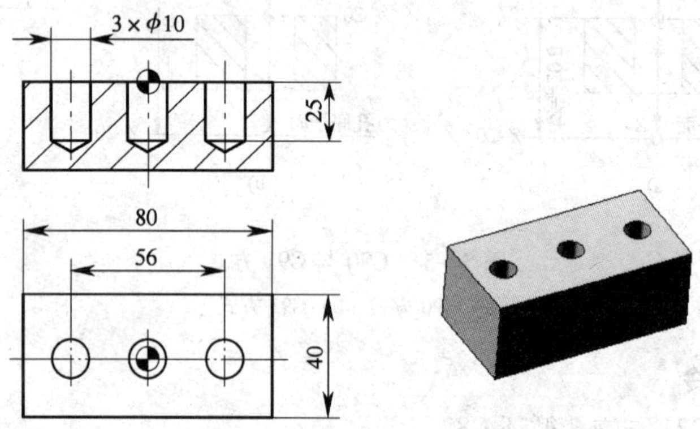

图 5—7 G81 与 G82 编程实例

```
O0001;
N10 G90 G94 G40 G80 G21 G54;
N20 G91 G28 Z0;
N30 M03 S600;
N40 G90 G00 Z50.0 M08;                     (Z50.0 为初始平面)
N50 G99 G82 X-28.0 Y0 Z-27.887 R5.0 F60;  (Z 向超越量为钻尖高度 2.887 mm)
N60 X0.0;                                  (加工第二个孔)
N70 G98 X28.0;                             (加工第三个孔，返回初始平面)
N80 G80 M09;                               (取消固定循环)
N90 G91G28 Z0;
N100 M30;
```

以上指令，如要改成 G81 指令进行加工，则只需将程序中的 N50 程序段改成"N50 G99 G81 X-28.0 Y0 Z-27.887 R5.0 F60;"即可。如果要以 G91 方式编程，则其程序修改如下：

```
O0001;
…
N40 G90 G00 Z50.0;                         (Z50.0 为初始平面)
N50 X-56.0 Y0.0;                           (XY 平面定位到增量编程的起点)
N60 G91 G99 G82 X28.0 Z-32.887 R-45.0 F60 K3;
                                           (参数 K 仅在增量编程方式中使用)
N70 G80 M09;                               (取消固定循环)
…
```

（2）高速深孔钻循环 G73 与深孔钻循环 G83

加工深孔时，加工中散热差，排屑困难，钻杆刚度差，易使刀具损坏和引起孔的轴线偏斜，从而影响加工精度和生产率。为此，在加工这类孔时，刀具应及时断屑和排屑，在数控铣加工中，用专用深孔指令来实现这些动作。

1）指令格式

G73 X __ Y __ Z __ R __ Q __ F __;

G83 X __ Y __ Z __ R __ Q __ F __;

2）指令动作

如图 5—8 所示，G73 指令通过刀具 Z 轴方向的间歇进给实现断屑动作。指令中的 Q 值是指每一次的加工深度（均为正值且为带小数点的值）。图中的 d 值由系统指定，无须用户指定。

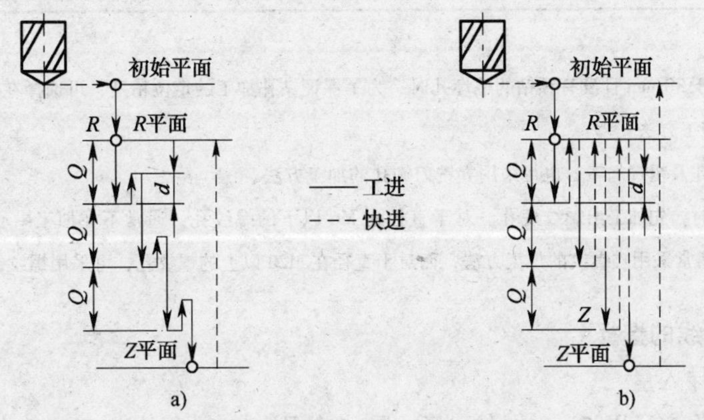

图 5—8　G73 与 G83 动作图

a）G99 G73 动作图　b）G98 G83 动作图

G83 指令通过 Z 轴方向的间歇进给实现断屑与排屑的动作。该指令与 G73 指令的不同之处在于：刀具间歇进给后快速退回到 R 点，再快速进给到 Z 向距上次切削孔底平面 d 处，在该点处，由快进变成工进，工进距离为 $Q+d$。

G73 指令与 G83 指令多用于深孔加工的编程。

3. 孔加工方法的选择

（1）孔加工方法的选用原则

孔加工方法的选用原则是保证加工表面的加工精度和表面粗糙度要求。由于获得同一级精度及表面粗糙度的加工方法有多种，因而在实际选择时，要结合零件的形状、尺寸、批量、毛坯材料及毛坯热处理等情况合理选用。此外，还应考虑生产率和经济性的要求，以及工厂的生产设备等实际情况。常用加工方法的经济加工精度及表面粗糙度可查阅相关工艺手册。

（2）孔加工方法的选择

在数控铣床及加工中心上，常用于加工孔的方法有钻孔、扩孔、铰孔、粗/精镗孔及攻螺纹等。通常情况下，在数控铣床及加工中心上能较方便地加工出 IT7 ~ IT9 级精度的孔，对于这些孔的推荐加工方法见表 5—2。

表 5—2　　　　　　　　　　孔的加工方法推荐选择表

<table>
<tr><th rowspan="2">孔的精度</th><th rowspan="2">有无预孔</th><th colspan="5">孔尺寸（mm）</th></tr>
<tr><th>0 ~ 12</th><th>12 ~ 20</th><th>20 ~ 30</th><th>30 ~ 60</th><th>60 ~ 80</th></tr>
<tr><td rowspan="2">IT9 ~ IT11</td><td>无</td><td>钻—铰</td><td colspan="2">钻—扩</td><td colspan="2">钻—扩—镗（或铰）</td></tr>
<tr><td>有</td><td colspan="5">粗扩—精扩，或粗镗—精镗（余量少可一次性扩孔或镗孔）</td></tr>
<tr><td rowspan="2">IT8</td><td>无</td><td>钻—扩—铰</td><td colspan="2">钻—扩—精镗（或铰）</td><td colspan="2">钻—扩—粗镗—精镗</td></tr>
<tr><td>有</td><td colspan="5">粗镗—半精镗—精镗（或精铰）</td></tr>
<tr><td rowspan="2">IT7</td><td>无</td><td>钻—粗铰—精铰</td><td colspan="4">钻—扩—粗铰—精铰，或钻—扩—粗镗—半精镗—精镗</td></tr>
<tr><td>有</td><td colspan="5">粗镗—半精镗—精镗（如仍达不到精度要求还可进一步采用精细镗）</td></tr>
</table>

注：

1. 在加工直径小于 30 mm 且没有预钻的毛坯孔时，为了保证钻孔加工的定位精度，可选择在钻孔前先将孔口端面铣平或采用钻中心孔的加工方法。

2. 对于表中的扩孔及粗镗加工，也可采用立铣刀铣孔的加工方法。

3. 在加工螺纹孔时，先加工出螺纹底孔。对于直径在 M6 以下的螺纹孔，通常不在加工中心上加工；对于直径在 M6 ~ M20 的螺纹孔，通常采用攻螺纹的加工方法；而对于直径在 M20 以上的螺纹孔，可采用螺纹镗刀镗削加工。

4. 孔加工路线的选择

（1）孔加工导入量

孔加工导入量（见图 5—9 中的 ΔZ）是指在孔加工过程中，刀具自快进转为工进时，刀尖点位置与孔上表面之间的距离。

孔加工导入量的具体值由工件表面的尺寸变化量确定，一般情况下取 2 ~ 10 mm。当孔上表面为已加工表面时，导入量取较小值（约 2 ~ 5 mm）。

（2）孔加工超越量

加工不通孔时，超越量（见图 5—9 中的 $\Delta Z'$）大于或等于钻尖高度 $Z_p = (D/2)\cos\alpha \approx 0.3D$。

通孔镗孔时，刀具超越量取 1 ~ 3 mm。

通孔铰孔时，刀具超越量取 3 ~ 5 mm。

钻通孔时，超越量取 Z_p +（1 ~ 3）mm。

（3）相互位置精度高的孔系的加工路线

对于位置精度要求较高的孔系加工，特别要注意孔的加工顺序的安排，避免将坐标轴的反向间隙带入，影响位置精度。

如图 5—10 所示的孔系加工，如按 $A-1-2-3-4-5-6-P$ 安排加工走刀路线，在加工 5、6 孔时，X 方向的反向间隙会使定位误差增加，从而影响 5、6 孔与其他孔的位置精度。若采用 $A-1-2-3-P-6-5-4$ 的走刀路线，可避免反向间隙的引入，提高 5、6 孔与其他孔的位置精度。

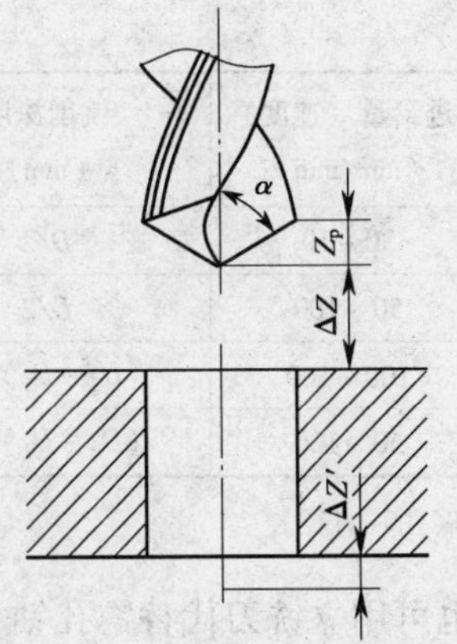

图 5—9　孔加工导入量与超越量

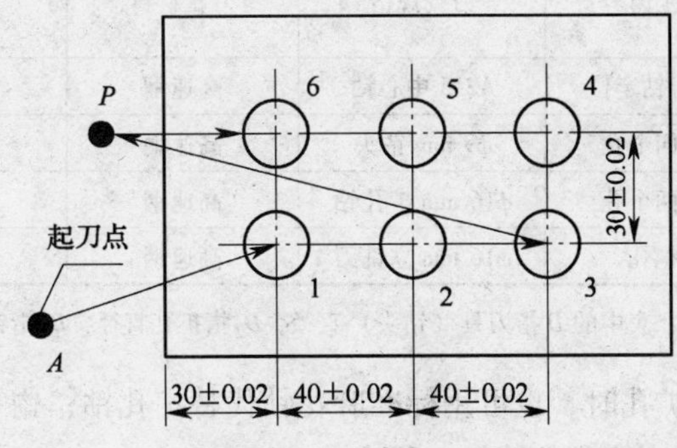

图 5—10　孔系加工路线

任务实施

1. 加工准备

（1）选择数控机床

本任务选用的机床为 TH7650 型 FANUC 0i 系统加工中心。

（2）选择刀具及切削用量

加工本例工件时，所选用的刀具如图 5—11 所示，主要有中心钻、标准麻花钻、扩孔钻和锪孔钻。对于这些刀具，加工中使用的切削用量见表 5—3。

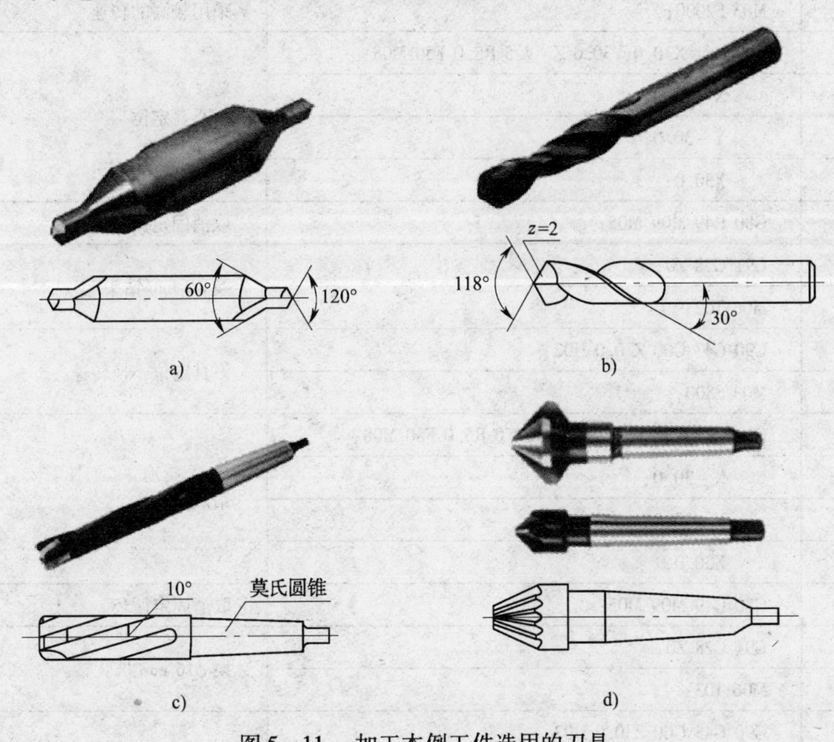

图 5—11　加工本例工件选用的刀具

a）中心钻　b）标准麻花钻　c）扩孔钻　d）锪孔钻

表 5—3　　刀具规格及其切削用量

加工内容	刀具规格	刀具材料	切削速度（r/min）	进给量（速度）（mm/min）	铣削深度（mm）
中心钻定位	A2.5 中心钻	高速钢	2 000	30 ~ 50	$D/2$
钻四个孔	ϕ9 mm 钻头	高速钢	800	50 ~ 100	$D/2$
扩两个孔	ϕ16 mm 扩孔钻	高速钢	600	100 ~ 200	$(D_2-D_1)/2$
锪孔	ϕ16 mm 立铣刀	高速钢	600	50 ~ 100	$(D_2-D_1)/2$

注：表中的 D 指刀具（钻头）直径，D_2 指扩孔直径，D_1 指钻孔（扩孔前的底孔）直径。

扩孔时，也可用标准麻花钻代替扩孔钻；锪平底孔时，也可用立铣刀代替锪孔钻。

2. 编制数控加工程序

本例选择工件上表面中心作为工件编程原点，其加工中心加工程序见表 5—4。

表 5—4　　参考程序表

程序段号	加 工 程 序	程序说明
	O0010;	
N10	G90 G94 G80 G21 G17 G54;	程序开始部分
N20	G91 G28 Z0;	
N30	M06 T01;	换中心钻
N40	G90 G43 G00 Z30.0 H01;	刀具定位至初始平面
N50	M03 S2000;	采用较高的转速
N60	G99 G81 X30.0 Y30.0 Z-7.5 R5.0 F50 M08;	中心孔定位
N70	X-30.0;	
N80	Y-30.0;	
N90	X30.0;	
N100	G80 G49 M09 M05;	取消固定循环
N110	G91 G28 Z0;	换 ϕ9 mm 钻头
N120	M06 T02;	
N130	G90 G43 G00 Z30.0 H02;	刀具定位，换转速
N140	M03 S800;	
N150	G99 G81 X30.0 Y30.0 Z-20.0 R5.0 F80 M08;	钻四个孔
N160	X-30.0;	
N170	Y-30.0;	
N180	X30.0;	
N190	G80 G49 M09 M05;	取消固定循环
N200	G91 G28 Z0;	换 ϕ16 mm 扩孔钻
N210	M06 T03;	
N220	G90 G43 G00 Z30.0 H03;	刀具定位，换转速
N230	M03 S600;	

续表

程序段号	加工程序	程序说明
N240	G81 X30.0 Y30.0 Z-20.0 R5.0 F200 M08;	扩孔加工
N250	X-30.0 Y-30.0;	
N260	G80 G49 M09 M05;	取消固定循环
N270	G91 G28 Z0;	换锪孔钻（用立铣刀代替）
N280	M06 T04;	
N290	G90 G43 G00 Z30.0 H04;	刀具定位，换转速
N300	M03 S600;	
N310	G82 X30.0 Y-30.0 Z-6.0 R5.0 P1000 F50 M08;	锪锥孔，在孔底暂停 1 s
N320	X-30.0 Y30.0;	
N330	G80 G49 M09 M05;	取消固定循环
N340	G91 G28 Z0;	程序结束
N350	M30;	

如果批量生产该零件，则采用自动换刀方式编程与加工。如果单件生产该零件，则采用手动换刀方式编程与加工。

3. 工件加工

本例工件孔加工的加工次序如图 5—12 所示。

图 5—12　本例工件加工次序

a）中心钻定位　b）钻 ϕ9 mm 孔　c）扩 ϕ16 mm 孔　d）锪孔

任务2　铰孔与镗孔加工

学习目标

1. 掌握铰孔与粗镗孔加工指令。
2. 掌握精镗孔加工指令。
3. 掌握孔的测量方法。
4. 了解产生孔加工误差的原因。

工作任务

任务要求：如图5—13所示工件，外形轮廓及上下表面已加工成形，试编写孔加工的加工中心加工程序。

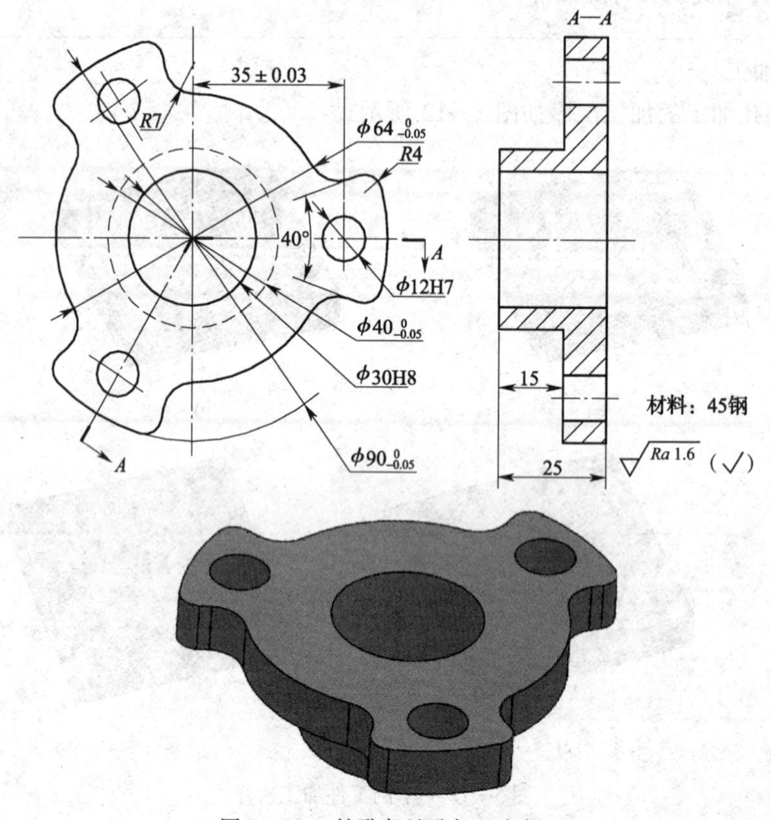

图5—13　铰孔与镗孔加工实例

任务分析：加工本例工件时，由于孔的加工精度及表面质量要求较高，所以选择铰孔和精镗孔作为本例工件的最终加工工序。最终加工工序中还应注意选择合适的精加工余量。

相关理论

1. 铰孔循环 G85

（1）指令格式

G85 X __ Y __ Z __ R __ F __;

（2）指令动作

如图 5—14 所示，执行 G85 固定循环时，刀具以切削进给方式加工到孔底，然后以切削进给方式返回到 *R* 点平面。该指令常用于铰孔和扩孔加工，也可用于粗镗孔加工。

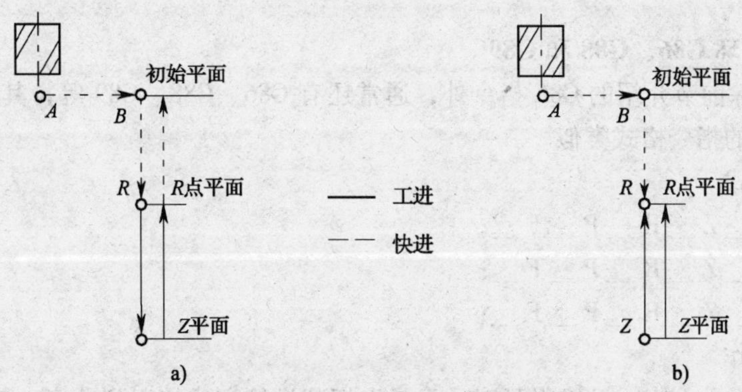

图 5—14　G85 指令动作图

a）G85 G98 动作图　b）G85 G99 动作图

（3）编程示例

如图 5—15 所示工件，试编写 2 × ϕ8H7 孔的铰孔加工程序。

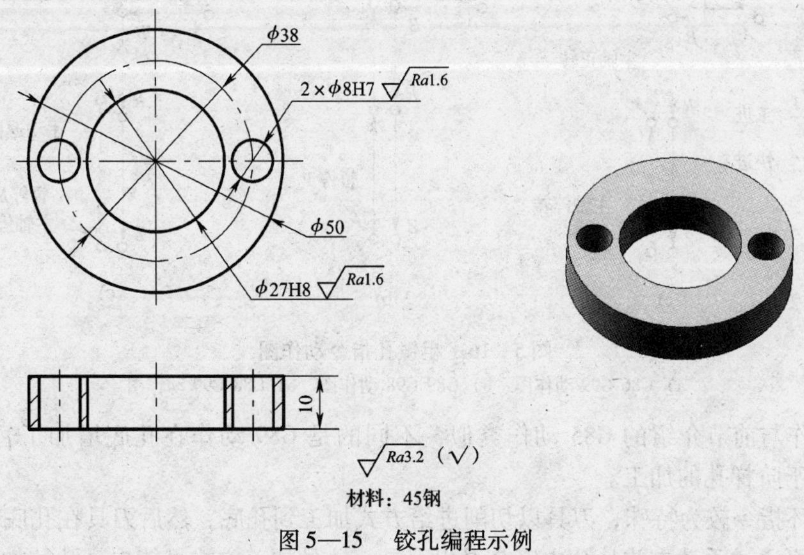

图 5—15　铰孔编程示例

```
O0003;
G90 G94 G80 G21 G17 G54;
G91 G28 Z0;
M03 S200;
G90 G00 X0 Y0;
Z20.0 M08;
…
G85 X19.0 Y0 Z-15.0 R5.0 F60;          （铰孔超越量为 5 mm）
    X-19.0;
G80 M09;
G91 G28 Z0;
M30;
```

2. 粗镗孔循环 G86、G88 和 G89

粗镗孔指令除前节介绍的 G85 指令外，通常还有 G86、G88、G89 等，其指令格式与铰孔固定循环 G85 的指令格式类似。

（1）指令格式

G86 X__ Y__ Z__ R__ P__ F__;

G88 X__ Y__ Z__ R__ P__ F__;

G89 X__ Y__ Z__ R__ P__ F__;

（2）指令动作

如图 5—16 所示，执行 G86 循环时，刀具以切削进给方式加工到孔底，然后主轴停转，刀具快速退回到 *R* 点平面后，主轴正转。采用这种方式退刀时，刀具在退回过程中容易在工件表面划出条痕。因此，该指令常用于精度及表面粗糙度要求不高的镗孔加工。

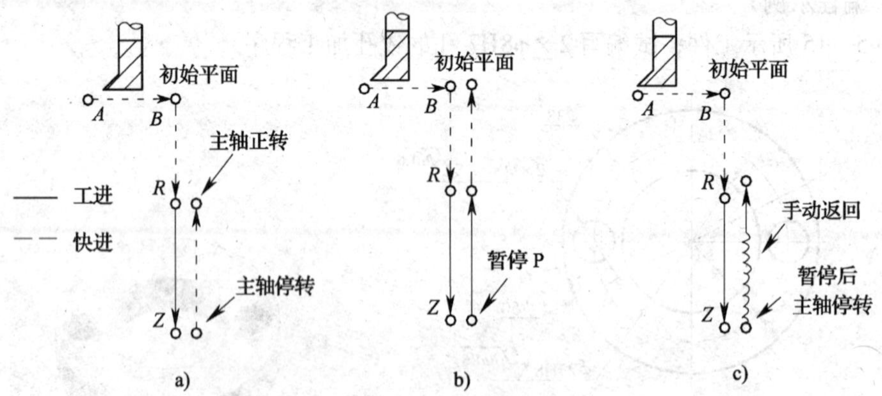

图 5—16 粗镗孔指令动作图

a）G86 G99 动作图 b）G89 G98 动作图 c）G88 G99 动作图

G89 动作与前节介绍的 G85 动作类似，不同的是 G89 动作在孔底增加了暂停，因此，该指令常用于阶梯孔的加工。

G88 循环指令较为特殊，刀具以切削进给方式加工到孔底，然后刀具在孔底暂停后主轴停转，这时可通过手动方式从孔中安全退出刀具。这种加工方式虽能提高孔的加工精度，但加工效率较低。因此，该指令常在单件加工中采用。

（3）编程示例

试用粗镗孔指令编写图 5—15 所示 ϕ27 mm 孔的加工中心加工程序。

```
O0006;
…
M03 S600;
G89 X0 Y0 Z-15.0 R5.0 F60 M08;        （通孔，超越量为 5 mm）
G80 M09;
…
```

3. 精镗孔循环 G76 与反镗孔循环 G87

（1）指令格式

G76 X__ Y__ Z__ R__ Q__ P__ F__;

G87 X__ Y__ Z__ R__ Q__ F__;

（2）指令动作

如图 5—17 所示，执行 G76 循环时，刀具以切削进给方式加工到孔底，实现主轴准停，刀具向刀尖相反方向移动 Q 值，使刀具脱离工件表面，保证刀具不擦伤工件表面，然后快速退刀至 R 点平面或初始平面，刀具正转。G76 指令主要用于精密镗孔加工。

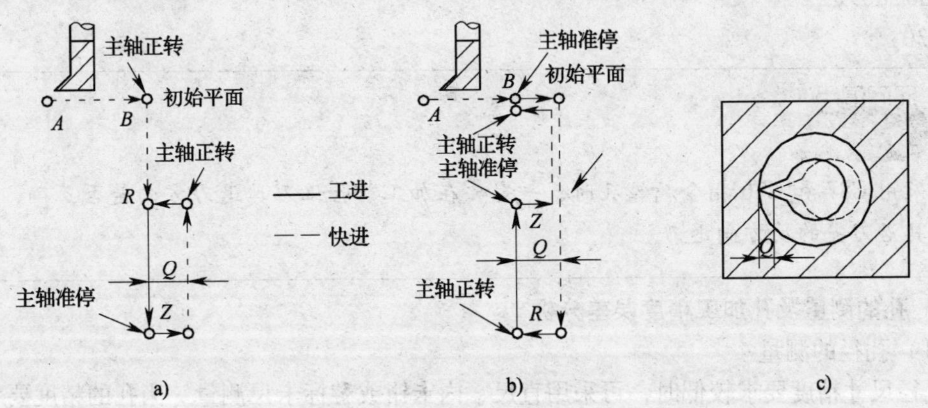

图 5—17　精镗孔指令动作图

a）G76 G99 动作图　b）G87 G98 动作图　c）主轴准停图

执行 G87 循环时，刀具在 G17 平面内快速定位后，主轴准停，刀具向刀尖相反方向偏移 Q 值，然后快速移动到孔底（R 点），在这个位置上，刀具按原偏移量反向移动相同的 Q 值，主轴正转并以切削进给方式加工到 Z 平面，主轴再次准停，并沿刀尖相反方向偏移 Q 值，快速提刀至初始平面并按原偏移量返回到 G17 平面的定位点，主轴开始正转，循环结束。由于 G87 循环刀尖无须在孔中经工件已加工表面退出，故加工表面质量较好，所以该循环常用于精密孔的镗削加工。

注意：G87 循环不能用 G99 编程。

（3）编程示例

试分别用 G87 和 G76 指令编写图 5—18 所示 2 个 ϕ40 mm 孔的精镗孔加工程序。

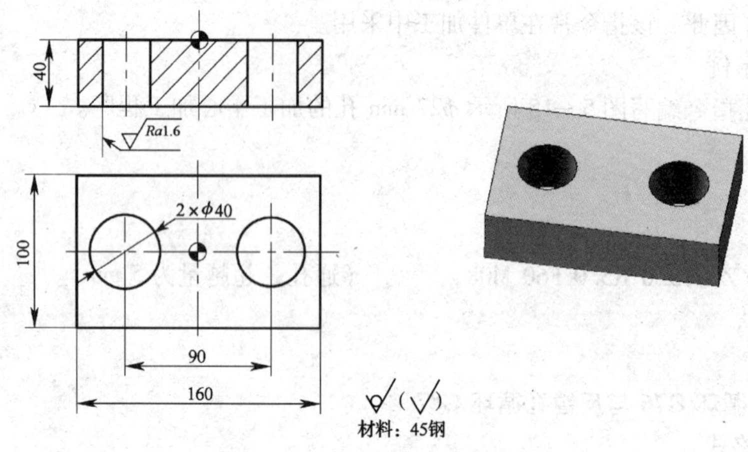

图 5—18　精镗孔指令编程实例

```
O0004;
…
M03 S600;
G87 X-45.0 Y0 Z5.0 R-45.0 Q1000 F60 M08;（G87 指令）
G76 X45.0 Y0 Z-45.0 R5.0 Q1000 F60;　（G76 指令）
G80 M09;
M30;
```

采用 G87 和 G76 指令精镗孔时，一定要在加工前验证刀具退刀方向是否正确，以保证刀具沿刀尖的反方向退刀。

4. 孔的测量及孔加工精度误差分析

（1）孔径的测量

孔径尺寸精度要求较低时，可采用直尺、内卡钳或游标卡尺测量。当孔的精度要求较高时，可以用塞规、内径百分表、内径千分尺等量具测量。常用的测量方法如下：

1）内卡钳测量

当孔口试切削或位置狭小时，使用内卡钳测量方便灵活。当前使用的内卡钳已采用量表或数显方式来显示测量数据，如图 5—19 所示。采用这种内卡钳可以测出 IT8 ~ IT7 级精度的内孔。

2）塞规测量

塞规（见图 5—20a）是一种专用量具，一端为通端，另一端为止端。使用塞规检测孔径时，当通端能进入孔内，而止端不能进入孔内时，说明孔径合格，否则为不合格。与此相类似，轴类零件也可采用光环规（见图 5—20b）测量。

3）内径百分表测量

用内径百分表（见图 5—21）测量内孔时，其测量头在孔内摆动，读出直径方向的最大尺寸即为内孔尺寸。内径百分表适用于深度较大内孔的测量。

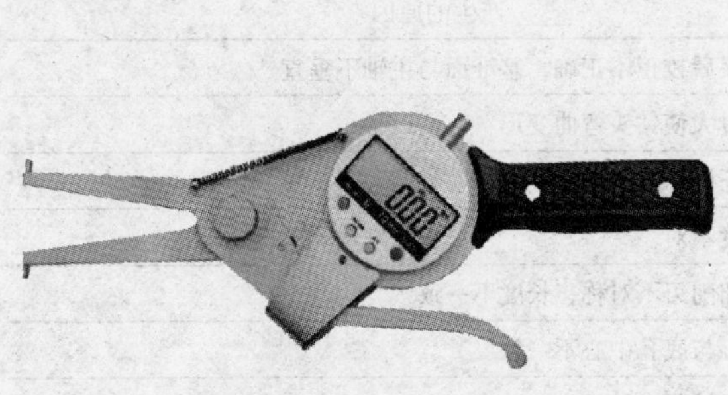

图 5—19 数显内卡钳

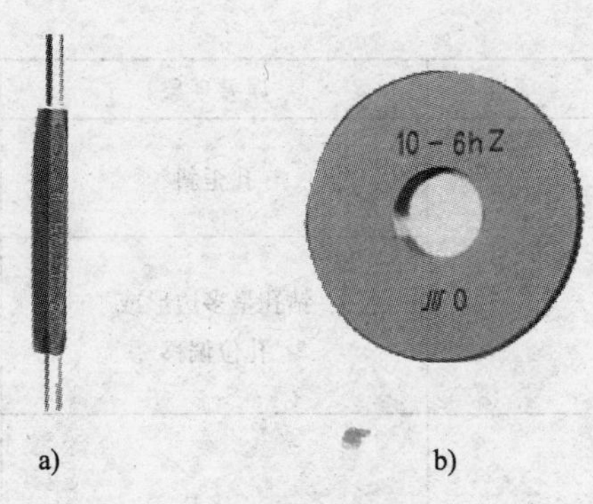

a) b)

图 5—20 塞规和光环规

a）塞规 b）光环规

4）内径千分尺测量

内径千分尺（见图 5—22）的测量方法和外径千分尺的测量方法相同，但其刻线方向和外径千分尺相反，相应地其测量时的旋转方向也相反。内径千分尺不适合于深度较大孔的测量。

图 5—21 内径百分表

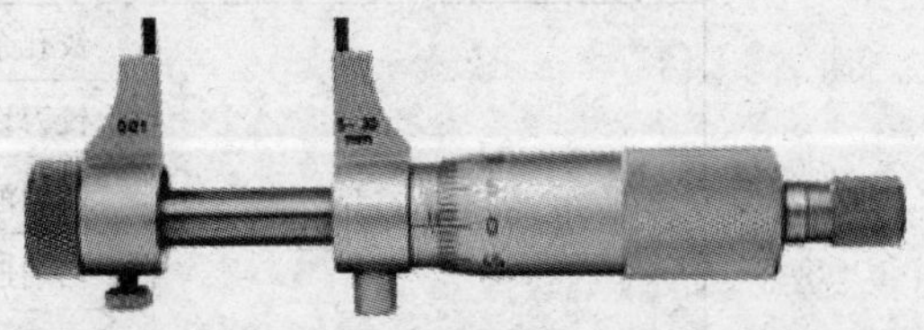

图 5—22 内径千分尺

（2）孔距的测量

测量孔距通常使用游标卡尺。精度较高的孔距也可采用内、外径千分尺配合圆柱测量心棒测量。

（3）孔的其他误差测量

孔除了要进行孔径和孔距测量外，有时还要进行圆度、圆柱度等形状误差的测量以及径向圆跳动、端面圆跳动、端面与孔轴线的垂直度等位置误差的测量。

（4）钻孔与铰孔加工误差及其原因分析

钻孔与铰孔的加工误差及其原因分析见表 5—5。

表 5—5　　钻孔与铰孔的加工误差及其原因分析

项目	误差现象	产生的原因
钻孔	孔径大于规定尺寸	钻头两切削刃不对称，长度不一致
		钻头本身存在质量问题
		工件装夹不牢固，加工过程中工件松动或振动
	孔壁粗糙	钻头不锋利
		进给量过大
		切削液选用不当或供应不足
		加工过程中排屑不通畅

续表

项目	误差现象	产生的原因
钻孔	孔歪斜	工件装夹后校正不正确，基准面与主轴不垂直
		进给量过大使钻头弯曲变形
	钻孔呈多边形或孔位偏移	对刀不正确
		钻头角度不对
		钻头两切削刃不对称，长度不一致
铰孔	孔径扩大	铰孔中心与底孔中心不一致
		进给量或铰削余量过大
		切削速度太高，铰刀热膨胀
		切削液选用不当或未加切削液
	孔径缩小	铰刀磨损或铰刀已磨钝
		铰铸铁时以煤油做切削液
	孔呈多边形	铰削余量太大，铰刀振动
		铰孔前钻孔不圆
	表面粗糙度质量差	铰孔余量太大或太小
		铰刀切削刃不锋利
		切削液选用不当或未加切削液
		切削速度过大，产生积屑瘤
		孔加工固定循环选择不合理，进、退刀方式不合理
		容屑槽内切屑堵塞

(5) 镗孔加工误差及其原因分析

镗孔加工误差及其原因分析见表5—6。

表5—6　　镗孔加工误差及其原因分析

误差现象	产生的原因
表面粗糙度质量差	镗刀刀尖角或刀尖圆弧太小
	进给量过大或切削液使用不当
	工件装夹不牢固，加工过程中工件松动或振动
	镗刀刀杆刚度差，加工过程中产生振动
	精加工时采用不合适的镗孔固定循环，进、退刀时划伤工件表面
孔径超差或孔呈锥形	镗刀回转半径调整不当，与所加工孔直径不符
	测量不正确
	镗刀在加工过程中磨损
	镗刀刚度不足，镗刀偏让
	镗刀刀头锁紧不牢固
孔轴线与基准面不垂直	工件装夹与找正不正确
	工件定位基准选择不当

注意：单件加工过程中，造成镗孔尺寸不正确的主要原因是操作者对镗刀的调整不正确。

任务实施

1. 加工准备

(1) 选择数控机床

本任务选用的机床为 TH7650 型 FANUC 0i 系统加工中心。

(2) 选择刀具及其切削用量

加工本例工件时，选择的粗加工刀具为钻头和立铣刀（铣孔）。所选用的精加工刀具如图 5—23 所示，主要有铰刀和精镗刀。加工中选用的切削用量见表 5—7。

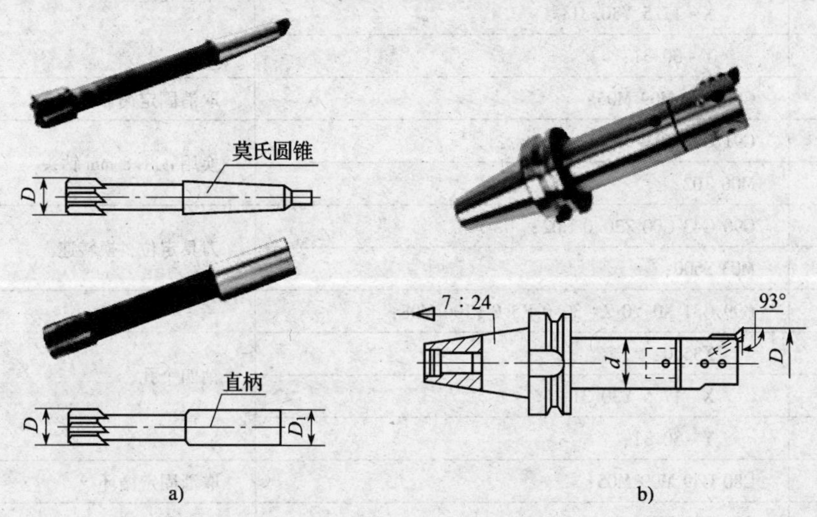

图 5—23　加工本例工件选用的刀具

a) 铰刀　b) 精镗刀

表 5—7　**刀具规格及其切削用量**

加工内容	刀具规格	刀具材料	切削速度 (r/min)	进给速度 (mm/min)	铣削深度 (mm)
中心钻定位	A2.5 中心钻	高速钢	2 000	30 ~ 50	$D/2$
钻四个孔	ϕ11.8 mm 钻头	高速钢	600	50 ~ 100	$D/2$
铰三个孔	ϕ12 mm 铰刀	硬质合金	200	50 ~ 100	0.1
扩孔（铣孔）	ϕ16 mm 立铣刀	高速钢	600	100 ~ 200	5 ~ 10
精镗孔	ϕ30 mm 精镗刀	硬质合金	1 200	50 ~ 100	0.25

2. 编制数控加工程序

本例工件以轮廓上表面中心为编程原点，孔加工的加工中心加工程序见表 5—8。

表 5—8　　参考程序

程序段号	加工程序	程序说明
	O0520；	程序号
N10	G90 G94 G80 G21 G17 G54；	程序开始部分
N20	G91 G28 Z0；	
N30	M06 T01；	换中心钻
N40	G90 G43 G00 Z30.0 H01；	刀具定位至初始平面
N50	M03 S2000；	采用较高的转速
N60	G99 G81 X0 Y0 Z－7.5 R5.0 F50 M08；	中心孔定位
N70	X35.0；	
N80	X－17.5 Y30.31；	
N90	Y－30.31；	
N100	G80 G49 M09 M05；	取消固定循环
N110	G91 G28 Z0；	换用 ϕ11.8 mm 钻头
N120	M06 T02；	
N130	G90 G43 G00 Z30.0 H02；	刀具定位，换转速
N140	M03 S600；	
N150	G99 G81 X0 Y0 Z－30.0 R5.0 F100 M08；	钻四个孔
N160	X35.0；	
N170	X－17.5 Y30.31；	
N180	Y－30.31；	
N190	G80 G49 M09 M05；	取消固定循环
N230	G91 G28 Z0；	换用 ϕ12 mm 铰刀
N240	M06 T03；	
N250	G90 G43 G00 Z30.0 H03；	刀具定位，换转速
N260	M03 S200；	
N270	G85 X35.0 Y0 Z－16.0 R5.0 F60 M08；	铰孔
N280	X－17.5 Y30.31；	
N290	Y－30.31；	
N300	G80 G49 M09 M05；	取消固定循环
N310	G91 G28 Z0；	换 ϕ16 mm 立铣刀
N320	M06 T04；	
N330	G90 G00 X0 Y0；	刀具定位，换转速
N340	G43 G00 Z30.0 H04；	
N350	M03 S600；	
N360	G01 Z1.0 F150 M08；	铣孔
N370	M98 P521 L4；	
N380	G91 G28 Z0；	换精镗刀
N390	M06 T05；	

续表

程序段号	加 工 程 序	程序说明
N400	G90 G43 G00 Z30.0 H05;	刀具定位并换转速
N410	M03 S1200;	
N420	G76 X0 Y0 Z-27.0 R5.0 Q1000 F60 M08;	精镗孔
N430	G80 G49 M09 M05;	取消固定循环
N440	G91 G28 Z0;	程序结束
N450	M30;	
	O0521;	立铣刀铣孔程序
N10	G91 G01 Z-7.0;	增量进给
N20	G90 G41 G01 X14.9 D01;	建立刀补
N30	G03 I-14.9;	加工整圆
N40	G40 G01 X0 Y0;	取消刀补
N50	M99;	返回主程序

3. 数控加工

本例工件孔加工的加工次序如图 5—24 所示。

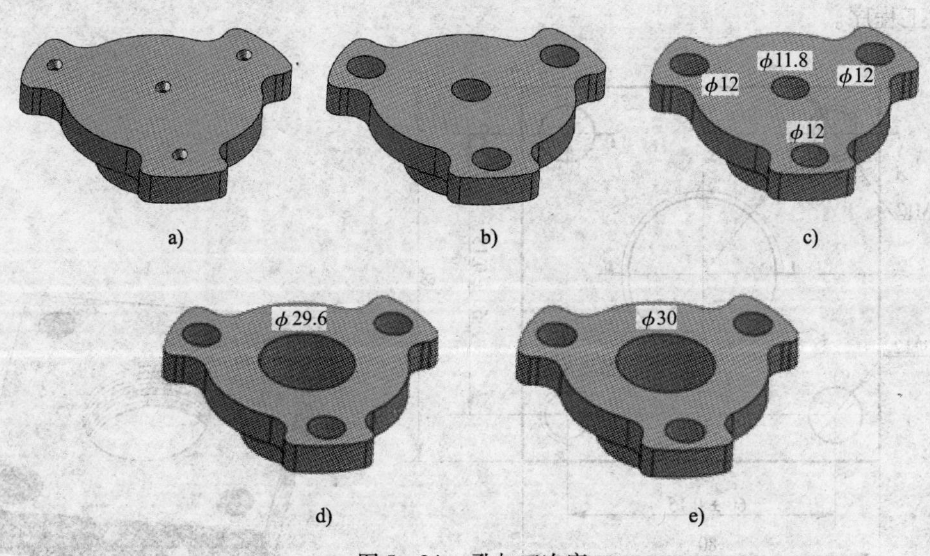

a) b) c) d) e)

图 5—24 孔加工次序

a) 中心钻定位 b) 钻 φ11.8 mm 孔 c) 铰 φ12 mm 孔 d) 铣孔 e) 精镗孔

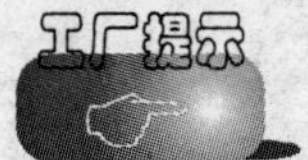

铰孔的精加工余量一般取 0.1~0.2 mm(直径量),精镗孔的精加工余量一般取 0.4~0.6 mm(直径量)。

任务3　攻螺纹与铣螺纹

学习目标

1. 掌握螺纹加工常用的加工指令。
2. 掌握螺旋线加工指令的编程方法。
3. 能选择合适的刀具攻螺纹或铣削加工螺纹。
4. 掌握攻螺纹时底孔直径的确定方法。
5. 了解攻螺纹过程中产生误差的原因。

工作任务

任务要求：如图5—25所示工件，外形轮廓及上下表面已加工成形，试编写孔加工的数控铣加工程序。

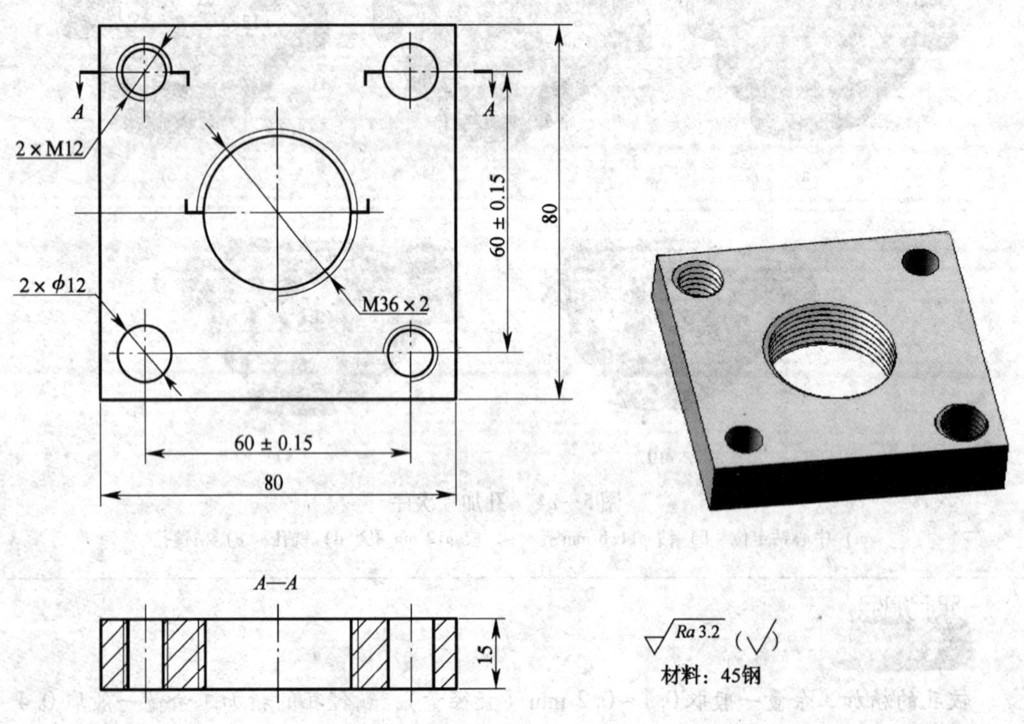

图5—25　攻螺纹与铣螺纹加工实例

任务分析：加工本例工件的内螺纹时，应特别注意底孔直径的确定。另外，由于采用刚性攻螺纹，为防止丝锥在攻螺纹过程中折断，应选择专用的攻螺纹夹头来装夹丝锥。

相关理论

1．左旋螺纹攻螺纹与右旋螺纹攻螺纹循环

（1）指令格式

G84 X＿Y＿Z＿R＿P＿F＿；（右旋螺纹攻螺纹）

G74 X＿Y＿Z＿R＿P＿F＿；（左旋螺纹攻螺纹）

（2）动作说明

指令动作如图 5—26 所示，说明如下：

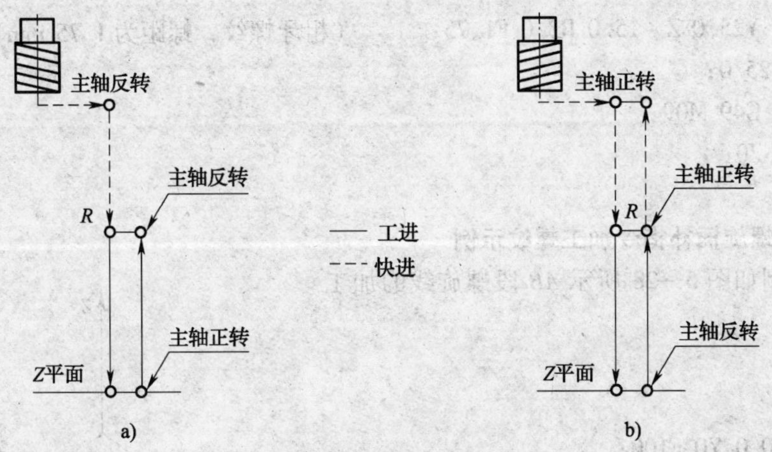

图 5—26　攻螺纹动作图

a）G99 G74 动作图　b）G98 G84 动作图

G74 循环为左旋螺纹攻螺纹循环，用于加工左旋螺纹。执行该循环时，主轴反转，在 G17 平面快速定位后快速移动到 R 点，执行攻螺纹到达孔底后，主轴正转退回到 R 点，完成攻螺纹动作。

G84 循环动作与 G74 基本类似，只是 G84 用于加工右旋螺纹。执行该循环时，主轴正转，在 G17 平面快速定位后快速移动到 R 点，执行攻螺纹到达孔底后，主轴反转退回到 R 点，完成攻螺纹动作。

攻螺纹时进给量 f 根据不同的进给模式指定。当采用 G94 模式时，进给量 f = 导程 × 转速。当采用 G95 模式时，进给量 f = 导程。

在指定 G74 前，应先使主轴反转。另外，在采用 G74 与 G84 指令攻螺纹期间，进给倍率、进给保持均被忽略。

（3）编程示例

试用攻螺纹循环编写如图 5—27 所示两螺纹孔的加工程序。

O0004；

…

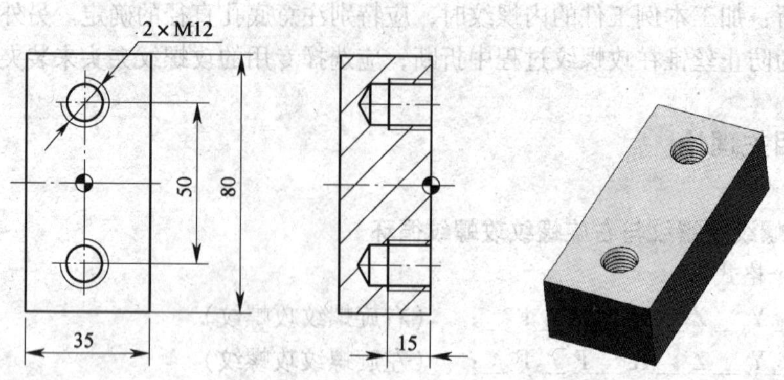

图 5—27　攻螺纹编程实例

```
G90 G00 X0 Y0;
G99 G84 Y25.0 Z-15.0 R3.0 F1.75;        (粗牙螺纹，螺距为 1.75 mm)
    Y-25.0;
G80 G94 G49 M09;
G91 G28 Z0;
M30;
```

2. 采用螺旋插补指令加工螺纹示例

例　编制如图 5—28 所示 *AB* 段螺旋线的加工程序。

```
O0650;
…
G01 X100.0 Y0 F100;
G17 G02 X0.0 Y100.0 Z70.0 R100.0;
…
```

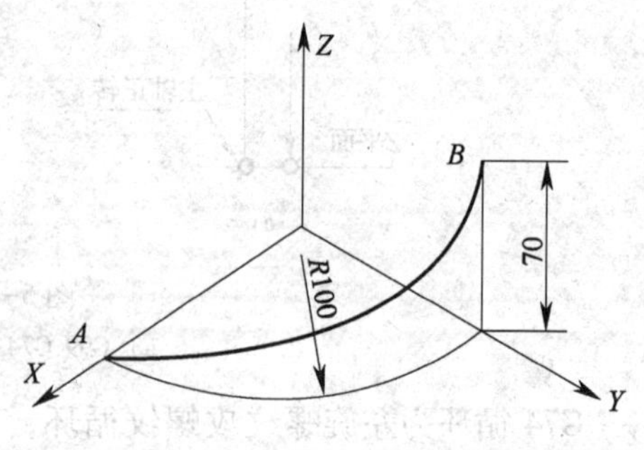

图 5—28　加工螺旋线实例

例　在加工中心上加工如图 5—29 所示工件，外形轮廓已加工完成，外圆柱已加工至 ϕ39.8 mm，试编写其铣螺纹加工程序。

分析：在铣螺纹加工过程中，通常采用宏程序结合螺旋线加工指令来编程，编程时，应找准刀具沿螺旋线转动一周和 *Z* 向移动距离之间的对应关系。采用这种方式编写的加工程序如下：

```
O0055;
G90 G94 G40 G21 G17 G54;
G91 G28 Z0;
G90 G00 X-40.0 Y0;
M03 S600;
G00 Z20.0;
G01 Z1.5 F100 M08;                (刀具下降至 Z 向起刀点)
#101=0;                           (螺旋线终点的 Z 坐标)
```

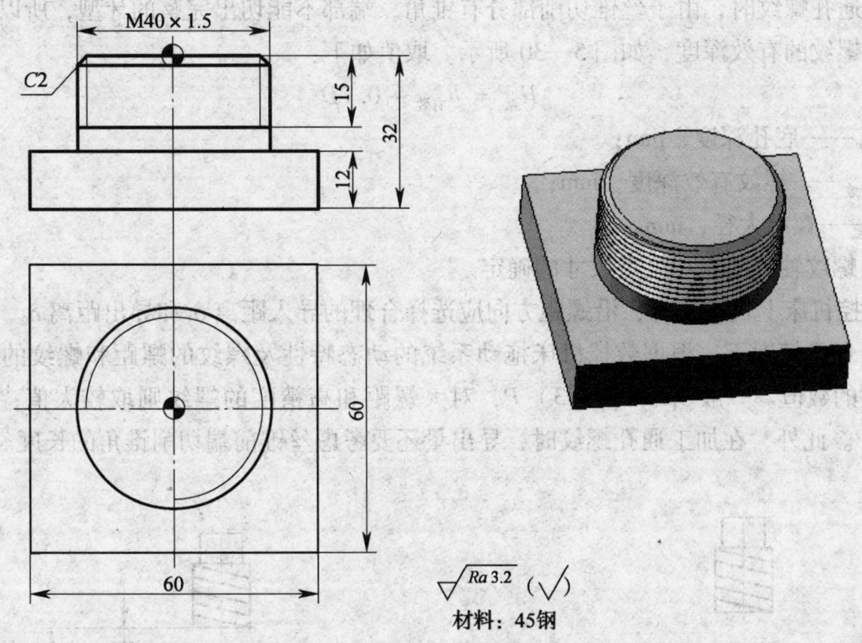

图 5—29　铣螺纹编程实例

```
G41 G01 X-19.03 Y0 D01;          （螺旋线起始点）
N100 G02 I19.03 Z#101;            （加工螺旋线）
#101=#101-1.5;                    （计算下一条螺旋线 Z 向终点坐标）
IF [#101 GE -15.0] GOTO 100;
G40 G01 X-40.0 Y0.0;
G91 G28 Z0 M09;
M05;
M30;
```

3. 攻螺纹及铣螺纹的加工路线

（1）攻螺纹底孔直径的确定

攻螺纹时，螺纹的底孔直径应稍大于螺纹小径，以防攻螺纹时因挤压而损坏丝锥。底孔直径通常根据经验公式决定，其公式如下：

$D_{底}=D-P$　　　　（加工钢件等塑性金属材料）

$D_{底}=D-1.05P$　　　　（加工铸铁等脆性金属材料）

式中　$D_{底}$——攻螺纹钻螺纹底孔用钻头直径，mm；

D——螺纹大径，mm；

P——螺距，mm。

螺纹的螺距，对于细牙螺纹，其螺距已在螺纹代号中作了标记，而对于粗牙螺纹，每一种尺寸规格螺纹的螺距也是固定的，如 M8 的螺距为 1.25 mm，M10 的螺距为 1.5 mm，M12 的螺距为 1.75 mm 等，具体请查阅有关螺纹尺寸参数表。

（2）不通孔螺纹底孔长度的确定

攻不通孔螺纹时，由于丝锥切削部分有锥角，端部不能切出完整的牙型，所以，钻孔深度要大于螺纹的有效深度，如图 5—30 所示。取值如下：

$$H_{钻} = h_{有效} + 0.7D$$

式中 $H_{钻}$——底孔深度，mm；

$h_{有效}$——螺纹有效深度，mm；

D——螺纹大径，mm。

（3）螺纹轴向起点和终点尺寸的确定

在数控机床上攻螺纹时，沿螺距方向应选择合理的导入距离 δ_1 和导出距离 δ_2，如图 5—31 所示。通常情况下，根据数控机床拖动系统的动态特性及螺纹的螺距和螺纹的精度来选择 δ_1 和 δ_2 的数值。一般 δ_1 取（2 ~ 3）P，对大螺距和高精度的螺纹则取较大值；δ_2 一般取（1 ~ 2）P。此外，在加工通孔螺纹时，导出量还要考虑丝锥前端切削锥角的长度。

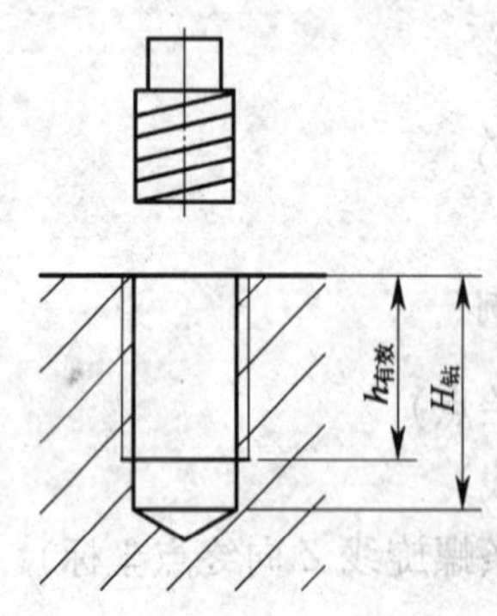

图 5—30　不通孔螺纹底孔长度

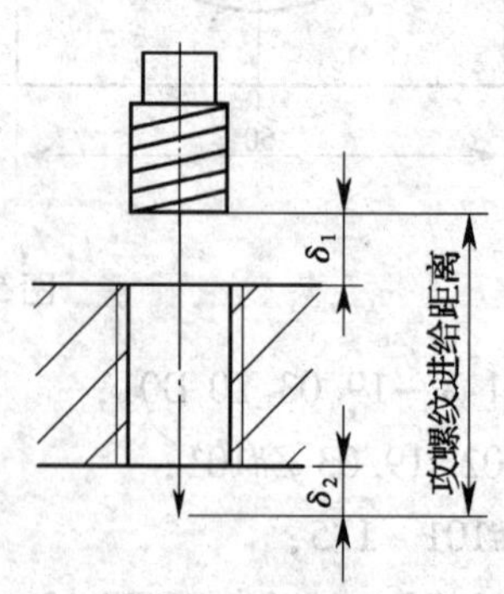

图 5—31　攻螺纹轴向起点与终点

4. 螺纹的测量与攻螺纹误差分析

螺纹的主要测量参数有螺距、大径、小径和中径。

（1）大、小径的测量

外螺纹大径和内螺纹小径的公差一般较大，可用游标卡尺或千分尺测量。

（2）螺距的测量

螺距一般可用钢直尺或螺距规测量。由于普通螺纹的螺距一般较小，所以，采用钢直尺测量时，最好测量 10 个螺距的长度，然后除以 10，就得出一个较正确的螺距尺寸。

（3）中径的测量

对精度要求较高的普通螺纹，可用螺纹千分尺（见图 5—32）直接测量，所测得的读数就是该螺纹中径的实际尺寸；也可用"三针测量法"间接测量（三针测量法仅适用于外螺纹的测量），但需通过计算后，才能得到其中径尺寸。

（4）综合测量

综合测量是指用螺纹塞规或螺纹环规（见图 5—33）的通、止规综合检查内、外普通螺纹是否合格。使用螺纹塞规或螺纹环规时，应按其对应的公差等级选择。

（5）攻螺纹误差分析

攻螺纹误差分析见表 5—9。

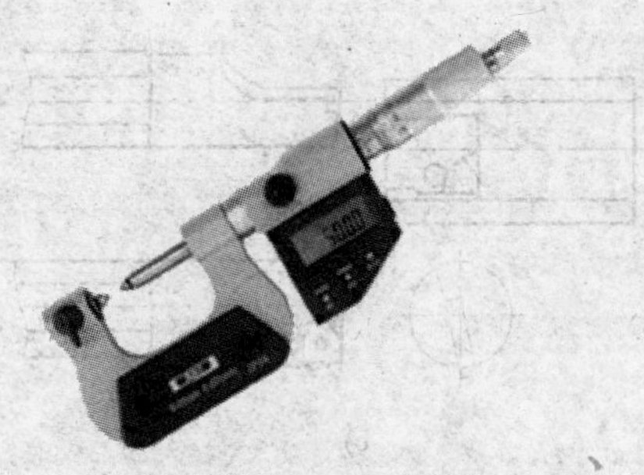

图 5—32　外螺纹千分尺

图 5—33　螺纹塞规与螺纹环规

表 5—9　　攻螺纹误差分析

误差现象	产生的原因
螺纹乱牙或滑牙	丝锥夹紧不牢固，造成乱牙
	攻不通孔螺纹时，固定循环中的孔底平面选择过深
	切屑堵塞，没有及时清理
	固定循环程序选择不合理
丝锥折断	底孔直径太小
	底孔中心与攻螺纹主轴中心不重合
	攻螺纹夹头选择不合理，没有选择浮动夹头
尺寸不正确或螺纹不完整	丝锥磨损
	底孔直径太大，造成螺纹不完整
表面粗糙度质量差	转速太快，导致进给速度太快
	切削液选择不当或使用不合理
	切屑堵塞，没有及时清理
	丝锥磨损

任务实施

1. 编写数控程序

（1）选择数控机床

本任务选用的机床为 TH7650 型 FANUC 0i 系统数控铣床。

（2）选择刀具、切削用量及夹具

加工本例工件的螺纹时，选择的螺纹加工刀具如图 5—34 所示，分别用机用丝锥、螺纹铣削刀具进行内螺纹铣削。攻螺纹时，需选用如图 5—35a 所示的浮动攻螺纹刀柄来装夹如图 5—35b 所示的攻螺纹夹套，再用攻螺纹夹套来装夹丝锥。这些刀具在加工中使用的切削用量见表 5—10。

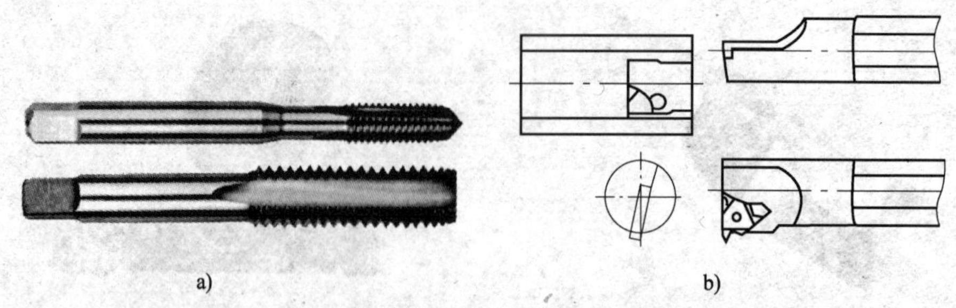

图 5—34　螺纹加工刀具

a）机用丝锥　b）螺纹铣削刀具

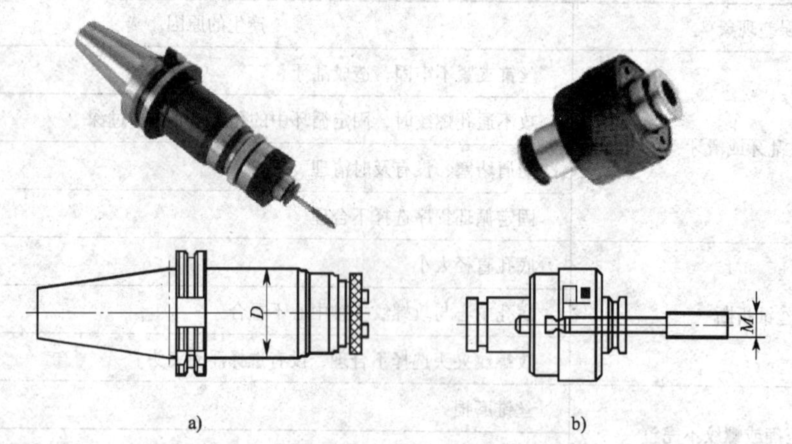

图 5—35　浮动攻螺纹刀柄与攻螺纹夹套

a）浮动攻螺纹刀柄　b）攻螺纹夹套

表 5—10　　刀具规格及其切削用量

加工内容	刀具规格	刀具材料	切削速度（r/min）	进给速度（mm/min）	铣削深度（mm）
中心钻定位	A2.5 中心钻	高速钢	2 000	30～50	*D*/2
钻五个孔	ϕ10.3 mm 钻头	高速钢	600	50～100	*D*/2
扩孔	ϕ12 mm 钻头	高速钢	1 000	100～200	0.85
攻螺纹	M12 丝锥	硬质合金	200	350	0.85
扩孔（铣孔）	ϕ16 mm 立铣刀	高速钢	600	100～200	5～10
铣螺纹	F2 螺纹铣刀	硬质合金	1 200	50～100	1

（3）编制数控加工程序

本例工件以轮廓中心为编程原点，攻螺纹和铣螺纹的加工参考程序见表 5—11。

表 5—11　　参考程序

程序段号	加工程序	程序说明
	O0630;	单独攻螺纹程序
N10	G90 G94 G80 G21 G17 G54;	程序开始部分
N20	G91 G28 Z0;	
N30	M06 T04;	换丝锥
N40	G90 G43 G00 Z30.0 H01;	刀具定位至初始平面
N50	M03 S200;	采用较低的转速
N60	G99 G84 X-30.0 Y30.0 Z-18.0 R3.0 F1.75 M08;	攻螺纹
N70	X30.0 Y-30.0;	
N80	G80 G49 M09 M05;	取消固定循环
N90	G91 G28 Z0;	程序结束
N100	M30;	
	O0631;	铣螺纹加工程序
N10	G90 G94 G40 G21 G17 G54;	程序初始化
N20	G91 G28 Z0;	
N30	G90 G00 X0 Y0;	刀具定位
N40	M03 S1200;	
N50	G00 Z20.0 M08;	
N60	G01 Z2.0 F100;	
N70	#101=0;	Z 坐标赋初始值
N80	G42 G01 X18.0 Y0 D01;	刀具定位至螺纹起点
N90	G02 I-18.0 Z#101;	加工螺旋线
N100	#101=#101-2.0;	Z 坐标减 2
N110	IF [#101 GE -16.0] GOTO 90;	条件判断
N120	G40 G01 X0 Y0;	取消刀具半径补偿
N130	G91 G28 Z0;	程序结束部分
N140	M05 M09;	
N150	M30;	

注：请自行编写钻孔、扩孔及铣孔加工程序。

在工厂，除采用图 5—34b 所示螺纹铣刀铣削内螺纹外，还采用组合式多工位专用螺纹镗铣刀（又称梳铣刀）来铣削加工内螺纹。

2. 数控加工

本例工件的孔加工次序如图 5—36 所示，其操作步骤如下：

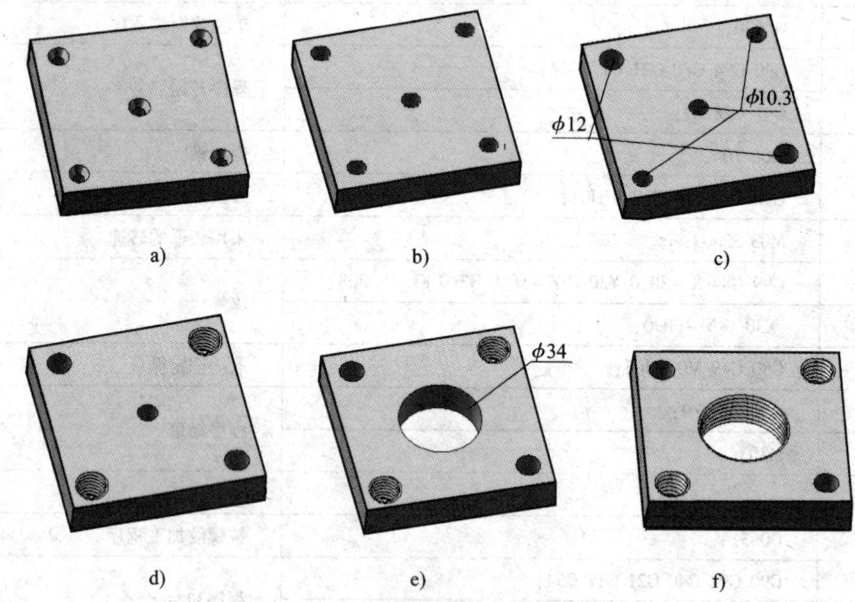

图 5—36　孔加工次序

a）中心钻定位　b）钻孔　c）扩孔　d）攻螺纹　e）铣孔　f）铣螺纹

（1）采用 A2.5 中心钻进行孔中心定位（见图 5—36a），以保证各孔之间的位置精度。

（2）直接用 ϕ10.3 mm 钻头加工出螺纹底孔（见图 5—36b）。

（3）采用 ϕ12 mm 钻头（也可采用扩孔钻）扩孔（见图 5—36c），保证孔的加工精度。

（4）采用 M12（螺距 P = 1.75 mm）丝锥攻螺纹（见图 5—36d）。

（5）采用 ϕ16 mm 立铣刀铣孔，将中心螺纹底孔铣削至 ϕ34 mm（见图 5—36e）。

（6）采用螺纹铣刀铣削内螺纹（见图 5—36f）。

项目六

数控铣床/加工中心编程技巧

任务1 极坐标编程

学习目标

1. 了解极坐标的概念及运用。
2. 掌握采用极坐标编写轮廓加工程序的方法。
3. 掌握采用极坐标编写孔加工程序的方法。

工作任务

任务要求：加工如图6—1所示零件，试编写其加工中心加工程序。

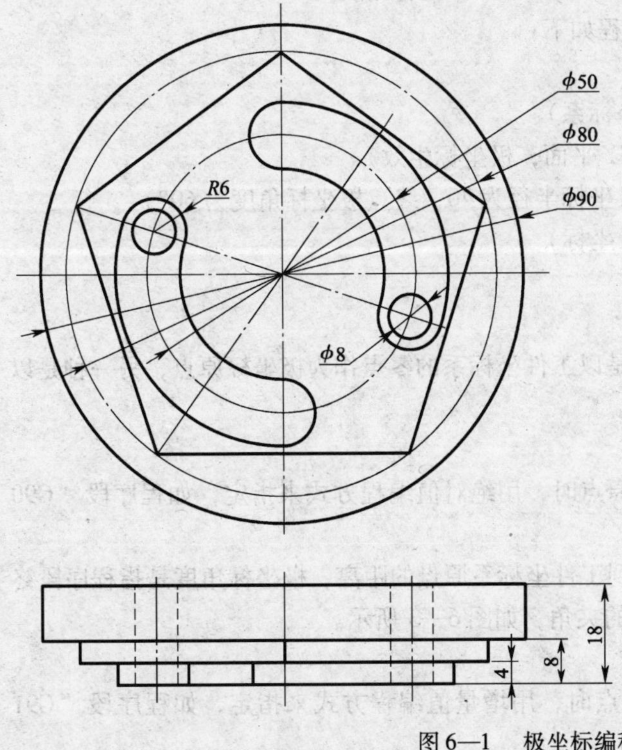

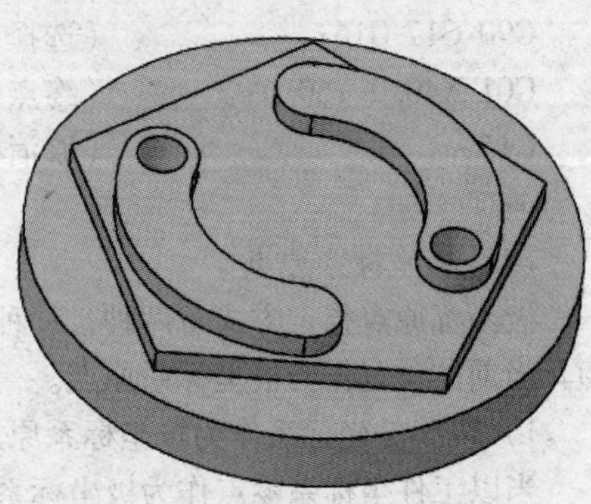

技术要求

1. 加工后表面粗糙度侧面为Ra 1.6 μ m，底面为Ra3.2 μ m。
2. 工件表面去毛刺、倒棱。

图6—1 极坐标编程实例

任务分析：加工本例工件时，如采用直角坐标系坐标进行编程，则计算复杂且容易出错，而采用极坐标系进行编程则其基点计算要方便得多。

相关理论

1. 极坐标编程

（1）极坐标指令

G16：极坐标系生效指令。

G15：极坐标系取消指令。

（2）指令说明

当使用极坐标指令时，坐标值以极坐标方式指定，即以极坐标半径和极坐标角度来确定点的位置。

1）极坐标半径

当使用 G17、G18、G19 选择好加工平面后，用所选平面的第一轴地址来指定，该值用正值表示。

2）极坐标角度

用所选平面的第二坐标地址来指定极坐标角度，极坐标的零度方向为第一坐标轴的正方向，逆时针方向为角度方向的正向。

例 如图 6—2 所示 *A* 点与 *B* 点的坐标，采用极坐标方式可描述如下：

A 点 X40. 0 Y0；（极坐标半径为 40，极坐标角度为 0°）

B 点 X40. 0 Y60. 0；（极坐标半径为 40，极坐标角度为 60°）

刀具从 *A* 点到 *B* 点采用极坐标系编程如下：

```
…
G00 X40. 0 Y0;            （直角坐标系）
G90 G17 G16;              （选择 XY 平面，极坐标生效）
G01 X40. 0 Y60. 0;        （终点极坐标半径为 40，终点极坐标角度为 60°）
G15;                      （取消极坐标）
…
```

（3）极坐标系原点

极坐标原点指定方式有两种，一种是以工件坐标系的零点作为极坐标原点，另一种是以刀具当前的位置作为极坐标系原点。

1）以工件坐标系作为极坐标系原点

当以工件坐标系零点作为极坐标系原点时，用绝对值编程方式来指定，如程序段“G90 G17 G16；”。

极坐标半径值是指程序段终点坐标到工件坐标系原点的距离，极坐标角度是指程序段终点坐标与工件坐标系原点的连线与 *X* 轴的夹角，如图 6—3 所示。

2）以刀具当前点作为极坐标系原点

当以刀具当前位置作为极坐标系原点时，用增量值编程方式来指定，如程序段“G91 G17 G16；”。

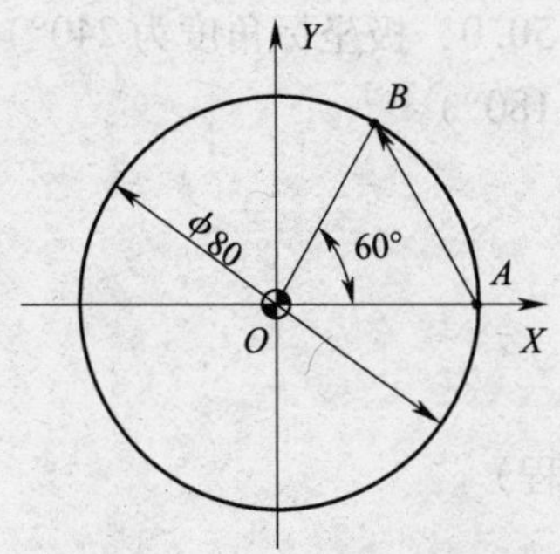

图 6—2　点的极坐标表示方法

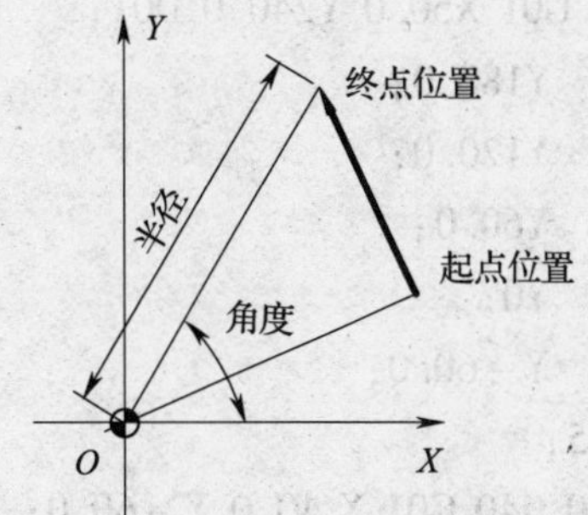

图 6—3　以工件坐标系原点作为极坐标系原点

极坐标半径值是指程序段终点坐标到刀具当前位置的距离，极坐标角度值是指前一坐标原点与当前极坐标系原点的连线与当前轨迹的夹角。

2. 极坐标系编程的应用

采用极坐标系编程，可以大大减少编程时的计算工作量。因此，在数控铣床/加工中心的编程中得到了广泛应用。通常情况下，图样尺寸以半径与角度形式标示的零件（如图 6—4 所示正多边形外形铣削）以及圆周分布的孔类零件（如图 6—5 所示法兰类零件钻孔），采用极坐标编程较为合适。

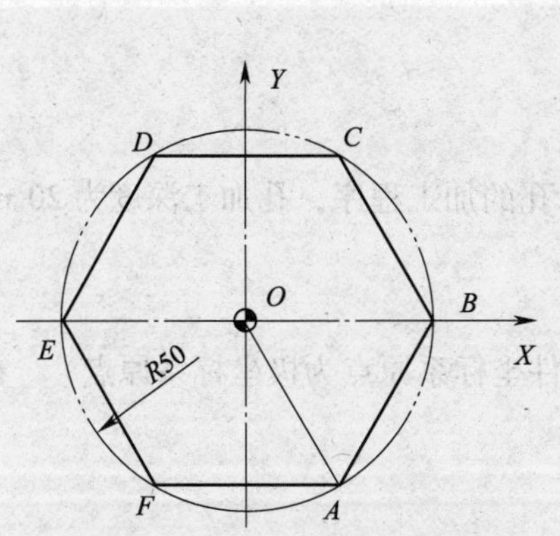

图 6—4　极坐标加工正多边形外形

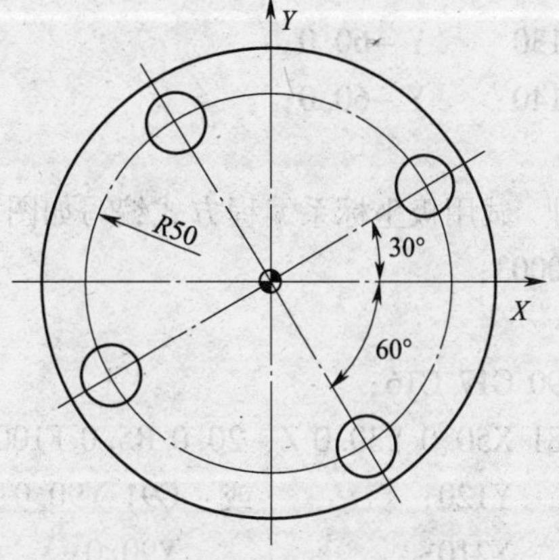

图 6—5　极坐标加工孔

例　试用极坐标系编程方式编写如图 6—4 所示正六边形外形轮廓（*Z* 向铣削深度为 5 mm）的加工程序。

O0001;

N10 G90 G94 G15 G17 G40 G80 G54;

N20 G91G28 Z0;

N30 G90 G00 X40.0 Y－60.0;

N40 G43 Z20.0 H01;

N50 M03 S500;

N60 G01 Z－5.0 F100;

N70 G41 G01 Y－43.30 D01;　　　　（刀具切入点位于轮廓的延长线上）

N80 G90 G17 G16;　　　　　　　　（设定工件坐标系原点为极坐标系原点）

```
N90 G41 G01 X50.0 Y240.0 D01;        (极坐标半径为50.0，极坐标角度为240°)
N100      Y180.0;                     (极坐标角度为180°)
N110      Y120.0;
N120      Y60.0;
N130      Y0;
N140      Y-60.0;
N150 G15;                             (取消极坐标编程)
N160 G90 G40 G01 X 40.0 Y-60.0;
N170 G49 G91 G28 Z0;
N180 M30;
```

在上例编程过程中，轮廓的角度也可采用增量方式编程，如将上例从 N100 程序段开始换成以下程序段也是可行的。但应注意，此时的增量坐标编程仅为角度增量，而不是指以刀具当前点作为极坐标系原点进行编程。

```
…
N100 G91 Y-60.0;
N110      Y-60.0;
N120      Y-60.0;
N130      Y-60.0;
N140      Y-60.0;
…
```

例 试用极坐标系编程方式编写如图 6—5 所示孔的加工程序，孔加工深度为 20 mm。

```
O0003;
…
G90 G17 G16;                        (设定工件坐标系原点为极坐标系原点)
G81 X50.0 Y30.0 Z-20.0 R5.0 F100;
    Y120;          或：G91 Y90.0;
    Y210;              Y90.0;
    Y300;              Y90.0;
G15 G80;                            (取消极坐标编程)
…
```

任务实施

1. 加工准备

（1）选择数控机床

本任务选用的机床为 TH7650 型 FANUC 0i 系统加工中心。

（2）选择刀具及切削用量

选择 $\phi16$ mm 的高速钢立铣刀作为本例工件的加工刀具。切削用量推荐值如下：切削速度 $n=500\sim600$ r/min，进给速度取 $f=100\sim200$ mm/min，铣削深度的取值等于外轮廓高度，

取 $a_p = 8$ mm。

2. 编写加工程序（表 6—1）

本例工件以轮廓上表面中心为编程原点，其加工中心加工程序见表 6—1。

表 6—1　　极坐标编程参考程序

刀具	ϕ12 mm 立铣刀	
程序段号	加工程序	程序说明
	O0062；	主程序
N10	G90 G94 G21 G40 G17 G54 G15；	程序初始化
N20	G91 G28 Z0；	*Z* 向回参考点
N30	M03 S600；	主轴正转
N40	G90 G00 X50.0 Y－50.0 M08；	刀具在 *XY* 平面中快速定位，切削液开
N50	Z20.0；	刀具 Z 向快速定位
N60	G01 Z－8.0 F100；	刀具 *Z* 向切深
N70	G17 G16；	采用极坐标编程
N80	G41 G01 X40.0 Y306.0 D01；	加工五边形
N90	Y234.0；	
N100	Y162.0；	
N110	Y90.0；	
N120	Y18.0；	
N130	Y306.0；	
N140	G40 G01 X60.0；	
N150	G01 Z－4.0；	加工左侧圆弧凸台
N160	G41 G01 X31.0 Y280.0 D01；	
N170	G02 Y162.0 R31.0；	
N180	G02 X19.0 R6.0；	
N190	G03 Y270.0 R19.0；	
N200	G02 X31.0 R6.0；	
N210	G40 G01 X60.0 Y306.0；	
N220	G41 G01 X19.0 Y306.0；	加工右侧圆弧凸台
N230	G03 Y90.0 R19.0；	
N240	G02 X31.0 R6.0；	
N250	G02 Y306.0 R31.0；	
N260	G02 X19.0 R6.0；	
N270	G40 G01 X0；	取消刀具半径补偿

续表

刀具	ϕ12 mm 立铣刀	
程序段号	加工程序	程序说明
	O0062；	主程序
N280	G15；	取消极坐标
N290	G91 G28 Z0；	程序结束部分
N300	M05；	
N310	M30；	
	O0063；	钻孔加工程序
N10	G90 G94 G21 G40 G17 G54 G15；	程序开始部分
N20	G91 G28 Z0；	
N30	M03 S600；	
N40	G90 G00 X0 Y0；	刀具定位
N50	Z30.0 M08；	
N60	G17 G16；	极坐标编程加工孔
N70	G81 X25.0 Y342.0 Z-25.0 R5.0 F100；	
N80	Y162.0；	
N90	G15 G80；	
N100	G91 G28 Z0；	程序结束部分
N110	M05；	
N120	M30；	

任务2　坐标系旋转编程

学习目标

1. 进一步掌握极坐标指令的编程方法。
2. 了解坐标系旋转的概念。
3. 掌握采用坐标系旋转编程的方法。
4. 了解采用坐标系旋转编程的注意事项。

工作任务

任务要求：用 ϕ16 mm 立铣刀加工如图 6—6 所示离合器（材料为 45 钢）上下底平面上的六个凸台，试采用坐标系旋转及极坐标指令编写其加工中心加工程序。

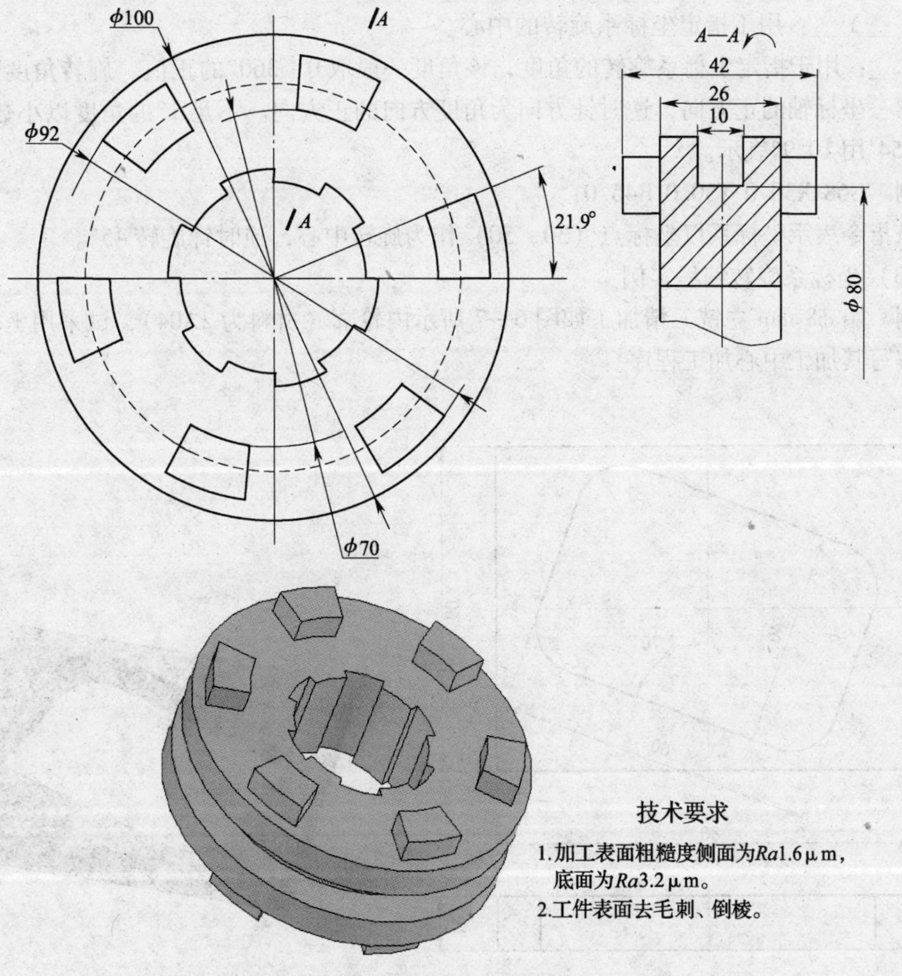

ϕ100 A ϕ92 A A—A 42 26 10 21.9° ϕ80 ϕ70

技术要求

1. 加工表面粗糙度侧面为 Ra1.6 μm，底面为 Ra3.2 μm。
2. 工件表面去毛刺、倒棱。

图 6—6　坐标系旋转编程实例

任务分析：加工本例工件时，对于单个凸台加工的子程序，可采用极坐标指令进行编程，而对于多个相同的轮廓，则可采用坐标系旋转的方式编程。

相关理论

1. 坐标系旋转指令

对于某些围绕中心旋转得到的特殊的轮廓加工，如果根据旋转后的实际加工轨迹进行编程，就可能使坐标计算的工作量大大增加，而通过图形旋转功能，可以大大简化编程的工作量。

（1）指令格式

G17 G68 X __ Y __ R __；

G69；

（2）指令说明

G68：坐标系旋转生效指令。

G69：坐标系旋转取消指令。

X __ Y __：用于指定坐标系旋转的中心。

R __：用于指定坐标系旋转的角度，该角度一般取 0～360°的正值。旋转角度的零度方向为第一坐标轴的正方向，逆时针方向为角度方向的正方向。不足 1°的角度以小数点表示，如 10°54′用 10.9°表示。

例 G68 X30.0 Y50.0 R45.0；

该指令表示坐标系以坐标点（30，50）作为旋转中心，逆时针旋转 45°。

（3）坐标系旋转编程实例

例 用 ϕ8 mm 立铣刀精加工如图 6—7 所示内轮廓（材料为 2A04），试采用坐标系旋转指令编写其加工中心加工程序。

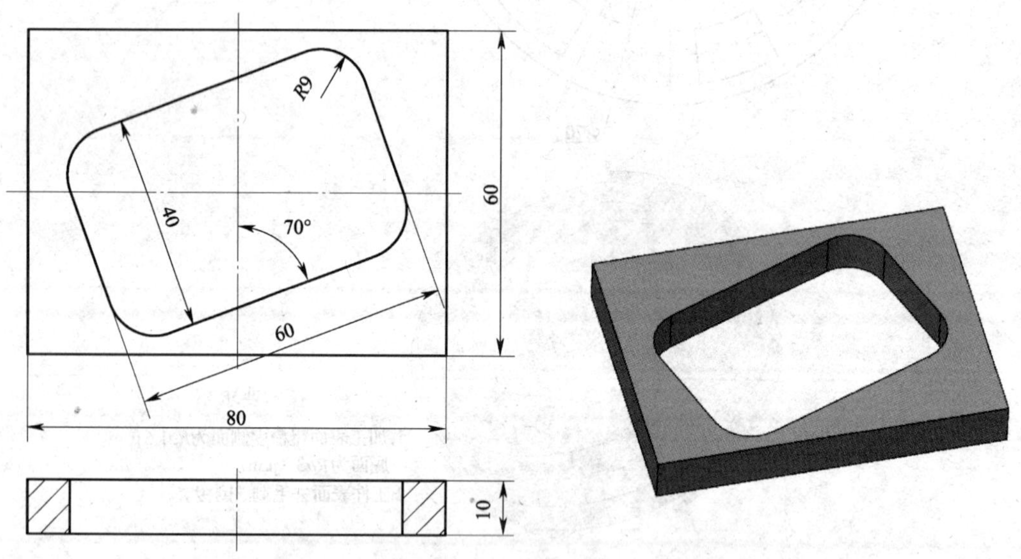

图 6—7　坐标系旋转编程实例

```
O0010；
G90 G94 G15 G17 G40 G80 G54；
G91G28 Z0；
G90 G00 X0 Y0；
Z20.0；
M03 S600；
```

```
G01 Z-12.0 F100;
G68 X0 Y0 R20.0;                    (坐标系旋转20°)
M98 P100;                           (加工内凹轮廓)
G69;
G91 G28 Z0;
M30;
O100;                               (单个内凹轮廓子程序)
G41 G01 X12.0 Y-11.0 D01;
G03 X30.0 Y-11.0 R9.0;
G01 Y11.0;
G03 X21.0 Y20.0 R9.0;
G01 X-21.0;
G03 X-30.0 Y11.0 R9.0;
G01 Y-11.0;
G03 X-21.0 Y-20.0 R9.0;
G01 X21.0;
G40 G01 X0 Y0;
M99;
```

例 如图6—8所示的外形轮廓 *B* 和 *C*，其中外形轮廓 *B* 由外形轮廓 *A* 绕坐标点 *M*（-25.98，-15.0）旋转135°所得；外形轮廓 *C* 由外形轮廓 *A* 绕坐标点 *N*（25.98，15.0）旋转295°所得。试编写轮廓 *B* 和轮廓 *C* 的加工程序。

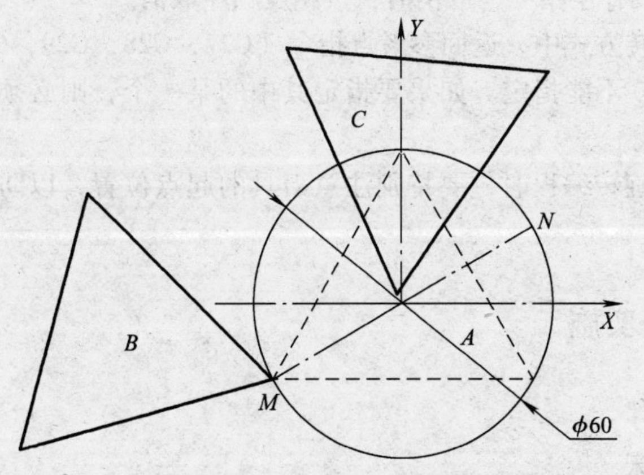

图6—8 坐标旋转编程实例2

```
O0010;
…
G68 X-25.98 Y-15.0 R135.0;          (坐标系绕坐标点M旋转135°)
G41 G01 X-30.0 Y-15.0 D01 F100;     (加工轮廓B)
    X25.98;
```

```
X0 Y30.0;
X-25.98 Y-15.0;
G40 G01 X-30.0 Y-30.0;
G69;                                   (先取消刀补，再取消坐标系旋转)
…
G68 X25.98 Y15.0 R295.0;               (坐标系绕坐标点N旋转295.0°)
G41 G01 X-30.0 Y-15.0 D01 F100;        (加工轮廓C)
    X25.98;
X0 Y30.0;
X-25.98 Y-15.0;
G40 G01 X-30.0 Y-30.0;
G69;                                   (先取消刀补，再取消坐标系旋转)
…
```

想一想，编制本例工件的加工程序时，其刀具的起刀点应位于何处？为什么？

2. 坐标系旋转编程注意事项

（1）在坐标系旋转取消指令（G69）以后的第一个移动指令必须用绝对值指定。如果采用增量值指令，则不执行正确的移动。

（2）在坐标系旋转编程过程中，如需采用刀具补偿指令进行编程，则需在指定坐标系旋转指令后再指定刀具补偿指令，取消时，按相反顺序取消。

（3）在坐标系旋转方式中，返回参考点指令（G27，G28，G29，G30）和改变坐标系指令（G54～G59，G92）不能指定。如果要指定其中的某一个，则必须在取消坐标系旋转指令后指定。

（4）采用坐标系旋转编程时，要特别注意刀具的起点位置，以防加工过程中产生过切现象。

任务实施

1. 加工准备

（1）选择数控机床

本任务选用的机床为TH7650型FANUC 0i系统加工中心。

（2）选择刀具及切削用量

选择ϕ16 mm的高速钢立铣刀作为本例工件的加工刀具。切削用量推荐值如下：切削速度$n=600\sim800$ r/min，进给速度取$f=100\sim200$ mm/min，铣削深度的取值等于轮廓高度，取$a_p=8$ mm。

2. 编写加工程序

本例工件的加工中心加工程序见表6—2。

表 6—2 **坐标旋转编程**

刀具	T01：ϕ16 mm 立铣刀	
程序段号	加工程序	程序说明
	O0010；	程序号
N10	G90 G94 G40 G21 G17 G54；	程序初始化
N20	G91 G28 Z0；	主轴 Z 向回参考点
N30	M06 T01；	刀具交换并更换转速
N40	M03 S600；	
N50	G90 G00 X0 Y0；	刀具定位
N60	G43 Z20.0 H01 M08；	
N70	G01 Z-8.0 F200；	
N80	M98 P100；	加工第一个凸台
N90	G68 X0 Y0 R60.0；	坐标系旋转 60°
N100	M98 P100；	加工第二个凸台
N110	G69；	取消坐标系旋转
N120	G68 X0 Y0 R120.0；	坐标系旋转 120°
N130	M98 P100；	加工第三个凸台
N140	G69；	取消坐标系旋转
N150	G68 X0 Y0 R180.0；	坐标系旋转 180°
N160	M98 P100；	加工第四个凸台
N170	G69；	取消坐标系旋转
N180	G68 X0 Y0 R240.0；	坐标系旋转 240°
N190	M98 P100；	加工第五个凸台
N200	G69；	取消坐标系旋转
N210	G68 X0 Y0 R300.0；	坐标系旋转 300°
N220	M98 P100；	加工第六个凸台
N230	G69；	取消坐标系旋转
N240	G91 G28 Z0；	程序结束
N250	M30；	

	O100；	单个凸台加工子程序
N10	G17 G16；	极坐标生效
N20	G41 G01 X35.0 Y-10.0 D01；	加工单个凸台
N30	G03 X35.0 Y21.9 R35.0；	
N40	G01 X46.0；	
N50	G02 X46.0 Y0 R46.0；	
N60	G01 X25.0；	
N70	G40 G01 X25.0 Y60.0；	
N80	G15；	极坐标取消
N90	M99；	返回主程序

任务3　坐标镜像编程

1. 了解坐标镜像的概念。
2. 掌握采用坐标镜像编程的方法。
3. 了解采用坐标镜像编程的注意事项。
4. 了解比例缩放的概念及其编程方法。

工作任务

任务要求：用 ϕ10 mm 立铣刀加工如图 6—9 所示零件，试采用镜像指令编写其加工中心加工程序。

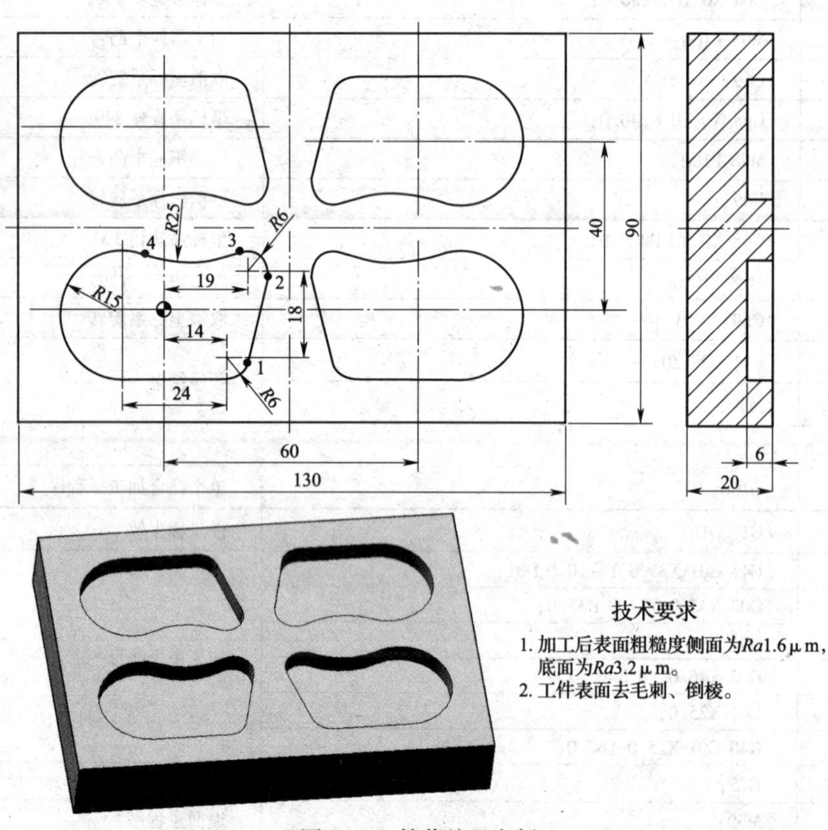

图 6—9　镜像编程实例

任务分析：本例工件的四个内轮廓是沿中心线对称分布的。对于这种类型的工件，在数控加工过程中，如采用坐标镜像编程，则程序简单明了。

相关理论

1. 可编程镜像指令

使用可编程镜像指令可实现沿某一坐标轴或某一坐标点的对称加工。在一些老的数控系统中通常采用 M 指令来实现镜像加工，在 FANUC 0i 及更新版本的数控系统中则采用 G51 或 G51.1 来实现镜像加工。

指令格式：

格式一

G17 G51.1 X __ Y __；

G50.1 X __ Y __；

X __ Y __用于指定对称轴或对称点。当 G51.1 指令后仅有一个坐标字时，该镜像是以某一坐标轴为镜像轴的。如下例所示：

例 G51.1 X10.0；

上例表示沿某一轴线进行镜像，该轴线与 Y 轴平行且与 X 轴在 $X=10.0$ 处相交。

当 G51.1 指令中同时有 X 和 Y 坐标字时，表示该镜像是以某一点作为对称点进行镜像的。例如以点（10，10）作为对称点的镜像指令如下：

例 G51.1 X10.0 Y10.0；

G50.1；表示取消镜像。

格式二

G17 G51 X __ Y __ I __ J __；

G50；

使用这种格式时，指令中的 I、J 值一定是负值，如果其值为正值，则该指令就变成了缩放指令。另外，如果 I、J 值虽是负值但不等于 -1，则执行该指令时，既进行镜像又进行缩放。如下指令所示：

例 G17 G51 X10.0 Y10.0 I-1.0 J-1.0；

执行该指令时，程序以坐标点（10.0，10.0）进行镜像，不进行缩放。

例 G17 G51 X10.0 Y10.0 I-2.0 J-1.5；

执行该指令时，程序在以坐标点（10.0，10.0）进行镜像的同时，还要进行比例缩放，其中 X 轴方向的缩放比例为 2.0，而 Y 轴方向的缩放比例为 1.5。

同样，“G50”表示取消镜像。

2. 镜像编程实例

例 用 ϕ10 mm 立铣刀加工如图 6—10 所示外形轮廓，试编写其加工程序。

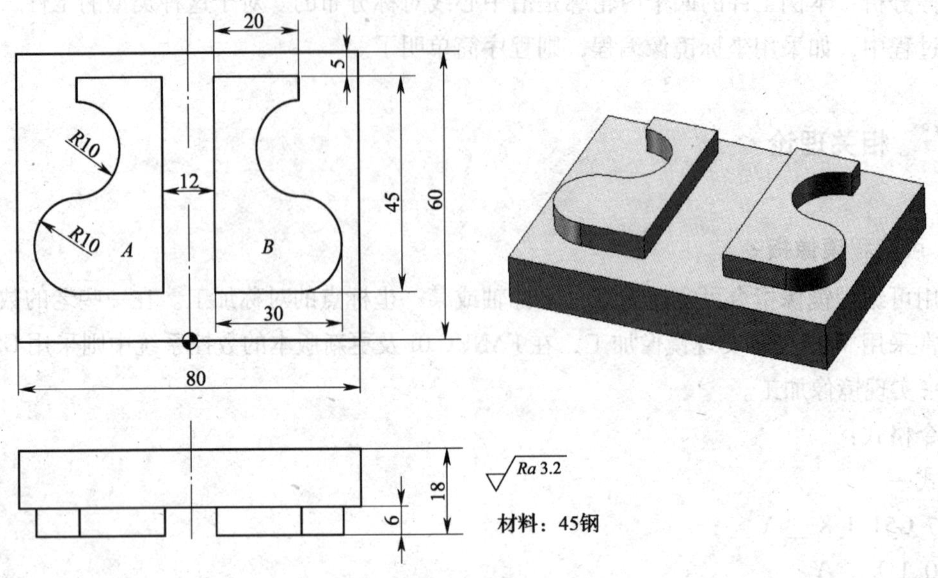

图 6—10　坐标镜像编程实例

```
O0007;                    (主程序)
…
G00 X0 Y-15.0;
M03 S500;
G01 Z-6.0 F100;
M98 P300;                 (调用子程序加工轨迹 A)
G51 X0 Y0 I-1.0 J1.0;
M98 P300;                 (调用子程序加工轨迹 B)
G50;
…
O300;(子程序)
G41 G01 X0 Y10.0 D01;
X-26.0;
G02 Y30.0 R10.0;
G03 Y50.0 R10.0;
G01 Y55.0;
X-6.0;
Y0;
G40 G01 X0 Y-15.0;
M99;
```

3. 镜像编程的注意事项

(1) 在指定平面内执行镜像指令时，如果程序中有圆弧指令，则圆弧的旋转方向相反，即 G02 变成 G03，相应地，G03 变成 G02。

（2）在指定平面内执行镜像指令时，如果程序中有刀具半径补偿指令，则刀具半径补偿的偏置方向相反，即 G41 变成 G42，相应地，G42 变成 G41。

（3）在可编程镜像方式中，返回参考点指令（G27，G28，G29，G30）和改变坐标系指令（G54 ~ G59，G92）不能指定。如果要指定其中的某一个，则必须在取消可编程镜像指令后指定。

（4）在使用镜像功能时，由于数控镗、铣床的 *Z* 轴一般安装有刀具，所以，*Z* 轴一般都不进行镜像加工。

任务实施

1．加工准备

（1）选择数控机床

本任务选用的机床为 TH7650 型 FANUC 0i 系统加工中心。

（2）选择刀具及切削用量

选择 $\phi16$ mm 的高速钢立铣刀作为本例工件的加工刀具。切削用量推荐值如下：切削速度 $n=500\sim600$ r/ min，进给速度取 $f=100\sim200$ mm/min，铣削深度的取值等于轮廓高度，取 $a_p=6$ mm。

2．编写加工程序

（1）计算基点坐标

如图 6—11 所示，采用 CAD 绘图分析方法得出的局部基点坐标如下：

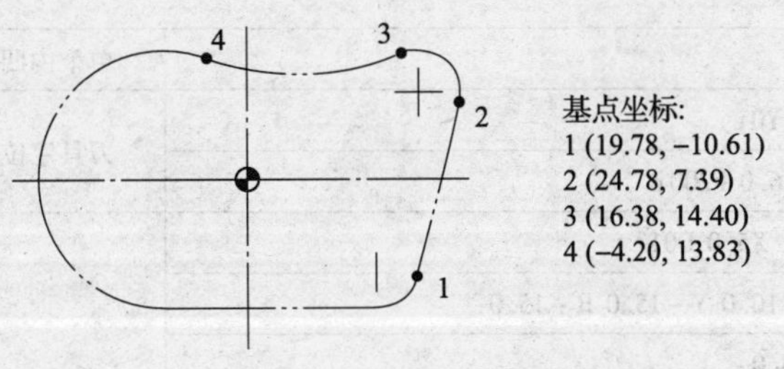

图 6—11　基点坐标

（2）编制加工程序

本例工件的加工中心加工程序见表 6—3。

表 6—3　　坐标镜像编程实例参考程序

刀具	T01：$\phi16$ mm 立铣刀	
程序段号	加工程序	程序说明
	O0010；	程序号
N10	G90 G94 G40 G21 G17 G54；	程序初始化
N20	G91 G28 Z0；	主轴 *Z* 向回参考点

续表

刀具	T01：ϕ16 mm 立铣刀	
程序段号	加工程序	程序说明
	O0010；	程序号
N30	M06 T01；	刀具交换并更换转速
N40	M03 S600；	
N50	G90 G00 X0 Y0；	刀具定位
N60	G43 Z20.0 H01 M08；	
N70	M98 P500；	加工左下方第一个内凹轮廓
N80	G51 X30.0 Y0 I－1.0 J1.0；	沿 $X=30$ 且平行于 Y 轴的轴线镜像
N90	M98 P500；	加工右下方第二个内凹轮廓
N100	G50；	取消坐标镜像
N110	G51 X0 Y20.0 I1.0 J－1.0；	沿 $Y=20$ 且平行于 X 轴的轴线镜像
N120	M98 P500；	加工左上方第三个内凹轮廓
N130	G50；	取消坐标镜像
N140	G51 X30.0 Y20.0 I－1.0 J－1.0；	沿 $X=30$，$Y=20$ 的坐标点镜像
N150	M98 P500；	加工右上方第四个内凹轮廓
N160	G50；	取消坐标镜像
N170	G91 G28 Z0；	程序结束
N180	M30；	

	O500；	单个内凹轮廓加工子程序
N10	G00 X0 Y0；	刀具定位
N20	G01 Z－6.0 F200；	
N30	G41 G01 X5.0 D01；	加工单个内凹轮廓
N40	G03 X－10.0 Y－15.0 R－15.0；	
N50	G01 X14.0；	
N60	G03 X19.78 Y－10.61 R6.0；	
N70	G01 X24.78 Y7.39；	
N80	G03 X16.38 Y14.40 R6.0；	
N90	G02 X－4.20 Y13.83 R25.0；	
N100	G40 G01 X0 Y0；	
N110	G00 Z5.0；	刀具抬起
N120	M99；	返回主程序

项目七

宏程序编程

任务1　多孔加工中的宏程序编程

学习目标

1. 掌握宏程序及变量的概念。
2. 了解宏程序的编程方法。
3. 学会采用 B 类宏程序编写直线均布孔的加工程序。
4. 学会采用 B 类宏程序编写圆周均布孔的加工程序。

工作任务

任务要求：加工如图7—1 所示直线均布孔（工件厚度为15 mm），试编写其加工中心加工程序。

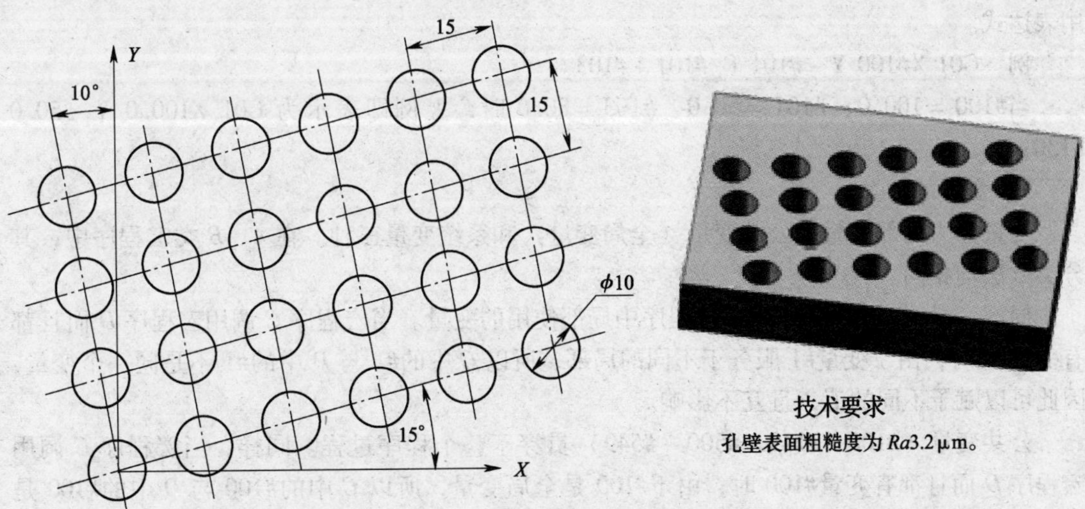

图7—1　多孔加工宏程序编程实例

任务分析：本例工件如采用一般的编程方法编写加工程序，则每一个孔均需计算其基点坐标，而且每一个孔均需编写单独的程序段。这样在编程和加工过程中容易引起编程和程序输入等方面的错误。而采用宏程序编写该工件的加工程序段，程序简单且不需要计算孔的基点坐标。

相关理论

1. 宏程序的基本概念

（1）宏程序的定义

一组以子程序的形式存储并带有变量的程序称为用户宏程序，简称宏程序；调用宏程序的指令称为用户宏程序指令或宏程序调用指令（简称宏指令）。

普通程序的程序字为常量，一个程序只能描述一个几何形状，所以缺乏灵活性和适用性。而在用户宏程序的本体中，可以使用变量进行编程，还可以用宏指令对这些变量进行赋值、运算等处理。使用宏程序能执行一些按一定规律变化（如非圆二次曲线轮廓）的动作。

宏程序分 A 类和 B 类两种，FANUC 0i 系统采用 B 类宏程序进行编程。

（2）宏程序中的变量

在常规的主程序和子程序内，总是将一个具体的数值赋给一个地址，为了使程序更加具有通用性、灵活性，在宏程序中设置了变量。

1）变量的表示

一个变量由符号“#”和变量序号组成，如：#I（I = 1，2，3，…）。此外，变量还可以用表达式表示，但其表达式必须全部写入“［ ］”中。

例　#100，#500，#5，#［#1 + #2 + 10］；

2）变量的引用

将跟随在地址符后的数值用变量来代替的过程称为引用变量。同样，引用变量也可以采用表达式。

例　G01 X#100 Y – #101 F[#101 + #103]；

当#100 = 100.0、#101 = 50.0、#103 = 80.0 时，上例即表示为 G01 X100.0 Y – 50.0 F130；

3）变量的种类

变量分为局部变量、公共变量（全局变量）和系统变量三种。在 *A*、*B* 类宏程序中，其分类方法均相同。

局部变量（#1 ~ #33）是在宏程序中局部使用的变量。当宏程序 *C* 调用宏程序 *D* 而且都有变量#1 时，由于变量#1 服务于不同的局部，所以 *C* 中的#1 与 *D* 中的#1 不是同一个变量，因此可以赋予不同的值，且互不影响。

公共变量（#100 ~ #149、#500 ~ #549）贯穿于整个程序过程。同样，当宏程序 *C* 调用宏程序 *D* 而且都有变量#100 时，由于#100 是全局变量，所以 *C* 中的#100 与 *D* 中的#100 是同一个变量。实际加工时，常采用公共变量进行编程。

系统变量是指有固定用途的变量，它的值决定系统的状态。系统变量包括刀具偏置值变量、接口输入与接口输出信号变量及位置信号变量等。

2. 宏程序编程

(1) 变量的赋值

变量的赋值方法有两种，即直接赋值和引数赋值，其中直接赋值的方法较为直观、方便，其书写格式如下：

例　#100 = 100.0；

#101 = 30.0 + 20.0；

(2) 宏程序运算指令

宏程序的运算类似于数学运算，用各种数学符号来表示。常用运算指令见表7—1。

表7—1　**变量的各种运算**

功能	格式	备注与具体示例
定义、转换	#i = #j	#100 = #1，#100 = 30.0
加法	#i = #j + #k	#100 = #1 + #2
减法	#i = #j - #k	#100 = #1 - #2
乘法	#i = #j * #k	#100 = #1 * #2
除法	#i = #j/#k	#100 = #1/#2
正弦	#i = SIN [#j]	#100 = SIN [#1] #100 = COS [36.3 + #2] #100 = ATAN [#1] / [#2]
反正弦	#i = ASIN [#j]	
余弦	#i = COS [#j]	
反余弦	#i = ACOS [#j]	
正切	#i = TAN [#j]	
反正切	#i = ATAN [#j] / [#k]	
平方根	#i = SQRT [#j]	#100 = SQRT [#1 * #1 - 100] #100 = EXP [#1]
绝对值	#i = ABS [#j]	
舍入	#i = ROUND [#j]	
上取整	#i = FIX [#j]	
下取整	#i = FUP [#j]	
自然对数	#i = LN [#j]	
指数函数	#i = EXP [#j]	
或	#i = #j OR #k	逻辑运算一位一位地按二进制执行
异或	#i = #j XOR #k	
与	#i = #j AND #k	

宏程序计算说明如下：

1) 函数SIN、COS等的角度单位是度，分和秒要换算成带小数点的度。如90°30′表示为90.5°，而30°18′表示为30.3°。

2) 宏程序数学计算的次序依次为：函数运算（SIN、COS、ATAN等），乘和除运算（*、/、AND等），加和减运算（+、-、OR、XOR等）。

3) 函数中的括号用于改变运算次序，允许嵌套使用，但最多只允许嵌套5级。

例 #1 = SIN [[[#2 + #3] *4 + #5] / #6];

(3) 宏程序转移指令

控制指令起控制程序流向的作用。

1) 分支语句

格式一 GOTO n;

这是无条件转移语句，当执行该程序时，无条件转移到 n 程序段执行。

例 GOTO 1000;

格式二 IF [条件表达式] GOTO n;

这是有条件转移语句，如果条件成立，则转到 n 程序段执行，如果条件不成立，则执行下一句程序。

例 IF [#1 GT #100] GOTO 1000;

条件表达式的种类见表 7—2。

表 7—2 **条件表达式种类**

条件式	意义	具体示例
#i EQ #j	等于（=）	IF [#5 EQ #6] GOTO 100;
#i NE #j	不等于（≠）	IF [#5 NE 100] GOTO 100;
#i GT #j	大于（>）	IF [#5 GT #6] GOTO 100;
#i GE #j	大于或等于（≥）	IF [#5 GE 100] GOTO 100;
#i LT #j	小于（<）	IF [#5 LT #6] GOTO 100;
#i LE #j	小于或等于（≤）	IF [#5 LE 100] GOTO 100;

2) 循环指令

WHILE [条件表达式] DO m（m =1、2、3、…）;

…

END m;

当条件满足时，就循环执行 WHILE 与 END 之间的程序段 m 次，当条件不满足时，就执行“END m;”的下一个程序段。

3. 宏程序编程示例

例 加工如图 7—2 所示直线均布孔（工件厚度为 12 mm），试编写其加工中心加工程序。

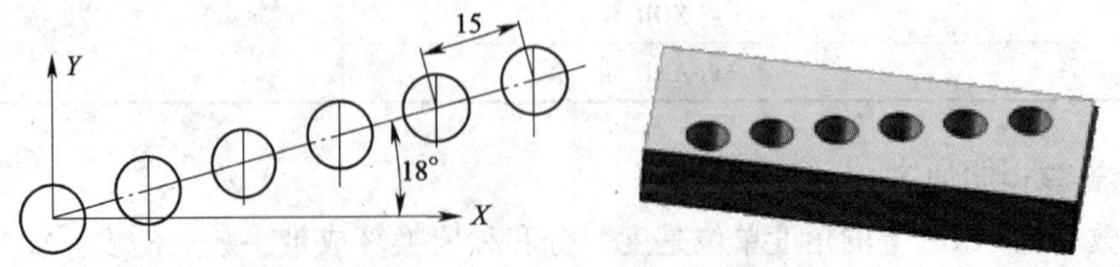

图 7—2 宏程序编程实例

课题分析：采用宏程序编写本例工件的加工程序时，采用以下变量进行运算。

#101：图中各孔的 X 坐标。

#102：图中各孔的 Y 坐标。

#103：中间变量，其余各孔与第一个孔的孔中心距。

```
O0010;
G90 G94 G50 G17 G54 F100;
G91 G28 Z0;
M06 T01;
M03 S600;
G90 G43 G00 Z20.0 H01 M08;
#103 =0;                                  (孔距变量)
N300 #101 =#103 * COS [18.0];             (各孔中心的 X 坐标值)
#102 =#103 * SIN [18.0];                  (各孔中心的 Y 坐标值)
G99 G81 X#101 Y#102 Z -20.0 R3.0 F50;
#103 =#103 +15.0;                         (孔距每次增加 15 mm)
IF [#103 LE 75.0] GOTO 300;               (条件判断)
G80 G49 M09;                              (取消固定循环)
G91 G28 Z0
M30;      (程序结束)
```

例 加工如图 7—3 所示的圆周均布孔，试采用 FANUC 指令编写其加工程序。

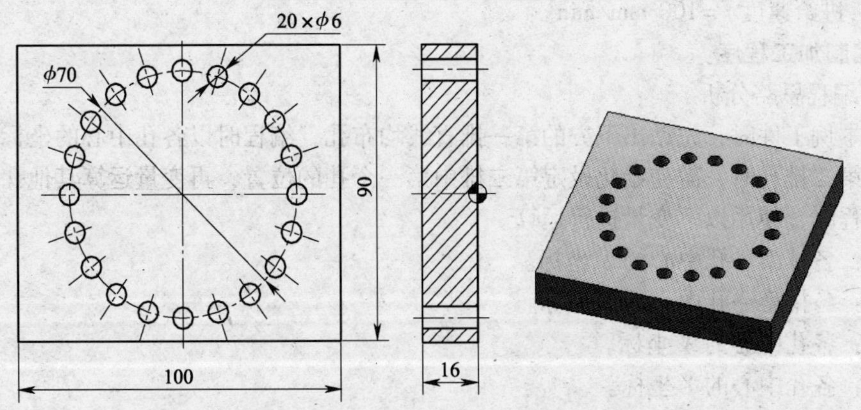

图 7—3　宏程序加工圆周均布孔实例

在本例编程过程中，用变量“#100”作为圆周均布孔的角度变量，分别用变量“#101”和变量“#102”代表圆周均布孔中心的 X 坐标和 Y 坐标。则变量的计算如下所示：

```
#101 =35.0 * COS [#100];
#102 =35.0 * SIN [#100]。
O0032;
G90 G94 G40 G21 G80 G54;
G91 G28 Z0;
G90 G00 X -50.0 Y -50.0;
M03 S600;
G00 Z50.0 M08;
```

```
#100 =0.0;                                   (角度变量赋初值)
N100  #101 =35.0 * COS [#100];               (孔中心 X 坐标)
#102 =35.0 * SIN [#100];                     (孔中心 Y 坐标)
G81 X#101 Y#102 Z -25.0 R5.0 F100;           (加工孔)
#100 =#100 +18.0;                            (角度每次增大 18°)
IF [#100 LT 360.0] GOTO 100;                 (如果角度小于 360°，则返回 N100)
G80;
G00 Z100.0;
M05 M09;
M30;
```

任务实施

1. 操作准备

(1) 选择机床

本例选用的机床为 FANUC 0i 系统的 TH7650 型数控铣床。

(2) 选择刀具和切削用量

本例加工过程中使用的刀具为 ϕ10 mm 的钻头，切削用量推荐值如下：切削速度 n = 600 r/min，进给速度 f = 100 mm/min。

2. 编制加工程序

(1) 编程思路分析

加工本例工件时，先钻出下方的第一排直线均布孔，编程时以各孔中心的坐标值作为变量。加工第二排孔时，需初始化设定第二排中第一个孔的位置，再变量运算其他孔中心的坐标值。编程时，使用以下变量进行运算。

#101：各排第一孔中心的 X 坐标。

#102：各排第一孔中心的 Y 坐标。

#103：各孔中心的 X 坐标。

#104：各孔中心的 Y 坐标。

#105：各孔与第一列孔间的距离。

(2) 编制加工程序

本例工件的加工中心加工程序见表 7—3。

表 7—3　　多孔加工宏程序编程

加工程序	程序说明
O0010;	主程序
G90 G94 G50 G17 G54 F100;	程序开始
G91 G28 Z0;	
M06 T01;	
M03 S600;	
G90 G43 G00 Z20.0 H01 M08;	

续表

加 工 程 序	程 序 说 明
#101 =0；	各排第一孔中心的 X 坐标
#102 =0；	各排第一孔中心的 Y 坐标
N100 #105 =0；	各孔与第一列孔间的距离
N200 #103 = #101 + #105 * COS [15.0]；	各孔中心的 X 坐标
#104 = #102 + #105 * SIN [15.0]；	各孔中心的 Y 坐标
G99 G81 X#101 Y#102 Z -20.0 R3.0 F100；	孔加工
#105 = #105 + 15.0；	计算各孔与第一列孔间的距离
IF [#105 LE 75] GOTO 200；	条件判断
#101 = #101 - 15.0 * SIN [10.0]； #102 = #102 + 15.0 * COS [10.0]；	计算各排第一个孔的坐标
IF [#102 LE 45.0] GOTO 100；	条件判断
G80 G49 M09；	取消固定循环
G91 G28 Z0 M30；	程序结束

任务 2　多轮廓加工中的宏程序编程

学习目标

1. 进一步熟悉宏程序的编程方法。
2. 掌握坐标系旋转中的宏程序编程技巧。
3. 掌握坐标平移中的宏程序编程技巧。
4. 掌握螺纹铣削中的宏程序编程技巧。

工作任务

任务要求：用 $\phi 8$ mm 的键槽铣刀加工如图 7—4 所示的网格形内型腔，试采用 FANUC 指令编写其数控铣加工程序。

任务分析：采用手工编程方式编写本例工件的加工程序时，如采用一般的子程序指令编程，则其加工程序极为复杂，且须计算每个型腔的基点坐标，编程与程序的输入极不方便。如在编程过程中采用宏程序结合坐标平移的方式编程，则程序简单明了，通俗易懂。

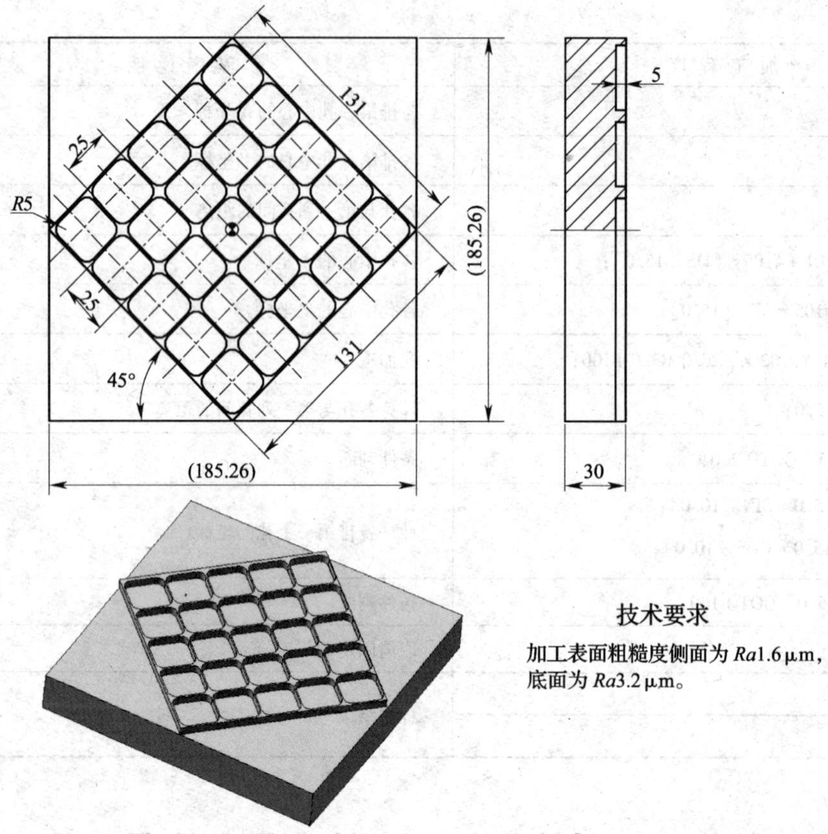

图 7—4　宏程序加工均布轮廓实例

相关理论

1. 坐标系旋转中的宏程序编程技巧

例　如图 7—5 所示工件，毛坯尺寸为 $\phi80$ mm × 15 mm，试编写其加工程序。

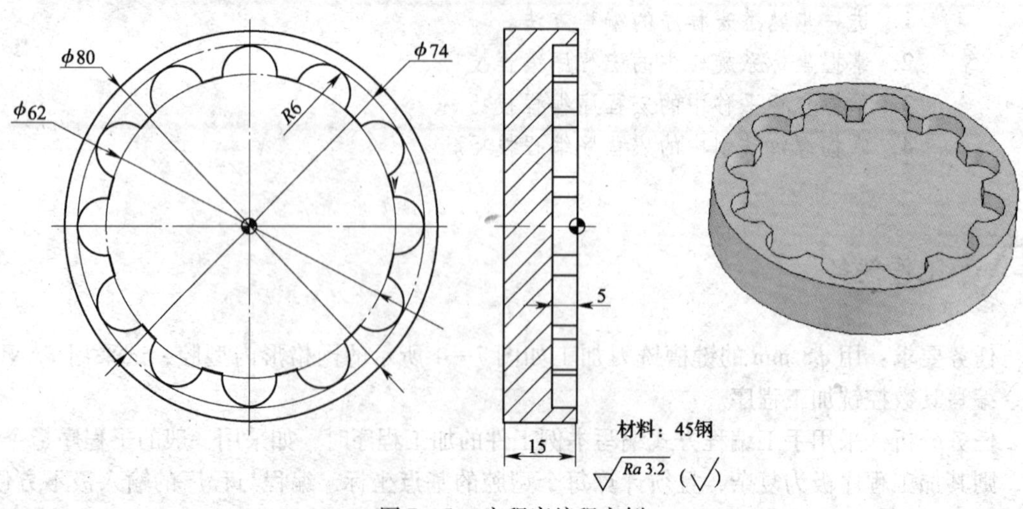

图 7—5　宏程序编程实例

例题分析：加工本例工件时，如仅以坐标系旋转方式进行编程，则程序较长。如能采用坐标系旋转结合宏程序进行编程，可简化编程过程中的基点计算，提高编程效率。编程时，以所旋转的角度作为变量（#100），每次增量为30°（#100 = #100 + 30.0）。

```
O317;                              （主程序）
G90 G94 G21 G40 G54;               （程序初始化）
G91 G28 Z0;                        （Z 轴回参考点）
G90 G00 X0.0 Y0.0;                 （快速点定位）
Z20.0;
M03 S500;                          （主轴正转，转速 500 r/min）
G01 Z-5.0 F100;
G41 G01 X31.0 D01;
G03 I-31.0;
G40 G01 X0 Y0;
#100 = 0.0;                        （旋转角度参数）
N100 G68 X0 Y0 R#100;              （旋转#100）
G01 X15.0 Y0;
G41 G01 X25.0 Y0 D01;
G03 I6.0;                          （加工 R6 mm 凹槽）
G40 G01 X15.0 Y0.0;
G69;                               （取消旋转）
#100 = #100 + 30.0;                （旋转角度等于#100 + 30.0°）
IF [#100 LE 330.0] GOTO 100;       （条件判断）
G91 G28 Z0;
M05;
M30;
```

2. 坐标平移中的宏程序编程技巧

例 加工如图 4—19 所示的工件，在一次装夹中加工 5 行 8 列共计 40 个零件，行间距和列间距均为 70 mm，试编写其加工程序。

例题分析：加工本例工件时，主程序采用局部坐标系再结合宏程序进行编程（子程序不变），编程过程中使用以下变量进行运算。

#101：X 坐标变量。

#102：Y 坐标变量。

```
O074;
G90 G94 G40 G21 G54;
G91 G28 Z0;
G90 G00 X0 Y0;
M03 S600;
G00 Z10.0 M08;
#102 = 0;                              （Y 坐标的初始值）
```

```
N100 #101=0;                         (X 坐标的初始值)
N200 G52 X#101 Y#102;                (坐标系平移)
M98 P100;                            (调用子程序加工单个零件)
#101=#101+70.0;                      (X 坐标每次增大 70 mm)
IF [#101 LE 490.0] GOTO 200;         (如果 X 坐标小于或等于 490.0，则返回 N200)
#102=#102+70.0;                      (Y 坐标每次增大 70 mm)
IF [#102 LE 280.0] GOTO 100;         (如果 Y 坐标小于或等于 280.0，则返回 N100)
G52 X0 Y0;
G00 Z100.0;
M05 M09;
M30;
```

3. 螺纹加工过程中的宏程序编程技巧

例 在数控铣床上加工如图 7—6 所示内螺纹，在内螺纹加工前其底孔已加工完成（底孔直径为 38.5 mm），试编写其数控铣加工程序。

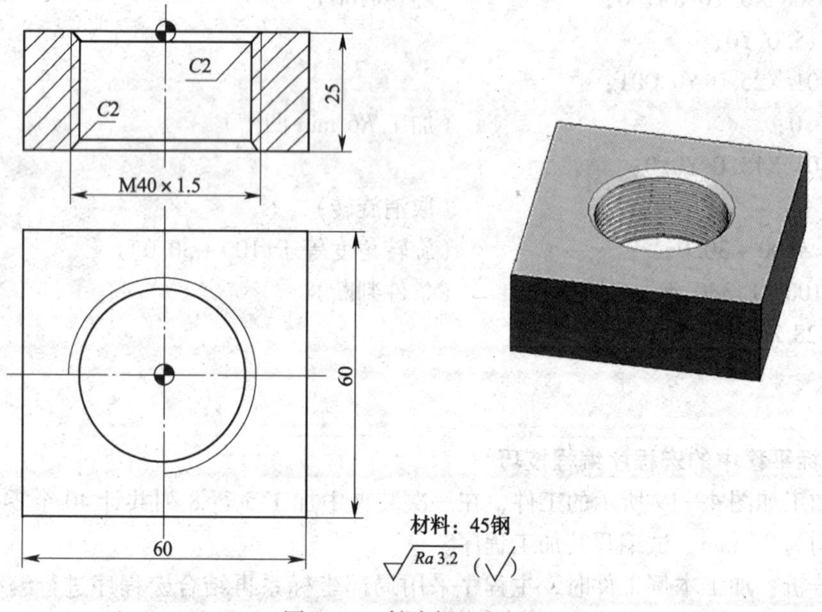

图 7—6 铣内螺纹实例

例题分析：本例中，采用宏程序结合螺旋指令进行编程，其实质是通过宏程序将多个螺旋线首尾相连。在编程过程中，用变量“#101”表示每条螺旋线的终点 Z 坐标，则每条相连的螺旋线终点的 Z 坐标相差一个螺距。

```
O0033;
G90 G94 G40 G21 G17 G54;
G91 G28 Z0;
G90 G00 X0 Y0;
M03 S600;
G00 Z20.0 M08;
```

```
G01 Z2.0 F100;                  （刀具下降至 Z 向起刀点）
#101 =0.5;                      （螺旋线终点的 Z 坐标）
G41 G01 X20.0 Y0 D01;           （螺旋线起始点）
N100 G02 I-20.0 Z=#101;         （加工螺旋线）
#101 =#101 -1.5;                （计算下一条螺旋线 Z 向终点坐标）
IF [#101 GT -28.0] GOTO 100;
G40 G01 X0.0 Y0.0;
G91 G28 Z0;
M05 M09;
M30;
```

任务实施

1. 编程思路分析

在本例编程过程中，先将工件坐标系旋转 45°，再分别用变量“#101”和变量“#102”代表各内型腔中心在旋转后的工件坐标系中的 X 坐标和 Y 坐标。则变量“#101”的初始值为 -52.0，变量“#102”的初始值也为 -52.0。

2. 编制加工程序

本例工件数控铣加工程序见表 7—4。

表 7—4　　坐标系旋转编程

刀具	T01：φ16 mm 立铣刀	
程序段号	加工程序	程序说明
	O0010;	程序号
N10	G90 G94 G40 G21 G17 G54;	程序初始化
N20	G91 G28 Z0;	程序开始部分
N30	G90 G00 X-50.0 Y-50.0;	
N40	M03 S600;	
N50	G00 Z50.0 M08;	
N60	G68 X0 Y0 R45.0;	坐标系旋转 45°
N70	#102 = -52.0;	内型腔中心 Y 坐标的初始值
N80	#101 = -52.0;	内型腔中心 X 坐标的初始值
N90	G52 X#101 Y#102;	将工件坐标系平移至内型腔中心
N100	G00 X0 Y0;	刀具定位至当前加工的内型腔中心
N110	Z5.0;	
N120	M98 P340;	调用子程序加工内型腔
N130	#101 =#101 +26.0;	X 坐标每次增大 26 mm
N140	IF [#101 LE 52.0] GOTO 90;	如果 X 坐标小于或等于 52.0，则返回 N90
N150	#102 =#102 +26.0;	Y 坐标每次增大 26 mm

续表

刀具	T01：ϕ16 mm 立铣刀	
程序段号	加工程序	程序说明
	O0010；	程序号
N160	IF [#102 LE 52.0] GOTO 80；	如果 *Y* 坐标小于或等于 52.0，则返回 N80
N170	G52 X0 Y0；	程序结束部分
N180	G69；	
N190	G00 Z100.0；	
N200	M05 M09；	
N210	M30；	

	O0340；	内型腔加工子程序
N10	G01 Z-5.0 F100；	加工单个内型腔
N20	G41 G01 X7.5 Y2.5 D01；	
N30	G03 Y12.5 R5.0；	
N40	G01 X-7.5；	
N50	G03 X-12.5 Y7.5 R5.0；	
N60	G01 Y-7.5；	
N70	G03 X-7.5 Y-12.5 R5.0；	
N80	G01 X7.5；	
N90	G03 X12.5 Y-7.5 R5.0；	
N100	G01 Y7.5；	
N110	G40 G01 X0 Y0；	
N120	G00 Z5.0；	
N130	M99；	返回主程序

任务 3　非圆曲线加工中的宏程序编程

学习目标

1. 了解非圆曲线和规则曲面的拟合方法。
2. 掌握非圆曲线加工过程中的宏程序编程方法。
3. 掌握规则曲面加工过程中的宏程序编程方法。

工作任务

任务要求：加工如图 7—7 所示的零件，试采用 FANUC 指令编写其数控铣加工程序。

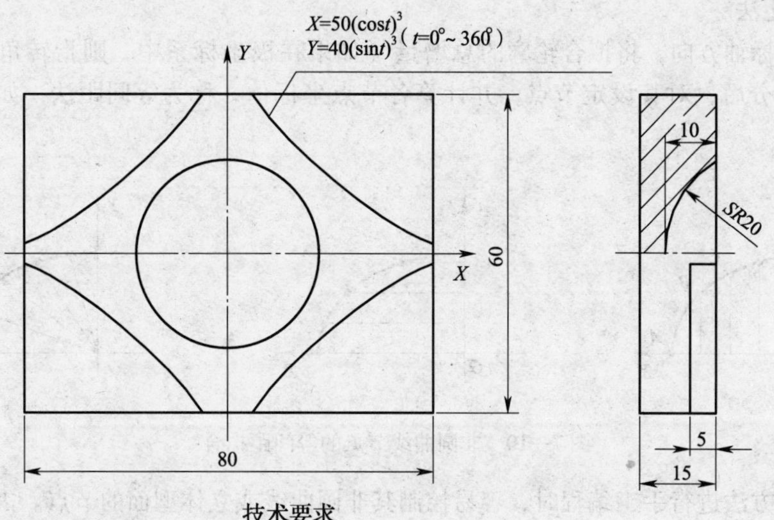

图 7—7 非圆曲线及规则曲面宏程序编程实例

任务分析：对于非圆曲线轮廓和规则曲面，可用短直线对这些轮廓进行拟合，采用宏程序进行编程。

相关理论

1. 曲面及固定斜角平面的加工方法

（1）加工方法的选择

规则曲面（如球面、椭球面等）或斜角平面数控铣削加工时，多以“行切法”进行两轴半或三轴联动加工，如图 7—8 所示。编程方法选用手工宏程序编程或自动编程。

不规则曲面数控铣削加工时，通常采用“行切法”（见图 7—9）或“环切法”等多种切削方法进行三轴（四轴或五轴）联动加工，编程方法宜选用自动编程。

采用行切法加工曲面时，会在工件表面留有较大的残留面积，影响表面加工质量。减小行切法残留面积的办法是减小行距。

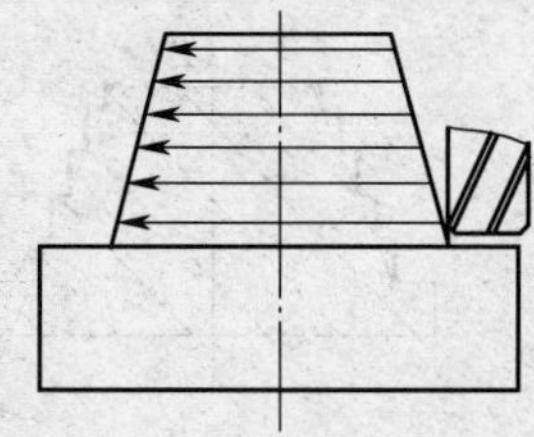

图 7—8 固定斜角平面的加工

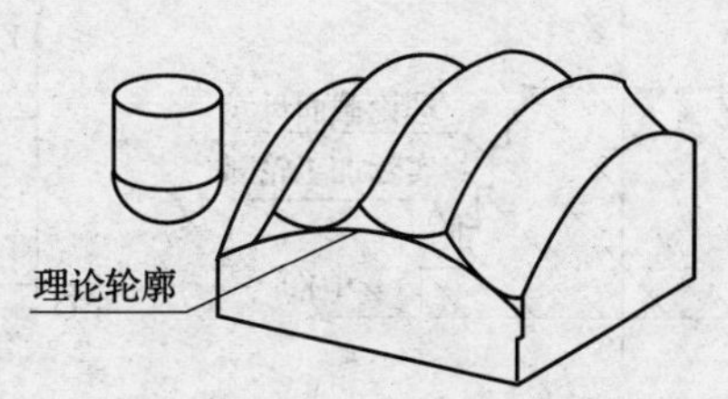

图 7—9 曲面行切法

(2) 非圆曲线轮廓的拟合计算方法

目前大多数数控系统还不具备非圆曲线的插补功能。因此，加工这些非圆曲线时，通常采用直线段或圆弧线段拟合的方法进行。常用的手工编程拟合计算方法有等间距法、等插补段法和三点定圆法等几种。

1）等间距法

在一个坐标轴方向，将拟合轮廓的总增量（如果在极坐标系中，则指转角或径向坐标的总增量）等分后，对其设定节点，并计算各节点坐标值，称为等间距法，如图 7—10 所示。

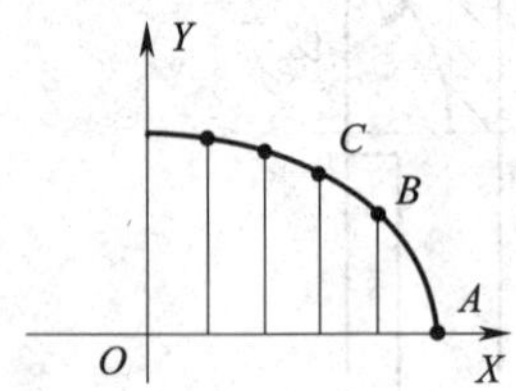

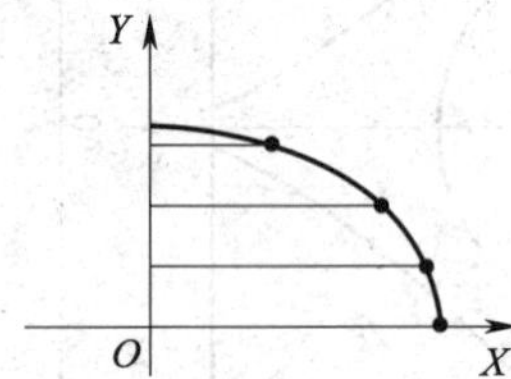

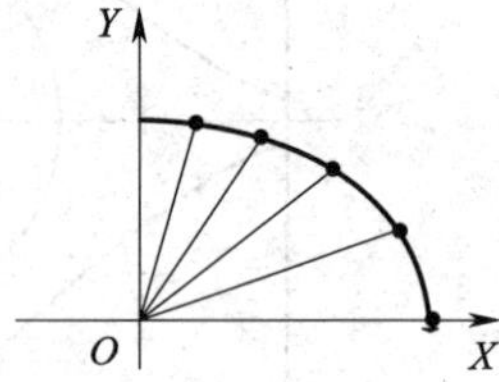

图 7—10　非圆曲线节点的等间距拟合

采用这种方法进行手工编程时，容易控制其非圆曲线或立体型面的节点。因此，宏程序编程普遍采用这种方法。

2）等插补段法

当设定的相邻两节点间的弦长相等时，对该轮廓曲线所进行的节点坐标值计算方法称为等插补段法。

3）三点定圆法

这是一种用圆弧拟合非圆曲线时常用的计算方法，其实质是过已知曲线上的三点作一圆。

(3) 三维型面母线的拟合方法

宏程序编程行切法加工三维型面（如球面、变斜角平面等）时，型面截面上的母线通常无法直接加工，而采用短直线来拟合，如图 7—11 所示。

(4) 拟合误差分析

非圆曲线与三维型面母线的拟合过程中，不可避免会产生拟合误差，如图 7—12 所示，但其误差值不能超出规定值。通常情况下，拟合误差 δ 应小于或等于编程允许误差 $\delta_{允}$，即 $\delta \leqslant \delta_{允}$。考虑到工艺系统及计算误差的影响，$\delta_{允}$ 一般取零件公差的 1/10 ~ 1/5。在实际加工过程中，通常采用合适的拟合方法及减小拟合线段长度的方法减小拟合误差。

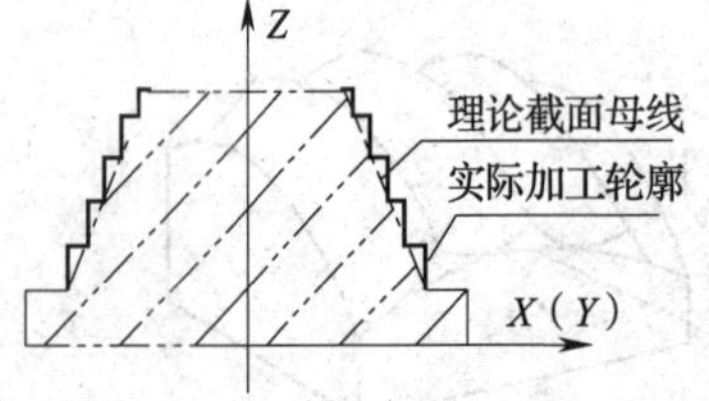

图 7—11　三维型面母线的拟合

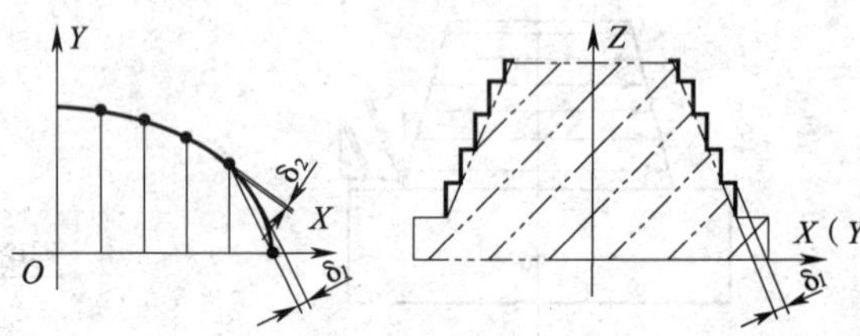

图 7—12　拟合误差

2. 非圆曲线的宏程序编程

加工如图 7—13 所示工件，试编写其数控铣加工程序。

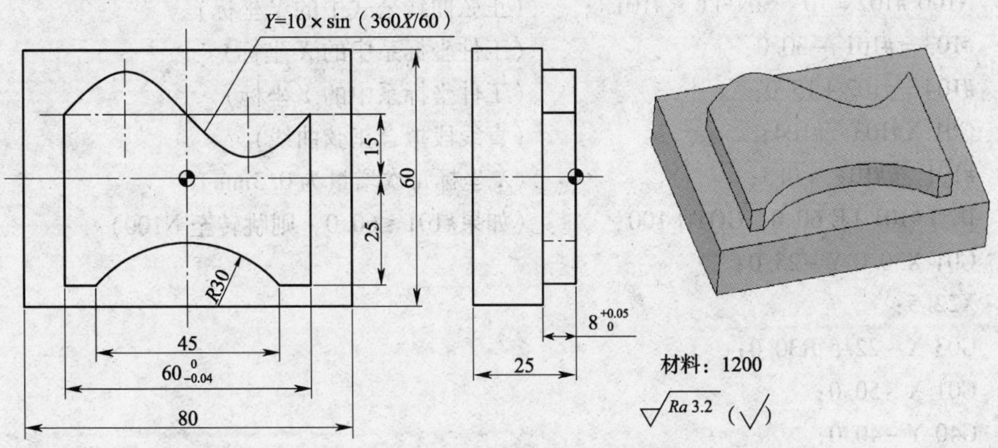

图 7—13　非圆曲线轮廓铣削实例

正弦曲线的宏程序编程思路如图 7—14 所示，在 X 向 60 mm 的长度上分布着一个周期的正弦曲线，其振幅为 10 mm。因此，本例采用 X 方向上的等间距直线段来拟合正弦曲线。X 为自变量，每次增量为 0. 3 mm，相对应的角度为 6X，Y 坐标为因变量，Y = 10sin（6X）。另外由于正弦曲线的原点与工件坐标系的原点不重合，因此编程时应注意相互之间的换算关系。

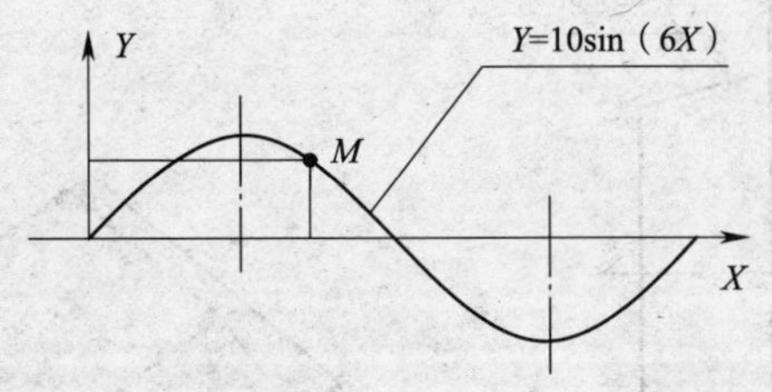

当M点的横坐标为X时，对应的角度为360X/60=6X，Y坐标为10sin（6X）。

图 7—14　正弦曲线编程思路

本例编程时使用以下变量进行运算：

#101：曲线公式中的 X 坐标，其初始值为 0。

#102：曲线公式中的 Y 坐标，其值为 10sin(6X)。

#103：工件坐标系中的 X 坐标，#103 = #101 − 30. 0。

#104：工件坐标系中的 Y 坐标，#104 = #102 + 15. 0。

```
O0010;
G90 G94 G40 G21 G17 G54;
G91 G28 Z0;
G90 G00 X - 50. 0 Y - 40. 0;
M03 S600;
G00 Z20. 0 M08;
G01 Z - 8. 0 F100;
```

```
G41 X-30.0 D01;                      (在轮廓切线方向建立刀补)
#101 =0;                             (给正弦曲线公式中的 X 坐标赋初值)
N100 #102 =10 * SIN [6 * #101];      (正弦曲线公式中的 Y 坐标)
#103 =#101 -30.0;                    (工件坐标系中的 X 坐标)
#104 =#102 +15.0;                    (工件坐标系中的 Y 坐标)
G01 X#103 Y#104;                     (直线段拟合正弦曲线)
#101 =#101 +0.3;                     (X 坐标每次增量为 0.3mm)
IF [#101 LE 60.0] GOTO 100;          (如果#101≤60.0，则跳转至 N100)
G01 X30.0 Y-25.0;
X22.5;
G03 X-22.5 R30.0;
G01 X-50.0;
G40 Y-40.0;
G91 G28 Z0;
M05 M09;
M30;
```

3. 规则曲面中的宏程序编程技巧

例 加工如图 7—15 所示工件，试采用手工编程方式编写其数控铣加工程序。

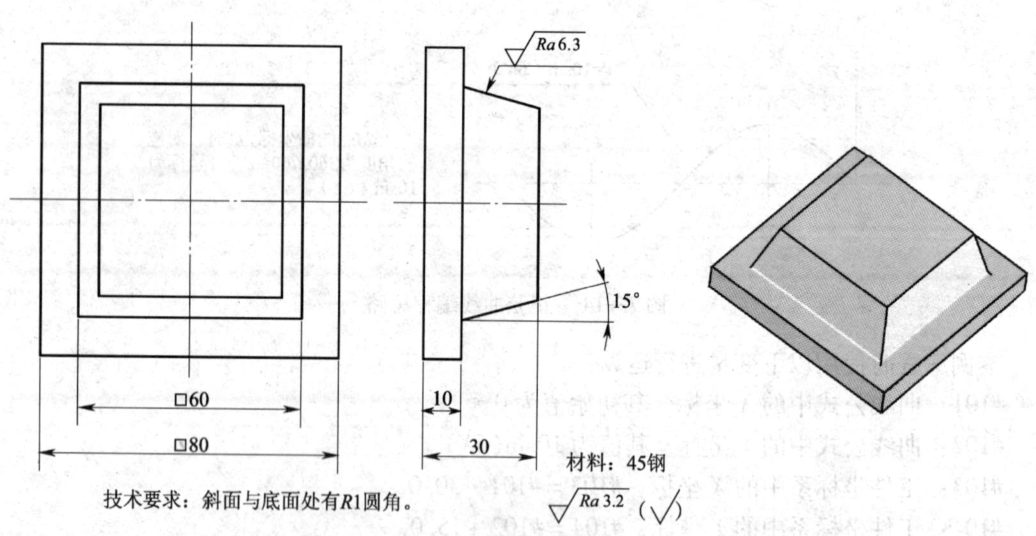

图 7—15 规则曲面加工实例

加工本例的斜角平面时，由于其切削深度较大（最大时为 20 mm），因此，切削宽度应取较小值，所以在精加工前应进行去除余量的加工，去除余量加工采用 Z 轴方向的分层切削，每次 Z 向铣削深度为 5 mm，加工出 30 mm×30 mm 的四方凸台。

精加工采用宏程序加工，加工时从轮廓的切线方向切入切出，加工过程如图 7—16 所示，加工出四方轨迹后刀具抬高 0.1 mm，通过变量运算计算出相应的 a 值，再次加工四方

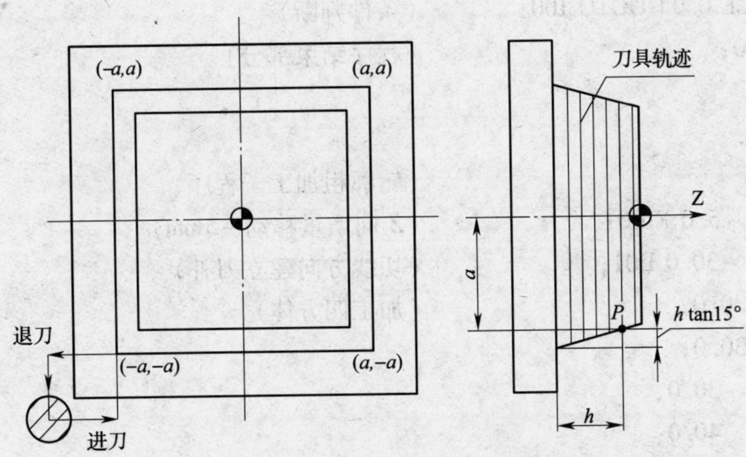

图 7—16　斜角平面编程思路

轨迹，如此循环，直到刀具抬高到四棱台顶点处退出循环。变量运算时，以高度“h”为自变量，每次增加 0.1 mm，四方宽度“a”为因变量，$a=30-h\tan15°$，从而求出四方体各点的坐标。

#101：宽度“a”的变量，$a=30-h\tan15°$。

#102：Z 坐标变量，初值为 -20.0；

#103：高度“h”变量，初值为 0。

```
O0311;
G90 G94 G40 G21 G17 G54;              (程序开始部分)
G91 G28 Z0;
G90 G00 X-50.0 Y-50.0;
M03 S600;
G00 Z20.0 M08;
G01 Z0.0 F100;                        (刀具下降至 Z 向起刀点)
M98 P21 L4                            (调用子程序粗加工四方体)
#102 = -20.0;                         (凸台 Z 坐标赋初值)
#103 = 0;                             (加工高度赋初值)
#101 = 30.0 - #103 * TAN [15.0];      (计算四方体 X、Y 坐标值)
G01 Z#102;                            (刀具 Z 向移动至加工位置)
G41 G01 X-#101 D01;                   (轮廓延长线上建立刀补)
    Y#101;                            (加工四方体)
    X#101;
    Y-#101;
    X-#101;
G40 G01 X-40.0 Y-40.0;                (取消刀补)
    #102 = #102 + 0.1;                (Z 坐标每次增量为 0.1 mm)
    #103 = #103 + 0.1;                (Z 向高度值每次增量为 0.1 mm)
```

```
IF [#102 LE 0.0] GOTO 100;          (条件判断)
G91 G28 Z0;                         (程序结束部分)
M05 M09;
M30;
O0021                               (轮廓粗加工子程序)
G91 G01 Z-5.0 F100;                 (Z 向增量移动 -5mm)
G90 G41 X-30.0 D01;                 (切线方向建立刀补)
        Y30.0;                      (加工四方体)
        X30.0;
        Y-30.0;
        X-40.0;
G40 G01 X-50.0 Y-50.0;              (取消刀补)
M99;                                (返回主程序)
```

任务实施

1. 编程思路分析

编写本例工件的轮廓加工程序时，以角度作为自变量，其变化范围为0°~360°，轮廓上各点的 *X*、*Y* 坐标作为因变量，编程过程中使用以下变量进行操作运算。

#100：角度变量。

#101：*X* 坐标变量，#101 = 50 * COS [#100] * COS [#100] * COS [#100]。

#102：*Y* 坐标变量，#102 = 40 * SIN [#100] * SIN [#100] * SIN [#100]。

加工本例工件内凹球时，先采用钻头钻出工艺孔，完成后的轮廓如图7—17所示。再用*R*8 mm的球头铣刀进行球面轮廓精加工。加工过程中的球心轨迹为图7—18中的圆弧 *MN*，编程时以角度 α 作为自变量，其变化范围为0°~60°，则球心轨迹上的 *P* 点坐标为：$X_P = 12.0\cos\alpha$，$Z_P = 12.0\sin\alpha$。编程过程中使用以下变量进行运算：

#111：角度自变量，其值为0°~60°。

#112：球头铣刀刀位点的 *X* 坐标，#112 = 12.0 × SIN [#111]；

#113：球头铣刀刀位点的 *Z* 坐标，#113 = 2 - 12.0 × COS [#111]。

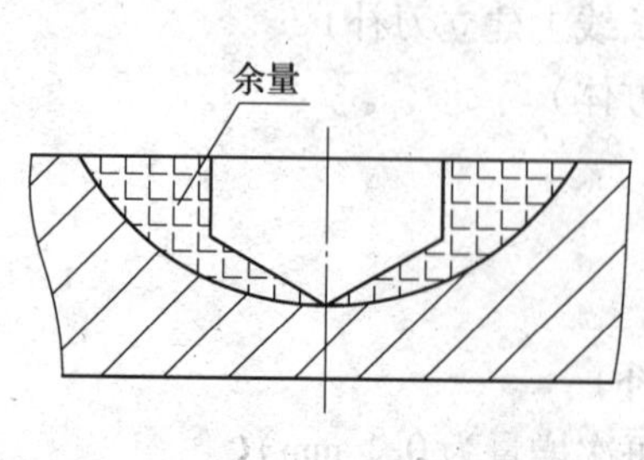

图7—17　粗加工后的轮廓

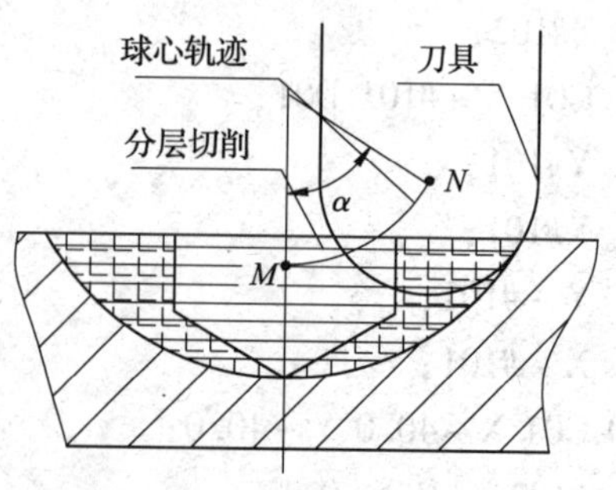

图7—18　内凹球面加工思路

2. 编制加工程序

本例工件数控铣加工程序见表 7—5。

表 7—5　参考程序

刀具	ϕ16 mm 立铣刀和 *R*8 mm 球头铣刀	
程序段号	加工程序	程序说明
	O0010；	轮廓加工程序
N10	G90 G94 G40 G21 G17 G54；	程序初始化
N20	G91 G28 Z0；	程序开始部分
N30	G90 G00 X50. 0 Y -10. 0；	
N40	M03 S600；	
N50	G00 Z20. 0 M08；	
N60	G01 Z -5. 0 F200；	刀具定位
N70	G41 G01 X50. 0 Y0 D01；	建立刀补
N80	#100 =360. 0	设定变量初始值
N90	#101 =50 * COS ［#100］ * COS ［#100］ * COS ［#100］；	
N100	#102 =40 * SIN ［#100］ * SIN ［#100］ * SIN ［#100］；	
N110	G01 X#101 Y#102；	加工轮廓曲线
N120	#100 =#100 -1. 0；	
N130	IF ［#100 GE 0］ GOTO 90；	
N140	G40 X50. 0 Y20. 0；	
N150	G00 Z100. 0；	程序结束部分
N160	M05 M09；	
N170	M30；	
	O0011；	内球面精加工程序
N10	G90 G94 G40 G21 G17 G54；	程序开始部分
N20	G91 G28 Z0；	
N30	G90 G00 X0 Y0；	
N40	M03 S600；	
N50	G00 Z20. 0 M08；	
N60	#111 =3；	角度赋初值
N70	#112 =12. 0 * SIN ［#111］；	刀位点的 *X* 坐标
N80	#113 =2 -12. 0 × COS ［#111］；	刀位点的 *Z* 坐标
N90	G01 Z#113 F200；	刀具定位
N100	X#112；	
N110	G03 X#112 Y0 I -#112 J0；	刀具走一个整圆轨迹
N120	#111 =#111 +3. 0；	角度增量为 3°
N130	IF ［#111 LE 60. 0］ GOTO 70；	条件判断

续表

刀具	$\phi16$ mm 立铣刀和 $R8$ mm 球头铣刀	
程序段号	加工程序	程序说明
	O0011;	轮廓加工程序
N140	G91 G28 Z0;	程序结束部分
N150	M05 M09;	
N160	M30;	

项 目 八

Mastercam X 自动编程简介

任务 1　轮廓铣削自动编程

学习目标

1. 了解 Mastercam X 自动编程软件。
2. 了解 Mastercam X 软件的工作界面。
3. 了解自动编程的全过程。
4. 掌握轮廓铣削自动编程的方法。
5. 掌握仿真模拟和后置处理的方法。

工作任务

任务要求：试用 Mastercam X Mill 软件完成如图 8—1 所示工件的建模、生成刀具路径、后置处理生成 G 代码。

任务分析：通过本例的学习，了解自动编程软件，掌握自动编程的全过程。

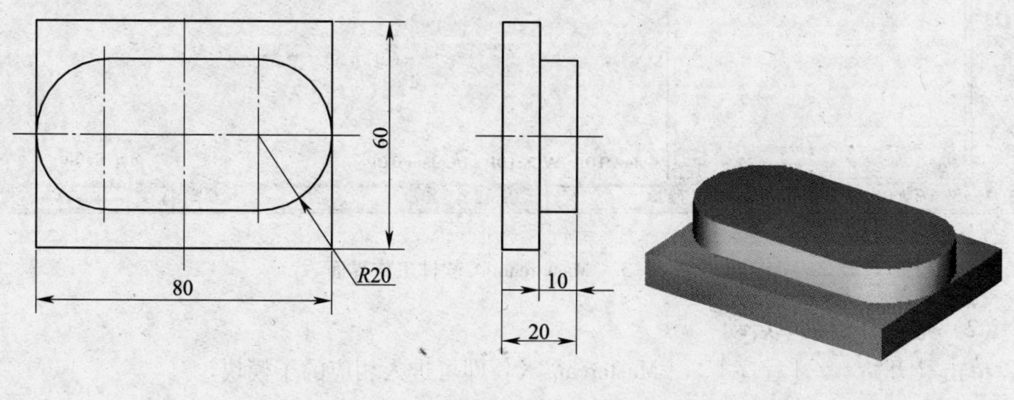

图 8—1　工件图

相关理论

1. 启动 Mastercam X

（1）通过快捷图标启动

双击如图 8—2 所示快捷方式图标，系统即开始运行 Mastercam X 软件，其工作界面如图8—3 所示。

图 8—2 “Mastercam X”快捷方式图标

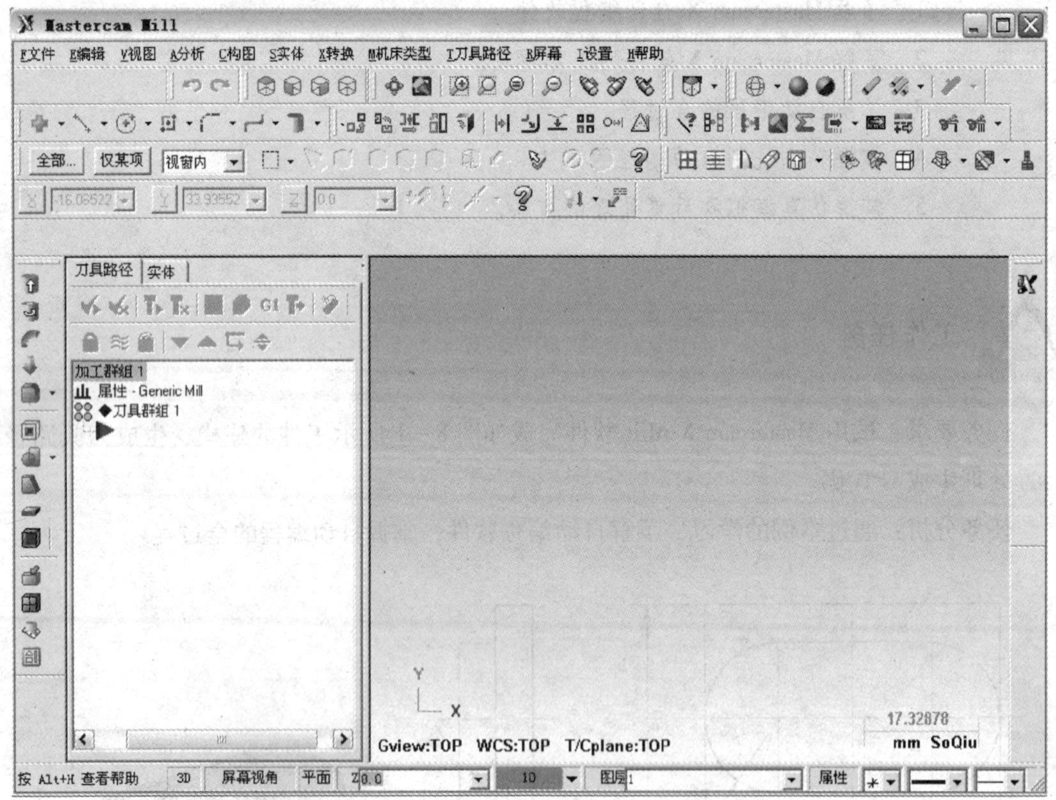

图 8—3 Mastercam X 软件工作界面

（2）通过开始菜单启动

单击［开始］/［程序］/［Mastercam X］即可进入相应的子模块。

初次启动 Mastercam X 时，系统将首先打开一个协议文件，直接关闭该文件即可进入软件系统界面。

为了方便读者阅读本书，所有下拉菜单栏均用带“［　］”的文字表示，如“［开始］”“［程序］”等。而对话框中的按钮，则用带“【　】”的文字表示，如“【确定】”“【取消】”等。

2. 认识 Mastercam X 软件窗口界面

如图 8—3 所示为 Mastercam X 软件“Mill”模块的窗口界面，该界面主要包括标题栏、下拉菜单、工具栏、操作管理器、绘图区、状态栏和坐标轴图标等。

（1）标题栏

Mastercam X 窗口界面的最上面为标题栏。如果已经打开了一个文件，则在标题栏中显示该文件的路径与文件名。

（2）工具栏

工具栏由位于绘图区上方的一系列按钮组成，常用工具栏如图 8—4 所示。如果某些工具栏没有显示，则可对准已显示的工具栏单击鼠标右键，显示如图 8—5 所示工具条右键菜单，勾选需要显示的工具栏即可在工作界面中显示该工具栏。

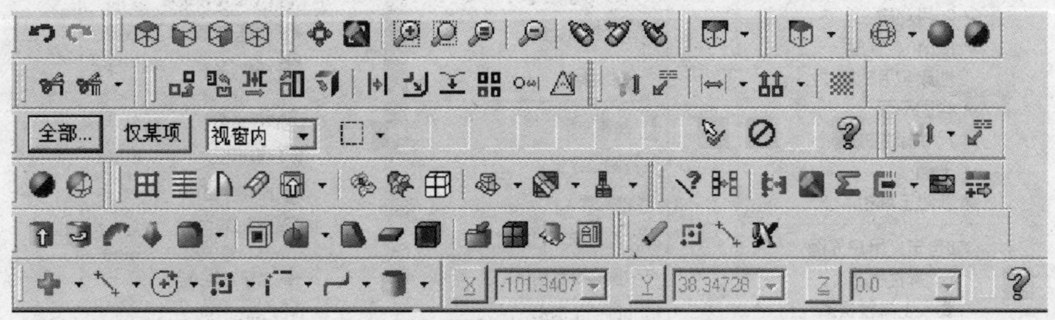

图 8—4　“Mill”模块的常用工具栏

（3）下拉菜单

Mastercam X 中的下拉菜单与所有 Windows 软件的下拉菜单相同，单击主菜单中的某一个命令后即可显示该命令的下一级子菜单，如图 8—6 所示为绘图子菜单。

（4）操作管理器

操作管理器主要用来管理各项操作，如生成实体和曲面的操作、生成刀具路径的操作等。

（5）系统提示区

系统提示区在窗口的最下方左侧位置，该区域主要用于给出操作过程中相应的提示，有些命令的操作结果也在该区域显示。

提示：有时，位于工具栏和主菜单之间的区域也可作为提示区。

（6）状态栏

状态栏位于窗口的最下方，主要用于显示各种绘图状态。另外，通过状态栏还可设置构图平面、构图深度、图层、颜色、线型、线宽等各种属性和参数。

（7）右键菜单

在绘图区单击鼠标右键，将显示如图 8—7 所示右键菜单，该菜单主要用于选择不同的窗口显示方式。

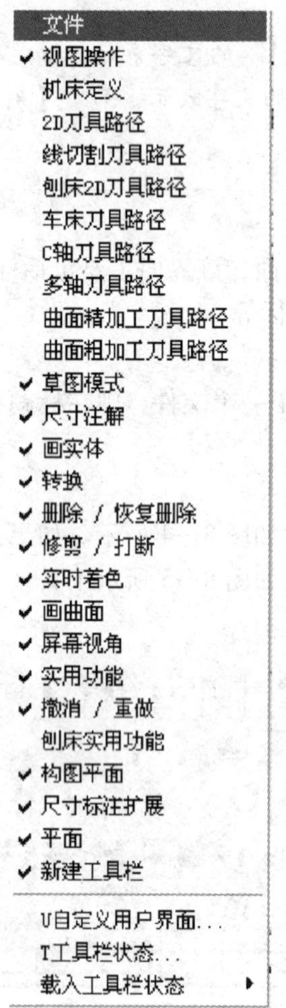

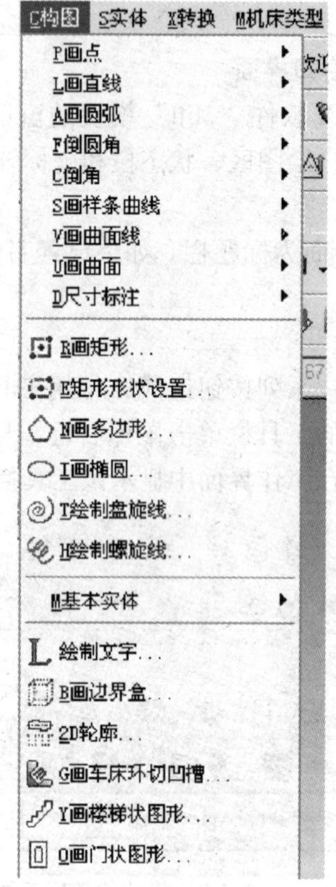

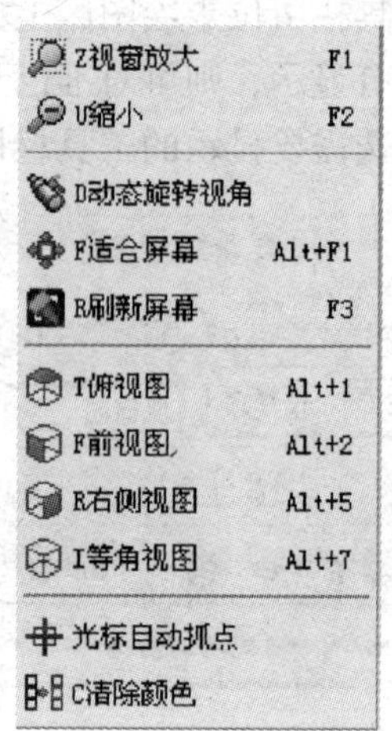

图 8—5 工具条右键菜单　　图 8—6 下拉菜单的子菜单　　图 8—7 工作区右键菜单

3. 选择工作界面

Mastercam X 软件有铣床、车床、线切割机床、刨床等多个子模块，进入软件系统后可选择这些模块。例如，进入铣床模块的方法如图 8—8 所示，单击下拉菜单［M 机床类型］/［M 铣床］/［S 选取］即可进入。

采用同样的方法，可以将当前工作模块（工作窗口）转换成“车床”或“线切割”等工作模块。

4. 离开 Mastercam X

用户离开 Mastercam X 有以下几种方式：

（1）在主菜单中选择［F 文件］/［X 退出］。

（2）单击 Mastercam X 窗口右上角的“☒”按钮。

（3）双击 Mastercam X 窗口左上角的“☒”图标。

（4）使用组合键 Alt + F4。

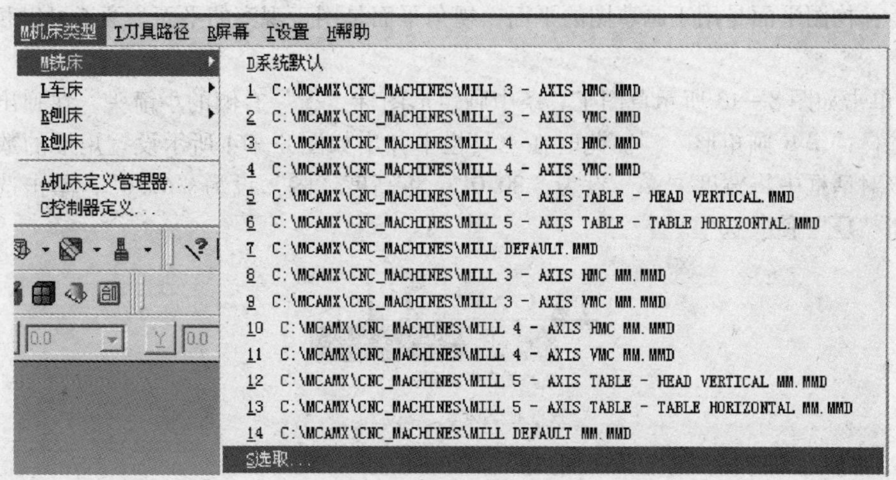

图 8—8　选择铣床工作模块

当离开 Mastercam X 时，会弹出离开确认对话框，如图 8—9 所示，单击【是（Y）】按钮，出现保存文件对话框，单击【是（Y）】按钮则保存文件并离开 Mastercam X，而单击【否（N）】按钮则不保存文件并离开 Mastercam X，如图 8—10 所示。

图 8—9　离开确认对话框

图 8—10　保存文件对话框

任务实施

1. 实体建模

(1) 绘制四方二维草图

1）双击计算机桌面上的“Mastercam X”快捷方式图标，进入其工作界面。

2）单击下拉菜单［M 机床类型］/［M 铣床］/［S 选取］进入铣床加工模块。

3）单击工具条“”右侧小箭头，出现如图 8—11 所示对话框，选择“俯视图”作为构图平面；单击图 8—12 所示工具条中的俯视图视角图标“”，选择俯视图作为视角平面。

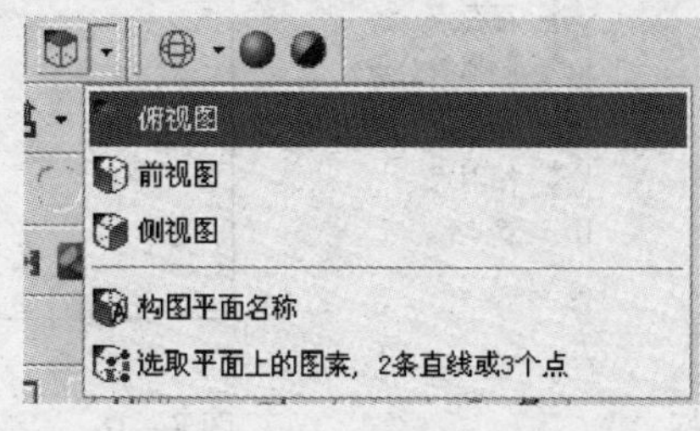

图 8—11　选择构图平面

图 8—12　选择视角平面

提示：构图平面是用于画草图的平面，视角平面是用于观察的平面，两者可以相同也可以不同。

4）单击如图 8—13 所示草图工具条中画矩形图标“”右侧的小箭头，在弹出的展开菜单中选择“R 画矩形...”。此时在工具栏中弹出如图 8—14 所示设置矩形的数值对话框。在该对话框中将宽度“”设为“80.0”，将高度“”设为“60.0”，单击选择矩形中心按钮“”使其选中。

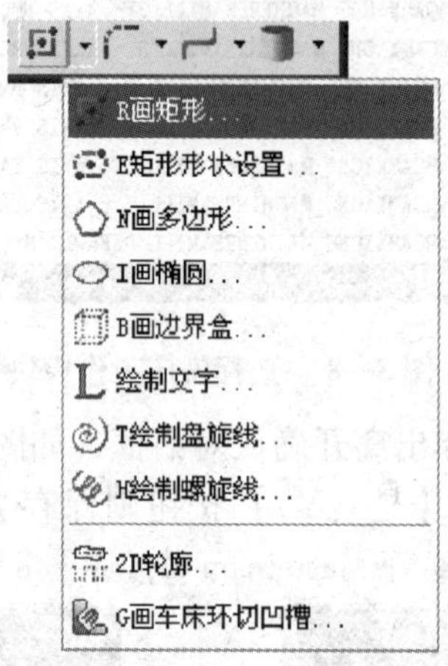

图 8—13　选择画矩形工具条

图 8—14　设置矩形的数值

5）单击如图 8—15 所示光标捕捉坐标点工具条中“”右侧小箭头，在展开菜单中选择“原点”此时在绘图区画出如图 8—16 所示的矩形。单击图 8—14 中的按钮“”关闭画矩形对话框。

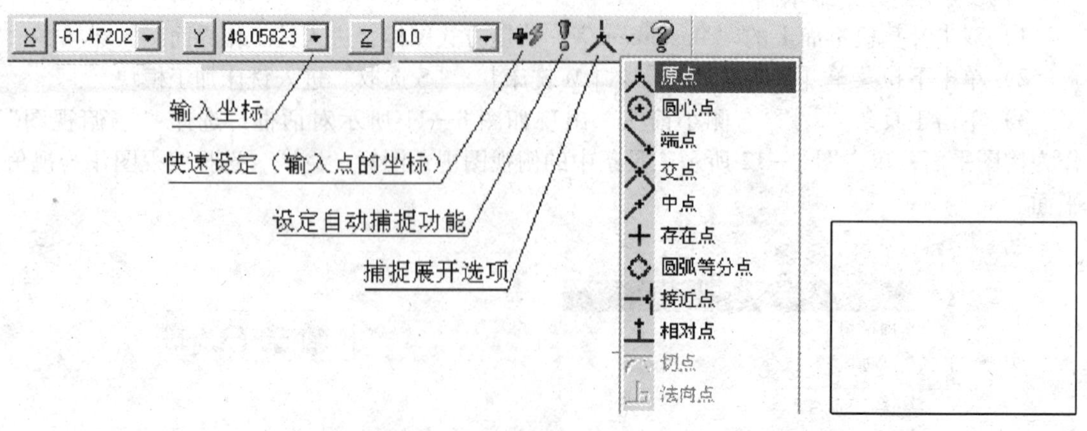

图 8—15　设置矩形的中心点坐标

图 8—16　完成后的矩形

如图 8—15 所示，输入矩形中心坐标点的方法有多种，既可采用键盘输入，也可采用捕捉方式输入。

（2）拉伸四方实体

1）单击图 8—12 中的等角视图图标“”，使四方体呈正等侧显示。

2）单击下拉菜单中的［S 实体］/［X 挤出］或直接单击如图 8—17 所示画实体工具条中的挤出实体按钮“”，弹出如图 8—18 所示“串连选项”对话框。

图 8—17 画实体工具条

3）选中图 8—18 所示对话框中的按钮“”，单击绘图区矩形的一条边，此时串连被选中，结果如图 8—19 所示。

4）单击图 8—18 所示对话框中的按钮“”，此时绘图区显示如图 8—20 所示，同时弹出图 8—21 所示“实体挤出的设置”对话框。

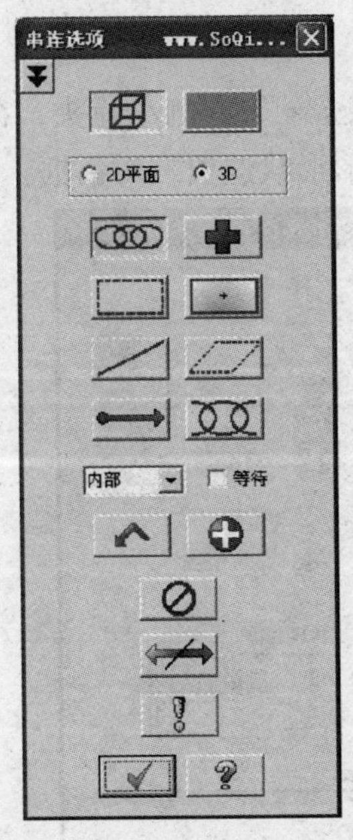

图 8—18 “串连选项”对话框

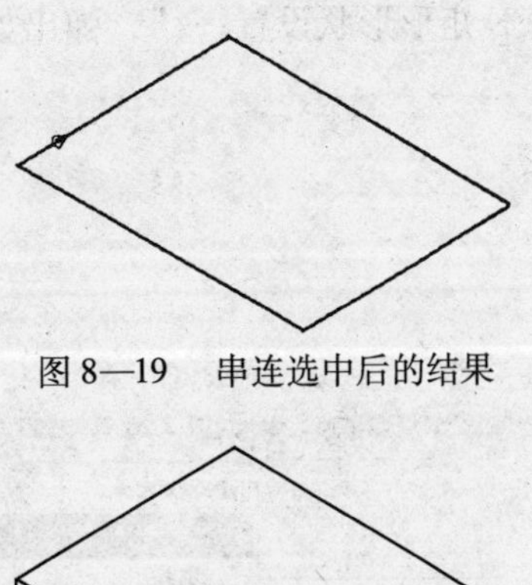

图 8—19 串连选中后的结果

图 8—20 显示挤出方向

5）在图 8—21 所示对话框中选中【按指定的距离延伸】，在【距离】中设定挤出距离为“10”。由于当前的挤出方向向下，因此，选中对话框中的【更改方向】，其余设定不变，单击按钮“”，此时绘图区显示如图 8—22 所示实体的线架图。

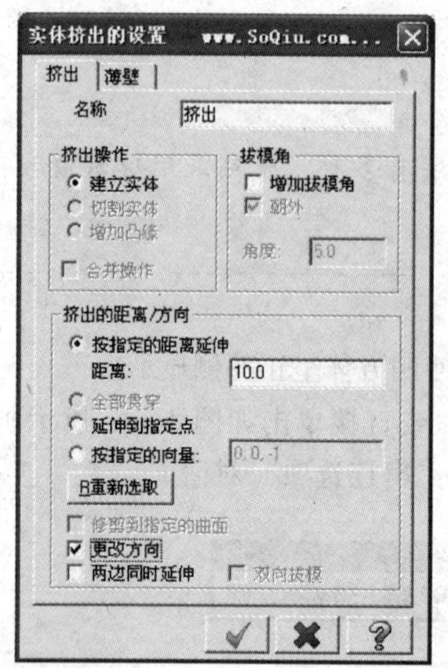

图 8—21 “实体挤出的设置”对话框

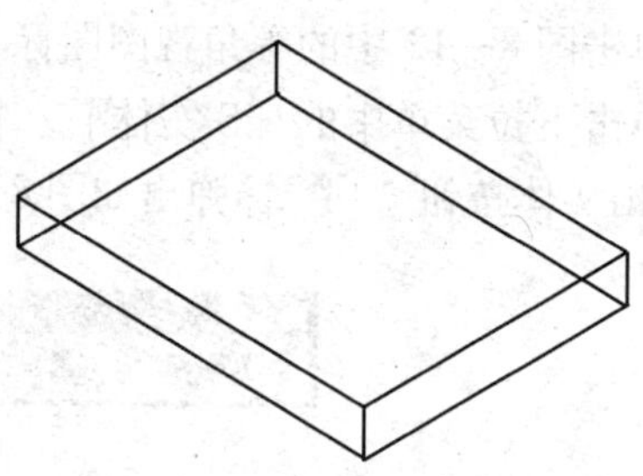

图 8—22 实体线架图

（3）绘制圆角四边形

1）在如图 8—23 所示状态工具栏的【Z】中输入新的构图深度位置，直接用键盘输入“10”后按回车键确认。

图 8—23 状态工具栏

2）单击如图 8—24 所示绘图工具条中画矩形按钮“ ”右侧小箭头，在展开菜单中选择“E 矩形形状设置...”，弹出如图 8—25 所示“矩形形状选项”对话框。

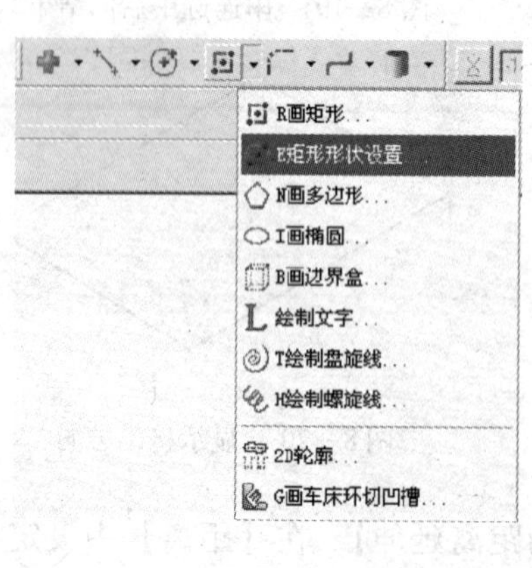

图 8—24 选择矩形形状设置工具条

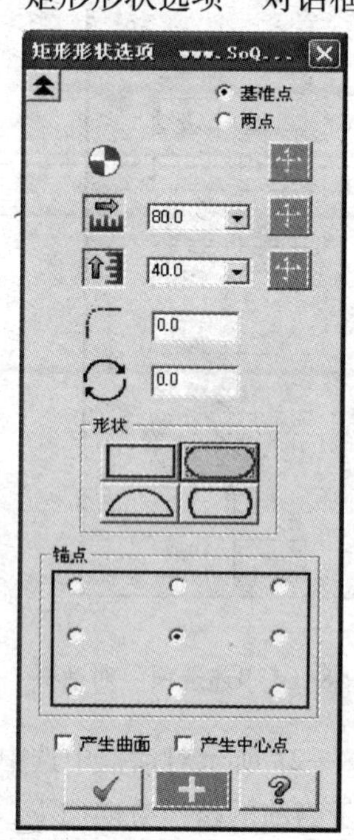

图 8—25 “矩形形状选项”对话框

3）如果该对话框没有展开，则可单击该对话框左上角的按钮“▲”使对话框展开。在该对话框中将宽度“”设为“80.0”，高度“”设为“40.0”，选中所需形状“”，并在【锚点】中选择矩形中心。

4）不要关闭该对话框，直接在图 8—26 所示对话框中输入矩形中心坐标“X0.0”“Y0.0”“Z10.0”后按回车键确认，画出如图 8—27 所示的矩形。

图 8—26　设置矩形中心点坐标

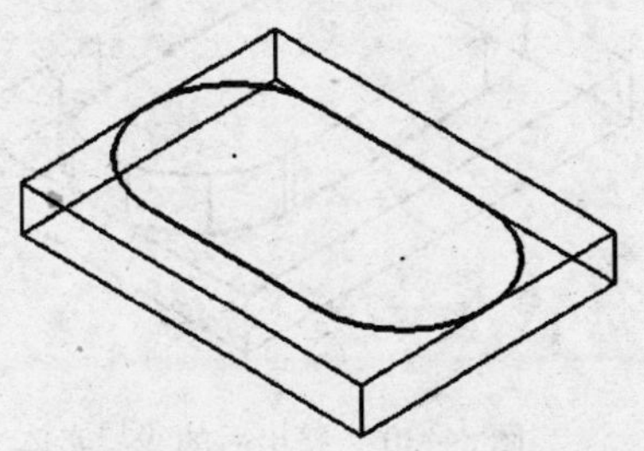

图 8—27　完成后的轮廓

5）单击图 8—25 所示对话框中的按钮“”，关闭“矩形形状选项”对话框。

（4）拉伸带圆角四方体

1）单击画实体工具条中的挤出实体按钮“”，在弹出的如图 8—18 所示“串连选项”对话框中选择串连按钮“”。

2）单击绘图区中带圆角图形的一条边，此时串连被选中，单击如图 8—18 所示对话框中的确认按钮“”。此时绘图区显示如图 8—28 所示，同时弹出如图 8—29 所示对话框。

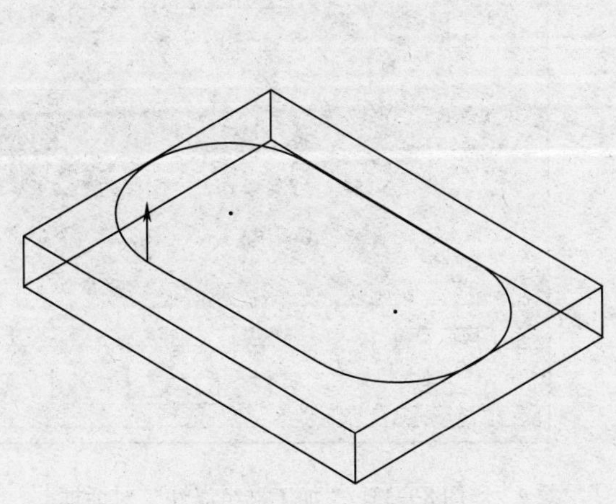

图 8—28　挤出方向朝上

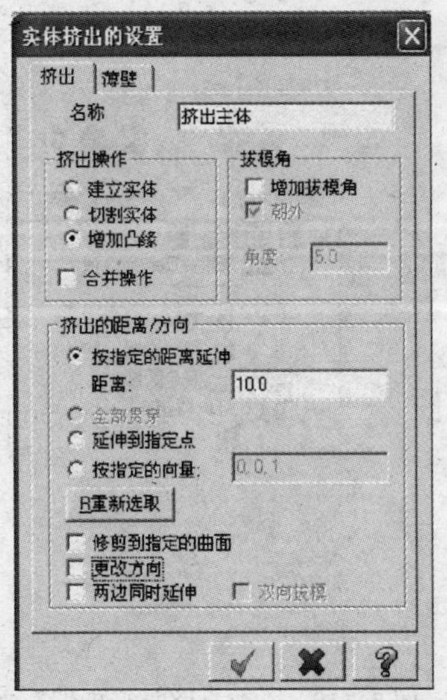

图 8—29　“实体挤出的设置”对话框

提示：当沿顺时针方向选择串连时，默认的挤出方向朝下；当沿逆时针方向选择串连时，默认的挤出方向朝上。

3）在对话框中选中【增加凸缘】，【距离】设为“10”，由于挤出方向向上，关闭【更改方向】按钮，单击确认按钮“ ”完成实体挤出，完成后的实体如图 8—30 所示。

4）单击实体着色工具栏中的图形着色图标“ ”，进行实体着色处理，着色后的实体如图 8—31 所示。

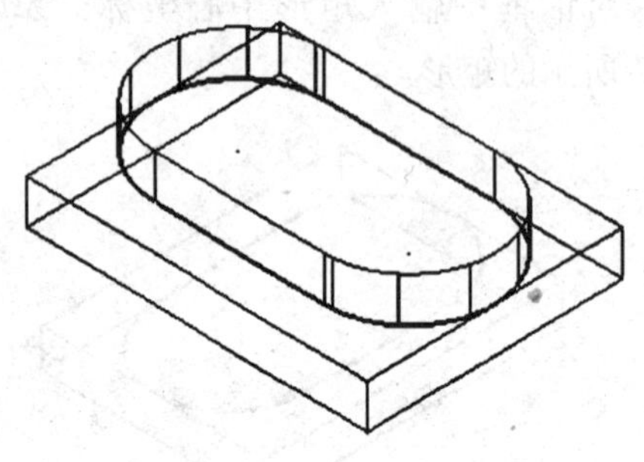

图 8—30　挤出后的线架实体

图 8—31　着色后的实体

2. 生成刀具轨迹

（1）设定工件毛坯

1）单击刀具路径和实体管理器中的按钮【刀具路径】，显示如图 8—32 所示“刀具路径管理器”对话框。

2）单击刀具路径管理器对话框中的“材料设置”，弹出如图 8—33 所示“加工群组属性”对话框，在该对话框中单击【材料设置】按钮。

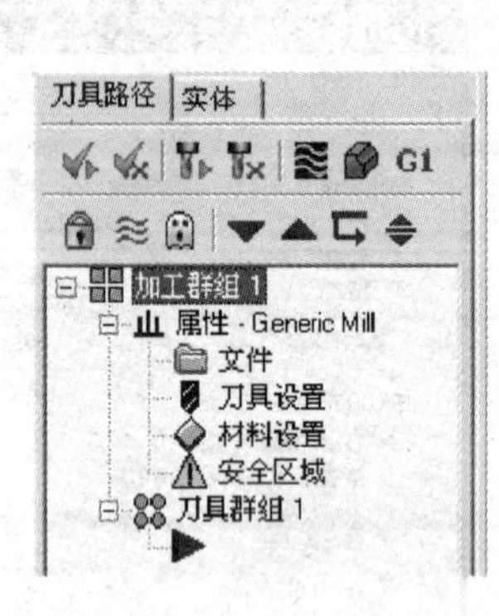

图 8—32　“刀具路径管理器”对话框

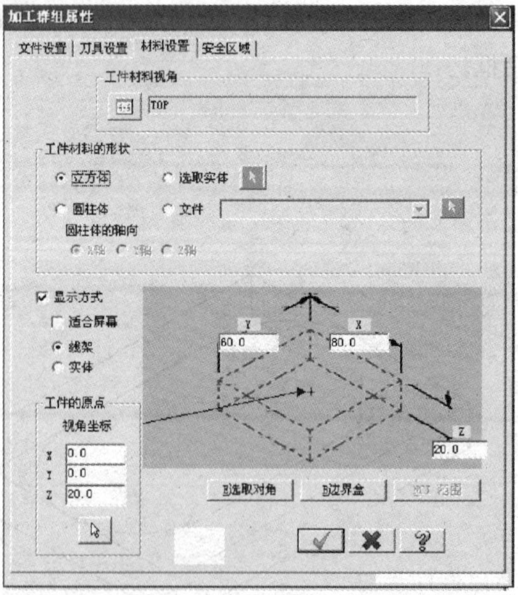

图 8—33　“加工群组属性”对话框

3）选中对话框中的“立方体”“显示方式”和“线架”三个复选项；输入毛坯的尺寸“X80. 0”“Y60. 0”和“Z20. 0”，再以工件上表面对称中心作为工件坐标系原点，输入该点坐标“X0. 0”“Y0. 0”和“Z20. 0”。

提示：选择毛坯尺寸时，还可以直接单击图 8—33 所示对话框中的【E 选取对角】，再选中实体的两个对角点。

4）单击确认按钮“”，单击实体着色工具栏中的线架显示图标“”，使实体呈线架显示，此时绘图区显示如图 8—34 所示毛坯。

（2）生成轮廓铣削刀具轨迹

1）单击下拉菜单［T 刀具路径］/［C 外形铣削刀具路径］或直接单击外形铣削刀具路径工具条“”，弹出“串连选项”对话框，选择串连按钮“”。

2）单击在绘图区带圆角轮廓的一条边，此时绘图区显示如图 8—35 所示。

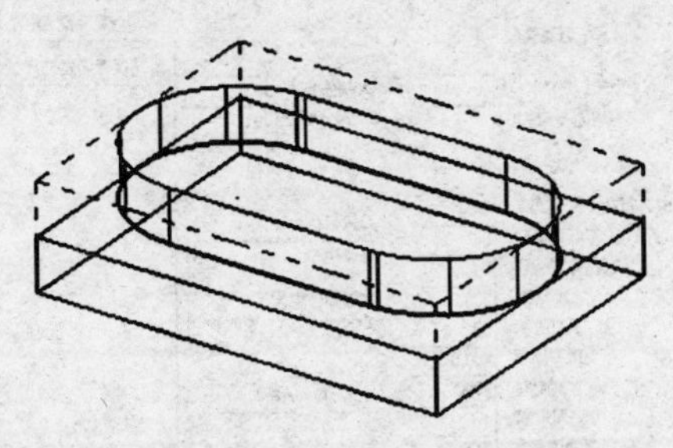

图 8—34　显示毛坯实体

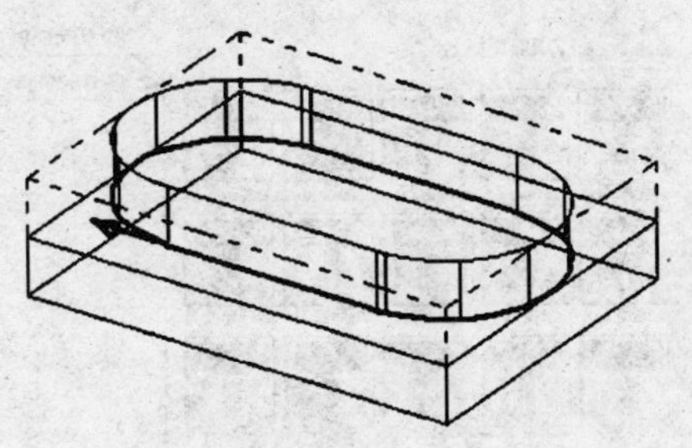

图 8—35　显示外形铣削轮廓

3）单击“串连选项”对话框中的确认按钮“”，弹出如图 8—36 所示“外形（2D）”对话框。

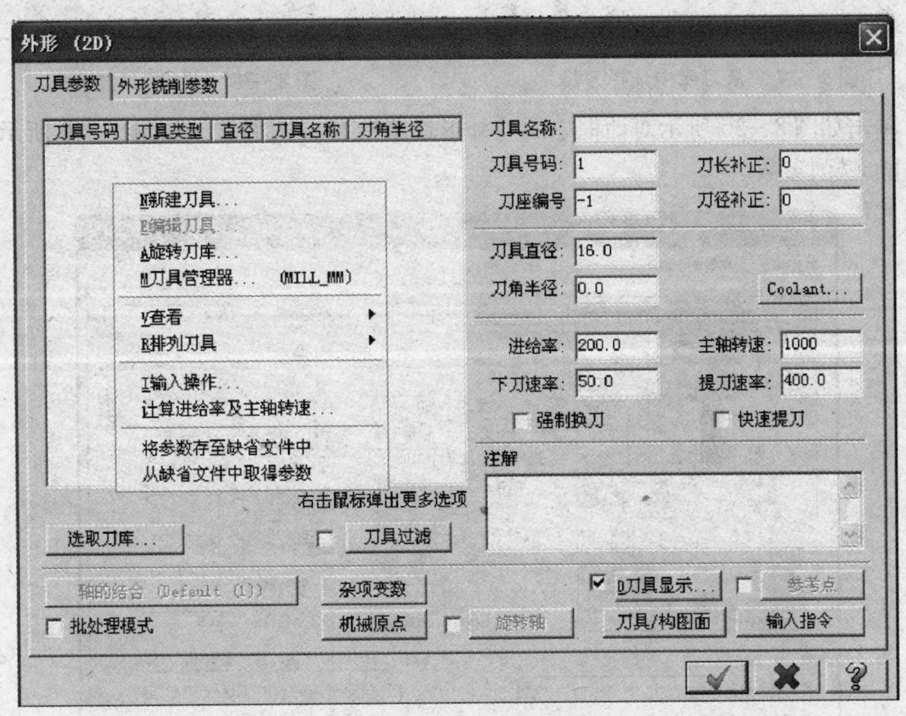

图 8—36　“外形（2D）”对话框

4）在该对话框上方的空白处单击鼠标右键，弹出右键菜单，鼠标左键单击“N 新建刀具...”，弹出如图 8—37 所示对话框。

5）单击平底刀刀具图标，在弹出的刀具参数对话框中将刀具直径改成 16 mm，其余参数设定不变。

6）单击如图 8—37 所示对话框中的【参数】选项卡，弹出如图 8—38 所示对话框，在该对话框中设定参数：【主轴转速】设为 1 000 r/min，【进给率】设为 200 mm/min，【下刀速率】设为 50 mm/min，【提刀速率】设为 400 mm/min，完成后单击确认按钮“ ✓ ”返回图 8—36 所示“外形（2D）”对话框。

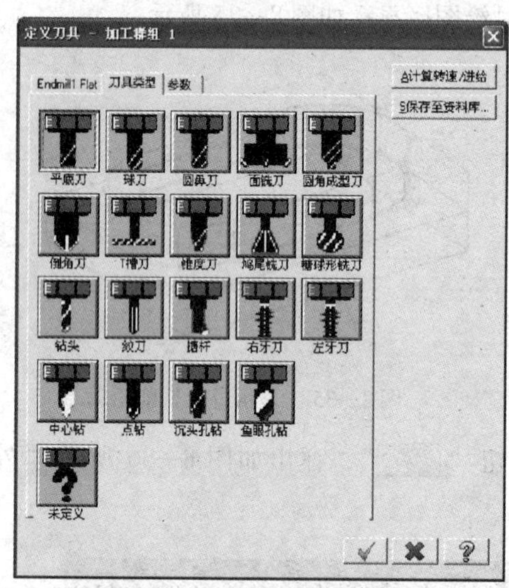

图 8—37　从刀库中选择刀具

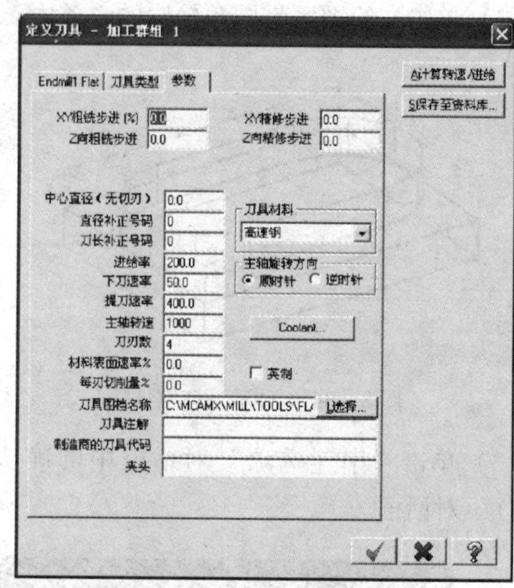

图 8—38　设定刀具参数

7）单击如图 8—36 所示对话框中的【外形铣削参数】选项卡，如图 8—39 所示，设定相应的外形铣削参数。

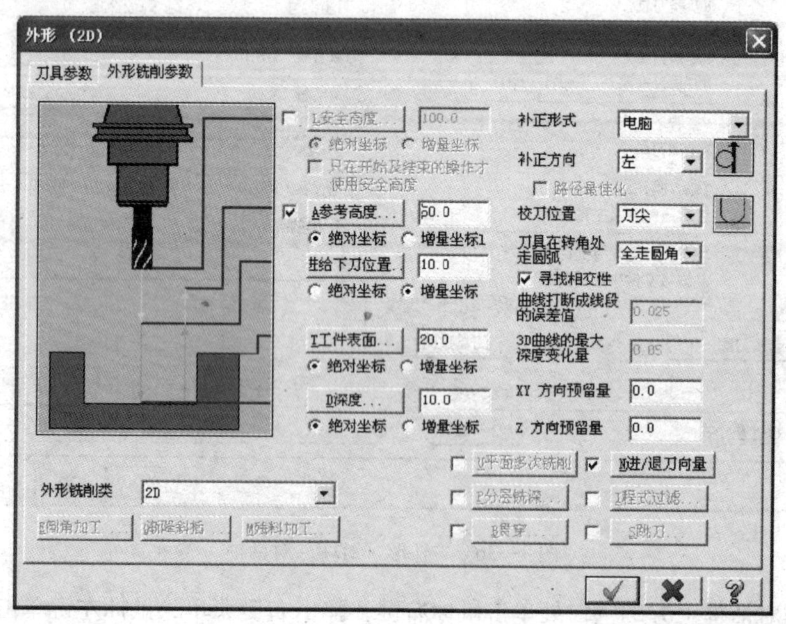

图 8—39　设定外形铣削参数

8）在该对框中设定【A 参考高度】为 50 mm，开始切削进给平面离工件上平面距离【进给下刀位置】为 10 mm，毛坯上表面高度【T 工件表面】为 20 mm，铣切削深度【D 深度】为 10 mm，刀具补偿形式选择“电脑”，补正方向选择“左”补正，*XY* 精加工余量【XY 方向预留量】为 0 mm，*Z* 方向精加工余量【Z 方向预留量】为 0 mm。

提示：选择参数时，注意增量值或绝对值的选择。

9）参数设置完成后单击按钮“ ”生成如图 8—40 所示的刀具轨迹，此时的“刀具路径管理器”对话框显示如图 8—41 所示。

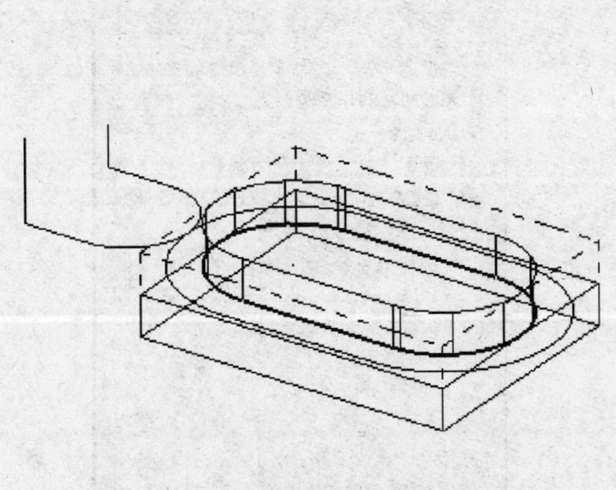

图 8—40　生成的轮廓铣削刀具轨迹

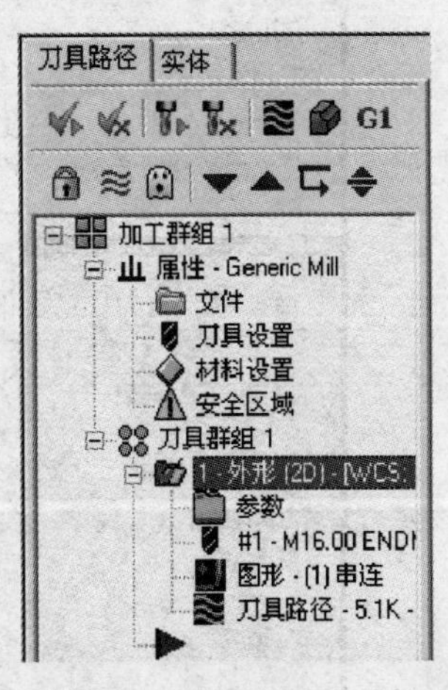

图 8—41　“刀具路径管理器”对话框

（3）实体切削验证

1）单击“刀具路径管理器”对话框中的“ 1 - 外形 (2D) - [WCS:”使其图标打“√”，再单击该对话框中的图标“ ”，弹出如图 8—42 所示“实体验证”对话框。

2）单击如图 8—42 所示对话框中的实体切削播放按钮“ ”，出现如图 8—43 所示实体切削画面。

提示：在实际播放过程中，如果播放速度太快，无法看清刀具轨迹，则可调节如图 8—42 所示对话框中的播放速度调节按钮“ ”进行调节。

3）单击“实体验证”对话框中的关闭按钮“ ”，返回“刀具路径管理器”对话框。

3. 后置处理生成刀具轨迹

（1）在“刀具路径管理器”对话框中单击后置处理按钮“G1”，生成如图 8—44 所示“后处理程式”对话框。

（2）在该对话框中选中【NC 文件】【编辑】和【覆盖前询问】复选框，单击按钮“ ”，如图 8—45 所示保存文件。

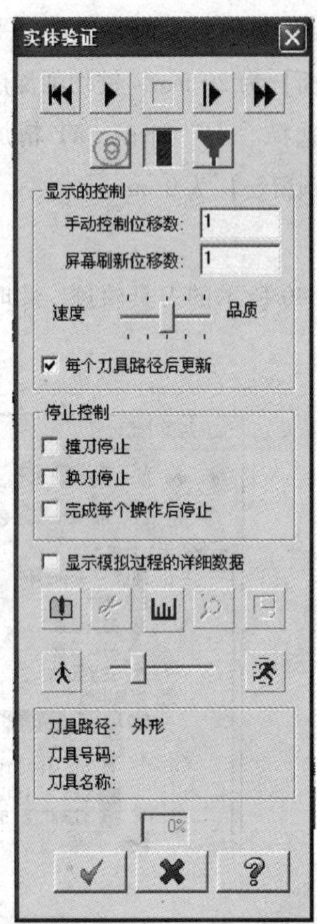

图 8—42 “实体验证”对话框

图 8—43 实体切削画面

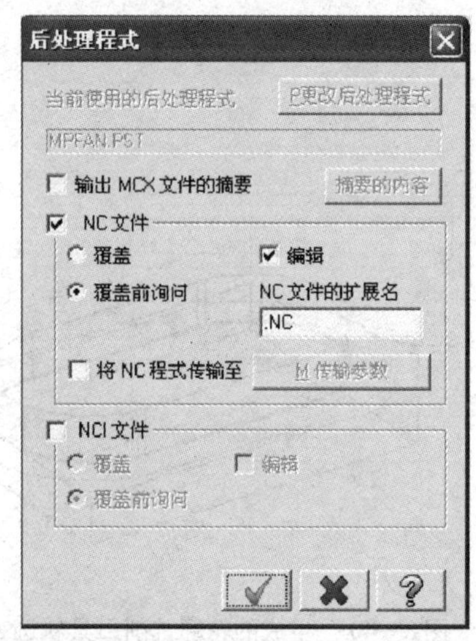

图 8—44 “后处理程式”对话框

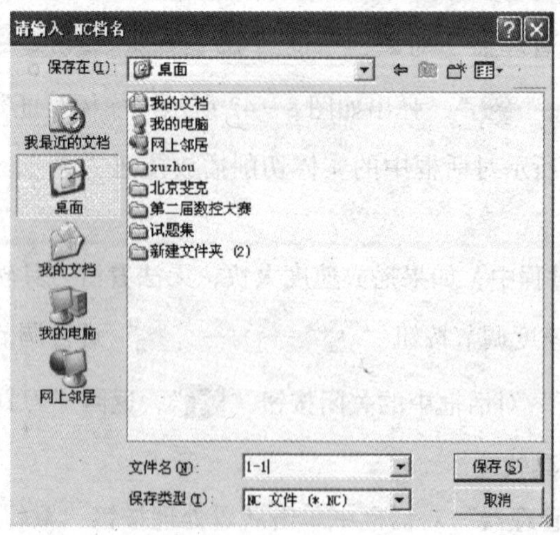

图 8—45 保存文件

（3）选择保存文件的位置并输入文件名，单击【保存（S）】按钮，弹出如图 8—46 所示程序文件。该文件可以用写字板或记事本打开。

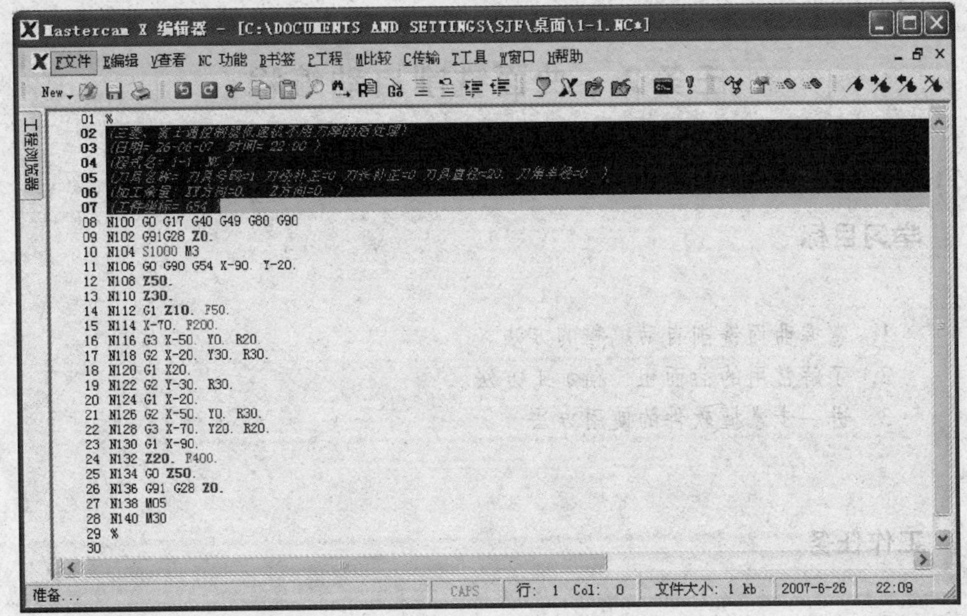

图 8—46　后置处理生成程序文件

（4）将程序中带“（　）”的内容删除，即将带阴影部分内容全部删除，然后保存程序文件。

4. 保存文件与打开文件

（1）保存文件

单击下拉菜单［F 文件］/［A 另存为］，弹出如图 8—47 所示“另存为”对话框，选择存档格式及存档位置，输入存档文件名，单击保存按钮“ ”即可完成文件保存。

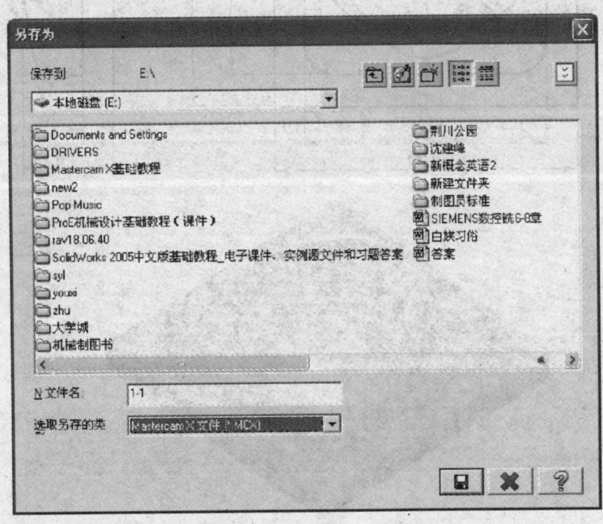

图 8—47　“另存为”对话框

（2）打开文件

单击下拉菜单［F 文件］/［O 打开］，在弹出的打开文件对话框中找到相应的文件，单击按钮“ ”即可打开相应的文件。

任务 2　曲面铣削自动编程

学习目标

1. 掌握曲面铣削自动编程的方法。
2. 了解常用的曲面粗、精加工方法。
3. 进一步掌握软件的使用方法。

工作任务

任务要求：用自动编程方式编写如图 8—48 所示零件的加工中心加工程序（已知毛坯尺寸为 100 mm×100 mm×30 mm，材料为 45 钢）。

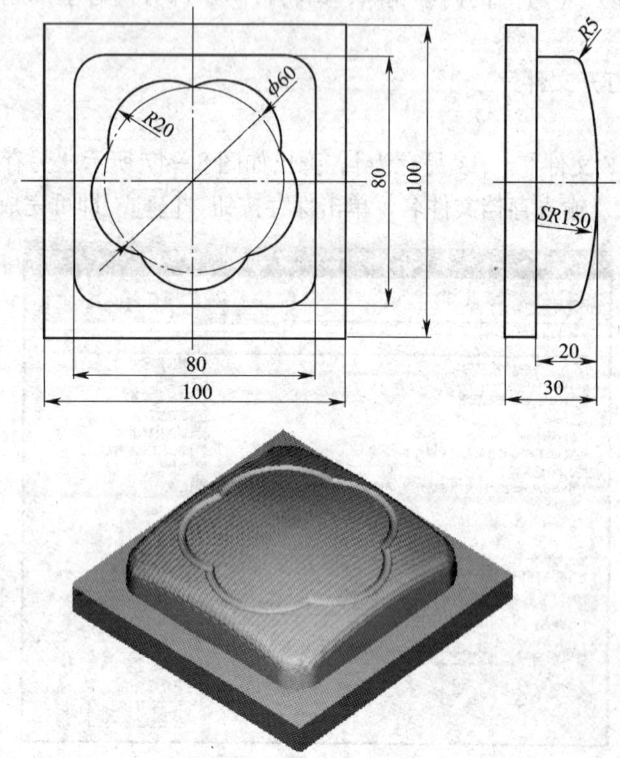

图 8—48　曲面加工实例

任务分析：本例工件的上表面轮廓是一个曲面，无法采用手工编程的方式进行编程与加工，需采用自动编程方式进行编程。

相关理论

1. 曲面粗加工方式

自动编程中常用的粗加工方式有：平行式、径向式（或称镭射式）、投影式、曲面流线式、等高外形式、挖槽式等几种形式。

对于粗加工方式的选用，要根据毛坯形状确定。一般情况下，外形圆球形轮廓的铣削采用径向式粗加工方式较为合适；而长方形轮廓的铣削则通常采用平行式粗加工方式；投影式粗加工方式则主要用于曲面投影文字或花纹的粗加工；有曲面流线型的外形则用曲面流线式粗加工；等高外形铣削则由于在粗加工过程中一次性去除加工余量，所以该加工方式主要用于半成品的粗加工；对于有边界的内轮廓则通常采用挖槽式粗加工。

2. 曲面精加工方式

自动编程中常用的精加工方式有：平行式、平行陡坡式、径向式（或称镭射式）、投影式、曲面流线式、等高外形式、浅平面式、交线清角式、环绕等距式等。

精加工的加工方式除了要根据工件的轮廓形状选用外，还要根据工件的加工精度选用。

任务实施

1. 实体建模

（1）绘制拉伸草图

1）单击工具条“ ”右侧小箭头，选择“ 俯视图”作为构图平面；单击俯视图视角图标“ ”，选择俯视图作为视角平面。

2）单击草图工具条中画矩形图标“ ”右侧小箭头，在弹出的展开菜单中选择“ R画矩形...”。在弹出的“矩形形状选项”对话框中设置参数，如图8—49所示。

3）单击如图8—50所示光标捕捉坐标点工具条中“ ”右侧小箭头，在展开菜单中选择“ 原点”，此时在绘图区画出如图8—51所示外框矩形。单击图8—49中的按钮“ ”关闭“矩形形状选项”对话框。

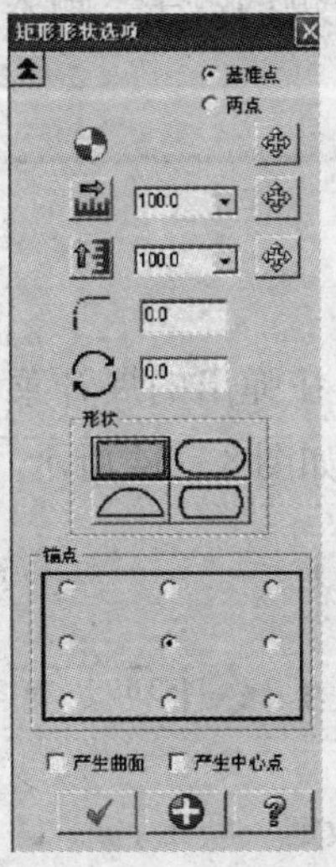

图8—49 “矩形形状选项”对话框

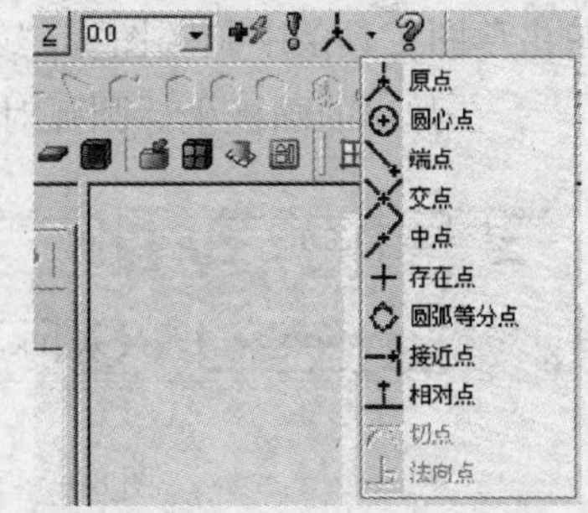

图8—50 捕捉坐标原点

4）单击草图工具条中画矩形图标“ R 画矩形...”。在弹出的“矩形形状选项”对话框中设置参数，如图 8—52 所示。

图 8—51 绘制矩形

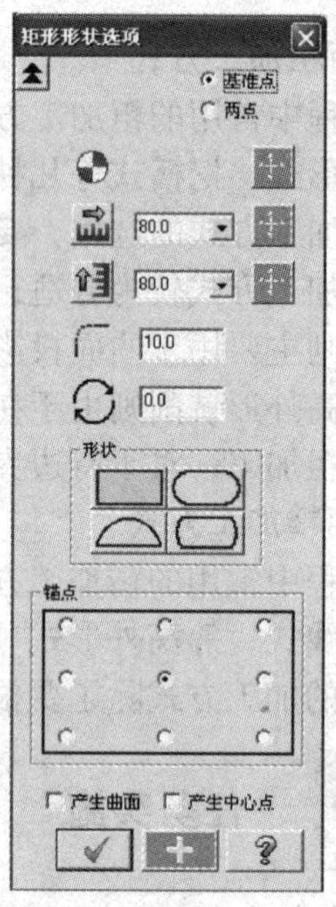

图 8—52 “矩形形状选项”对话框

5）单击光标捕捉坐标点工具条中“ ”右侧小箭头，在展开菜单中选择“ 原点”，此时在绘图区画出如图 8—51 所示内侧带圆角的矩形。单击按钮“ ”关闭“矩形形状选项”对话框。

（2）绘制“SR150”球面

1）单击工具条“ ”右侧小箭头，选择“ 右侧视图”作为构图平面；单击右侧视图视角图标“ ”，选择右侧视图作为视角平面。

2）单击如图 8—53 所示状态工具栏中的【图层】右侧的数字，输入 2 后按回车键确认，设置当前绘图层为“图层 2”。

图 8—53 状态工具栏

3）单击草图工具条中画圆图标“ ”右侧小箭头，在弹出的展开菜单中选择“ P 极坐标...”，在弹出的画极坐标圆弧对话框中设置参数，如图 8—54 所示。

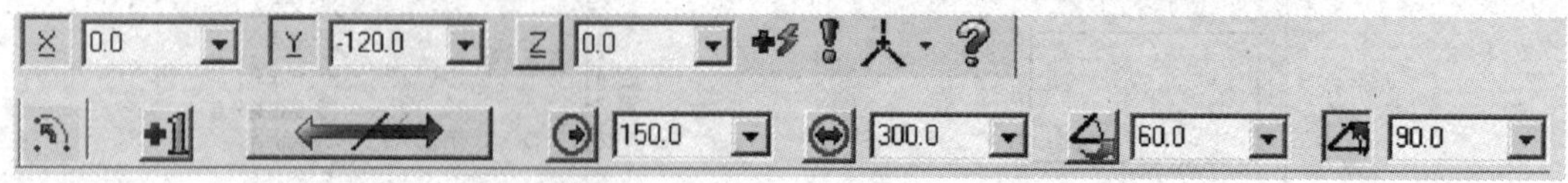

图 8—54 画极坐标圆弧参数设定

4）按键盘上的回车键，画出如图 8—55 所示的圆弧。

5）单击草图工具条中画直线图标“”，光标捕捉到圆弧左侧端点，向下拉一条垂直线单击鼠标左键，完成如图 8—56 所示旋转直线的绘制。

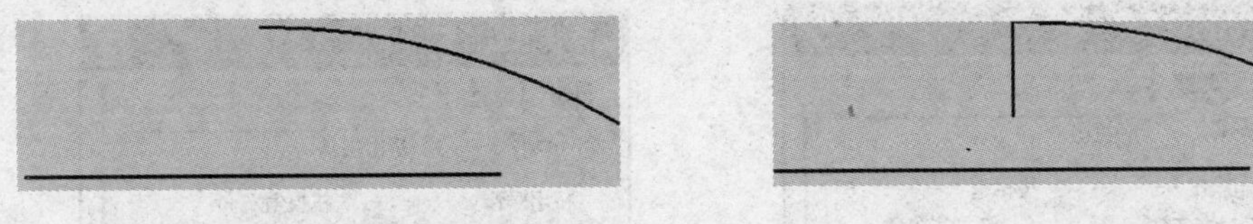

图 8—55　画圆弧　　图 8—56　画旋转直线

6）单击如图 8—57 所示画曲面工具条中的旋转曲面图标“”，弹出“串连选项”对话框（见图 8—18），选择其中的单体图标“”；此时在绘图区出现“选取轮廓曲线 1”的提示，选择圆弧后按回车键确认。

7）绘图区出现“选取旋转轴”的提示，选择旋转直线后绘图区显示如图 8—58 所示。

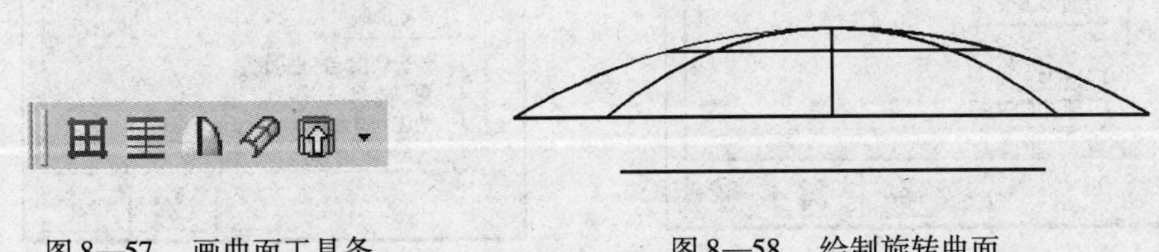

图 8—57　画曲面工具条　　图 8—58　绘制旋转曲面

（3）挤出实体

1）单击工具条“”右侧小箭头，选择“俯视图”作为构图平面；单击等角视图视角图标“”，选择等角视图作为视角平面，此时绘图区显示如图 8—59 所示。

2）单击状态工具栏中【图层】右侧的数字，输入 1 后按回车键确认，设置当前绘图层为“图层 1”。

3）单击画实体工具条中的挤出实体按钮“”，在弹出的“串连选项”对话框中选择“”，绘图区提示“选取串连 1”，选择带圆角的四方体，单击“串连选项”对话框中的“”按钮，此时绘图区显示如图 8—60 所示，同时弹出如图 8—61 所示“实体挤出的设置”对话框。

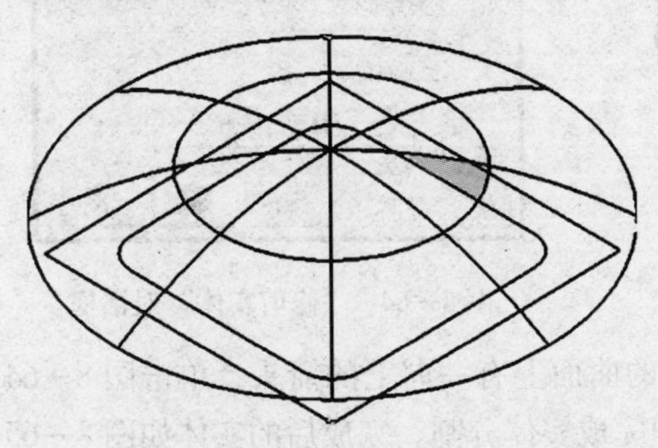

图 8—59　等角视图显示绘图区

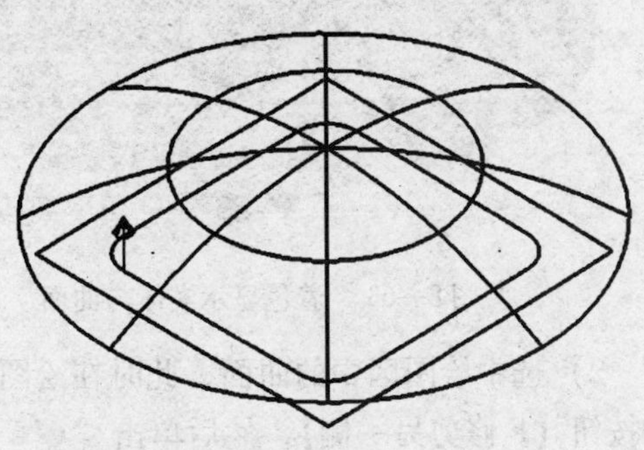

图 8—60　选中串连后的绘图区显示

4）依据图 8—61 所示设置实体挤出参数，单击“✔”按钮，完成带圆角四方体的挤出。

5）用同样的方法完成外侧四方体的挤出，挤出参数如图 8—62 所示。

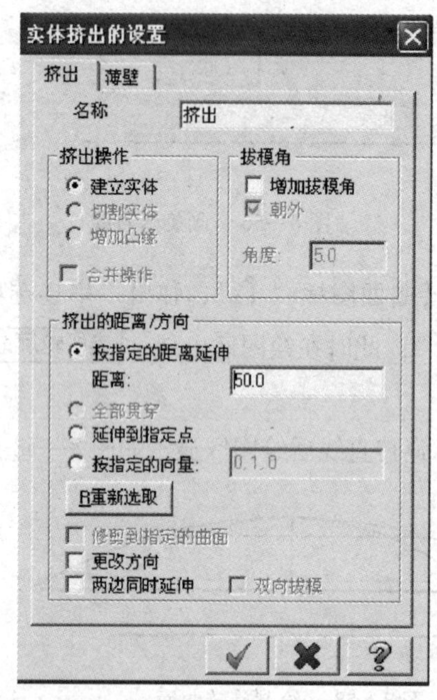

图 8—61 “实体挤出的设置”对话框 1

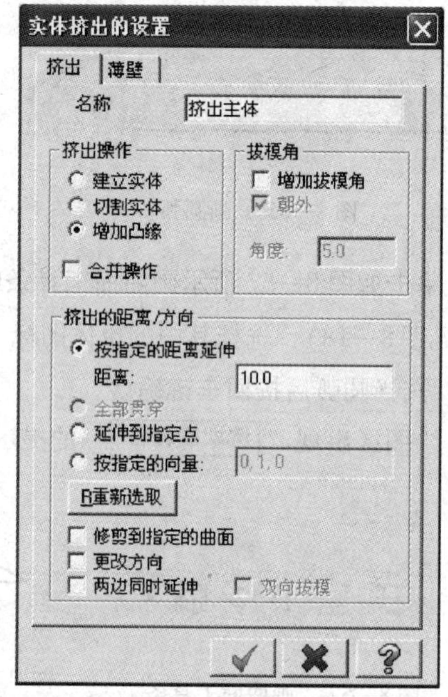

图 8—62 “实体挤出的设置”对话框 2

6）单击图形着色图标“ ”，完成后的实体如图 8—63 所示。

（4）曲面分割实体

1）单击实体工具栏中的曲面修剪图标“ ”，弹出如图 8—64 所示对话框，在该对话框中选中“S曲面”，此时在绘图区显示“选取曲面”。

图 8—63 着色显示实体与曲面

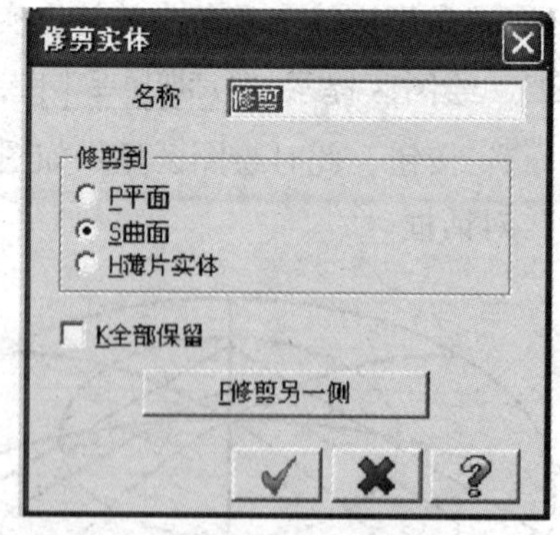

图 8—64 “修剪实体”对话框

2）选中绘图区中的曲面，此时在绘图区中的曲面上有一向上的箭头，单击图 8—64 中的按钮【F 修剪另一侧】，然后单击“✔”按钮完成实体分割，完成后的实体如图 8—65 所示。

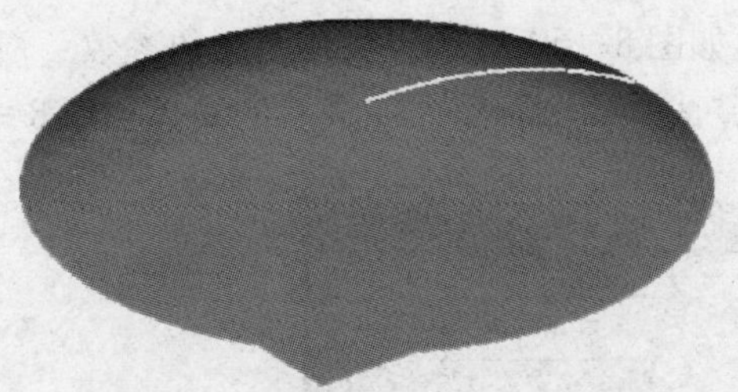

图 8—65　曲面分割后的实体与曲面

3）单击状态工具栏中的【图层】，弹出如图 8—66 所示“图层管理器”对话框，直接单击对话框中“2 ✓”使图层 2 中的图素不显示。

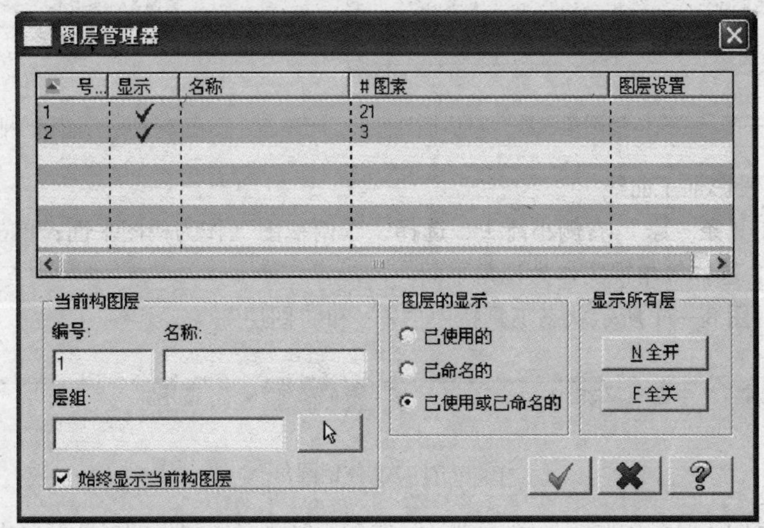

图 8—66　“图层管理器”对话框

4）单击“✓”按钮，此时绘图区显示如图 8—67 所示。

（5）实体倒圆角

1）单击实体工具栏中的实体倒圆角图标“ ”，绘图区显示“选取图素去倒圆角.”，选中实体上表面，此时绘图区显示如图 8—68 所示。

图 8—67　隐藏曲面后实体显示

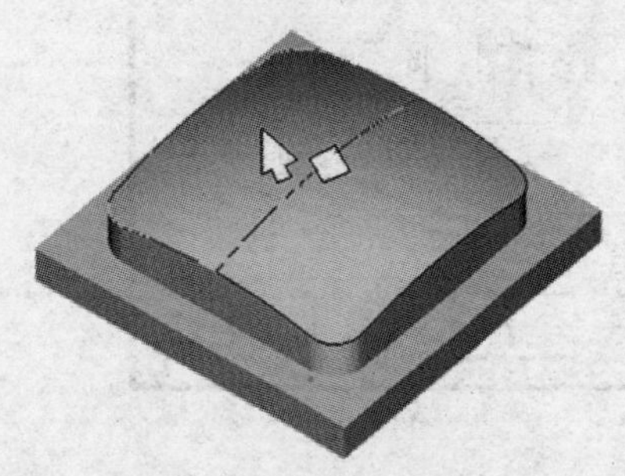

图 8—68　选中实体上表面

2）单击回车键，弹出如图 8—69 所示“实体倒圆角参数”对话框，设定【半径】值为“5. 0”，单击“ ”按钮完成实体倒圆角，完成后的实体如图 8—70 所示。

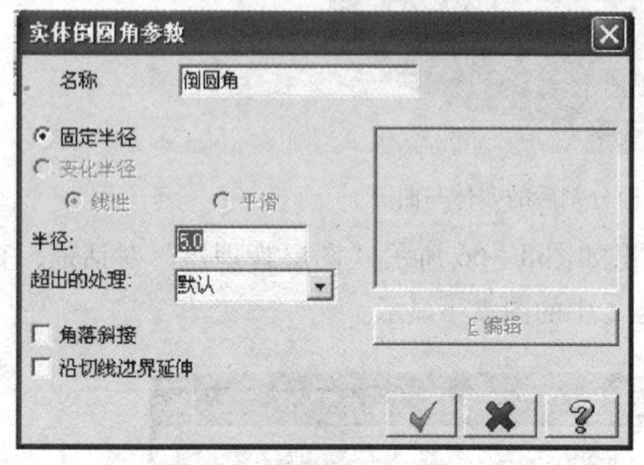

图 8—69 “实体倒圆角参数”对话框

图 8—70 实体倒圆角

（6）绘制投影加工曲线

1）单击工具条“ ”右侧小箭头，选择“ 俯视图”作为构图平面；单击等角视图视角图标“ ”，选择等角视图作为视角平面。

2）设置如图 8—71 所示状态工具栏中“Z”和“图层”。

图 8—71 实体倒圆角

3）单击草图工具条中画矩形图标“ ”右侧小箭头，在弹出的展开菜单中选择“ N 画多边形...”，在弹出的“多边形选项”对话框中设置参数如图 8—72 所示。

4）单击快速点按钮“ ”并直接输入坐标“0，0，35”，按回车键确认，画出如图 8—73 所示多边形。

图 8—72 设置多边形参数

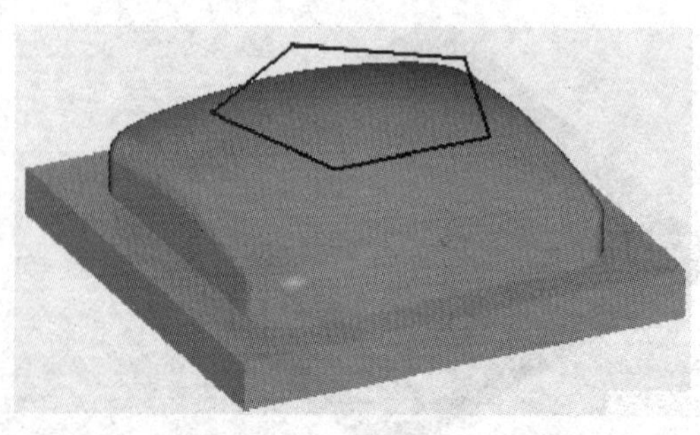

图 8—73 绘制五边形

5）单击草图工具条中画圆图标“ ”右侧小箭头，在弹出的展开菜单中选择“ D两点画弧...”，在弹出的圆弧对话框中设置参数如图 8—74 所示。

图 8—74　设置两点画弧半径

6）分别单击五边形的相邻两个顶角，按回车键，此时在绘图区出现四条圆弧，单击所需要的一条圆弧，完成后如图 8—75 所示。

7）用同样的方法绘制其他四条圆弧。单击选中五边形的五条边后按键盘上的“Delete”键，完成后的绘图区显示如图 8—76 所示。

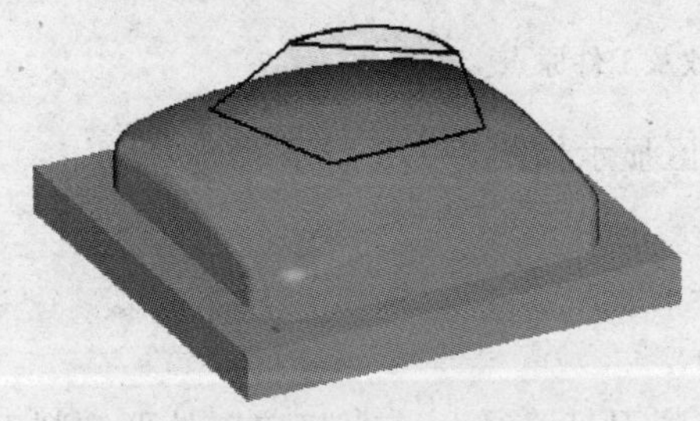

图 8—75　绘制其中一条圆弧

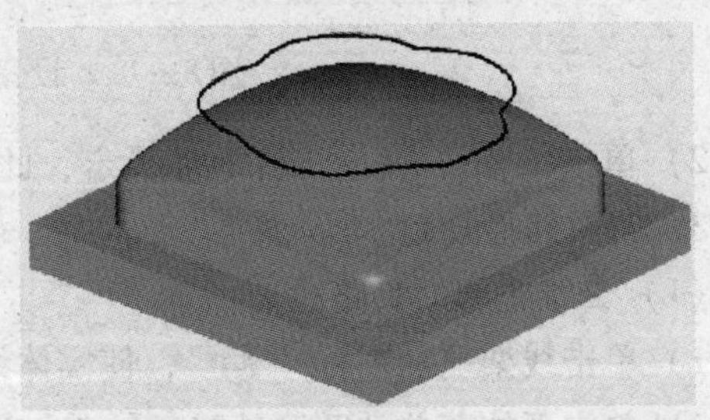

图 8—76　绘制其他四条圆弧

2. 加工前的设定

（1）选择机床

1）单击［M 机床类型］/［M 铣床］/［D 系统默认］，选择默认的铣床选项。

2）系统弹出如图 8—77 所示“操作管理器”对话框，显示设备的基本信息。

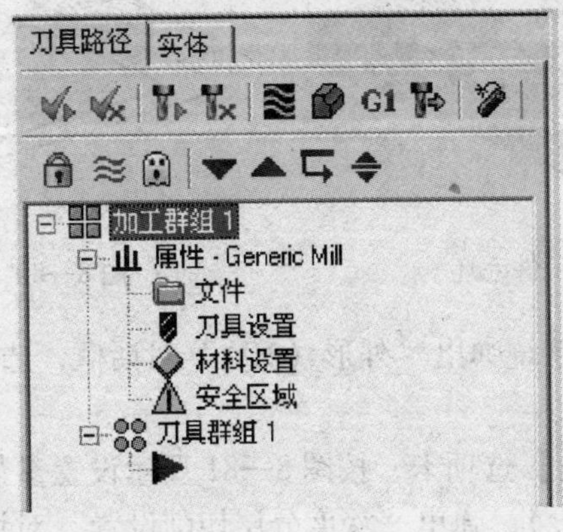

图 8—77　“操作管理器”对话框

（2）毛坯及工件原点确定

1）单击“操作管理器”对话框中“属性”选项下的“材料设置”，在弹出的“加工群组属性”对话框中设置参数如图 8—78 所示。

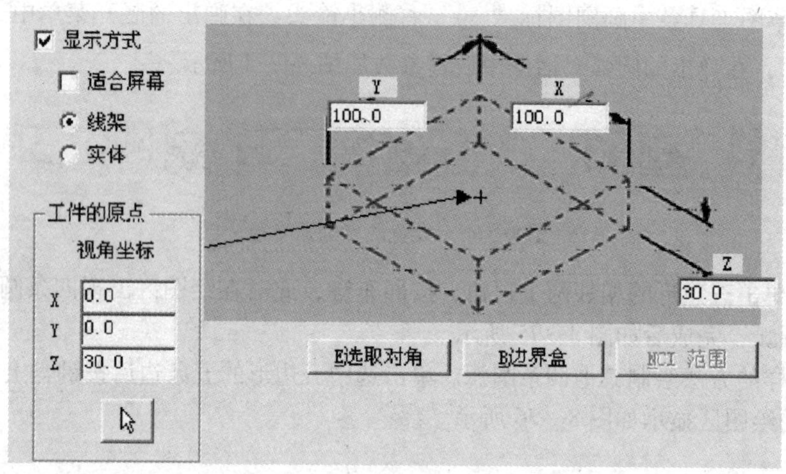

图 8—78 设置毛坯参数及工件原点

2）单击“✓”完成工件毛坯设定，此时绘图区显示如图 8—79 所示。

3. 刀具路径规划

（1）二维轮廓刀具路径

1）单击线架显示图标“⊕”，使实体线架显示。

2）单击下拉菜单［T 刀具路径］/［C 外形铣削刀具路径］或直接单击外形铣削刀具路径工具条“⊡”，弹出“串连选项”对话框，选择串连按钮“⊂⊃”。

3）单击绘图区带圆角轮廓的一条边，此时绘图区显示如图 8—80 所示。

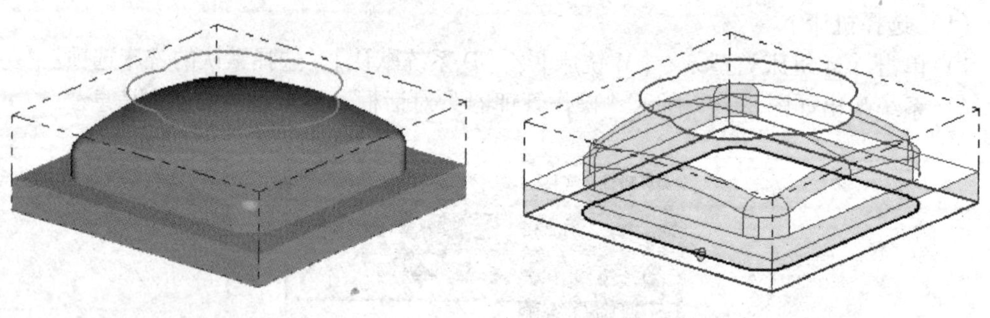

图 8—79 显示工件毛坯　　图 8—80 选择二维加工轮廓

4）单击“✓”按钮，系统弹出“外形（2D）”对话框，选择 ϕ20 mm 平底刀，设定相应的刀具参数。

5）单击【外形铣削参数】选项卡，按图 8—81 所示设置参数。

6）选择【P 分层铣深...】，弹出“深度分层切削设置”对话框，按图 8—82 所示设置深度分层切削参数。

7）单击“✓”按钮，生成如图 8—83 所示刀具路径。

8）单击“刀具路径管理器”对话框中的“1 - 外形 (2D) - [WCS:”使其图标打“√”，再单击该对话框中的“⬢”进行实体切削验证，实体验证结果如图 8—84 所示。

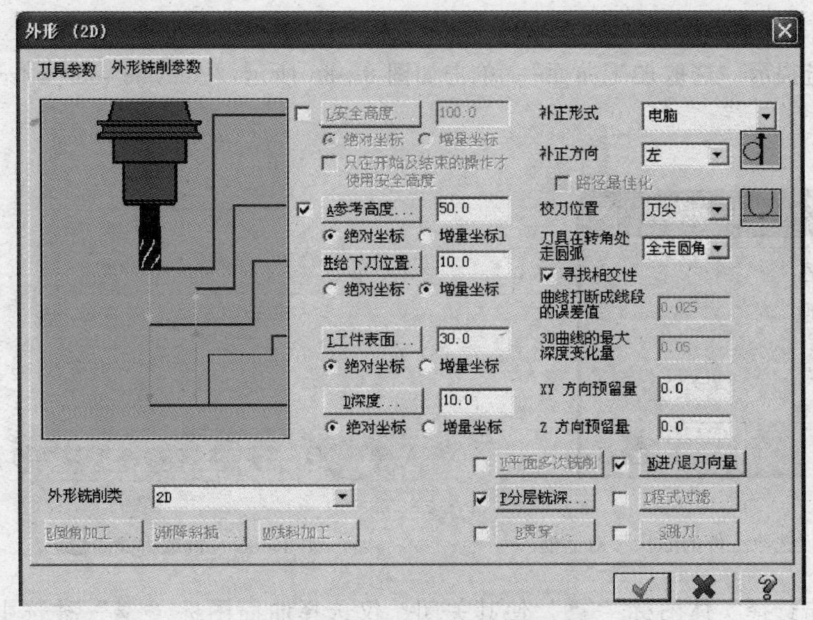

图 8—81　设置外形铣削参数

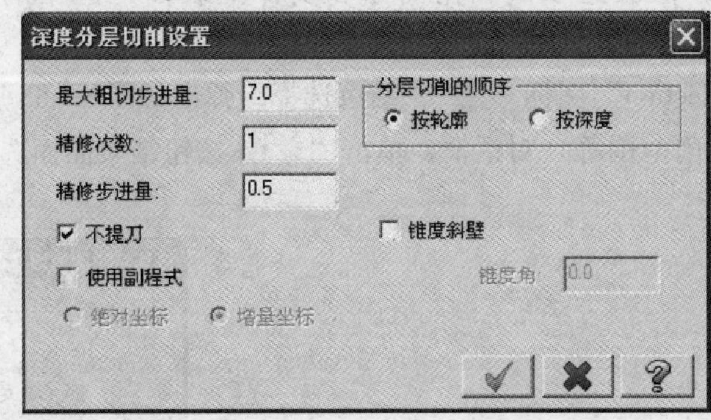

图 8—82　设定分层切削参数

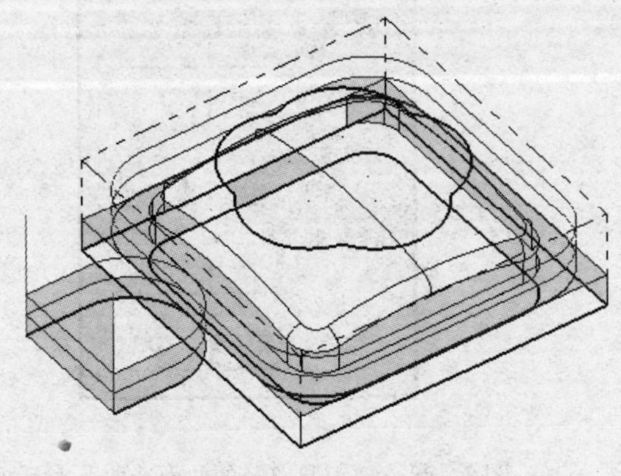

图 8—83　刀具路径

图 8—84　实体切削验证

(2) 曲面平行铣削粗加工

1) 单击图形着色图标“ ”，使实体呈着色显示。

2) 单击菜单［T 刀具路径］/［R 曲面粗加工］/［P 平行铣削...］，弹出如图 8—85

所示“选取工件的形状”对话框，选中“凸”后单击“”按钮。

3）系统提示“选取加工曲面”，单击如图 8—86 所示“Activate solid selection”图标“”。

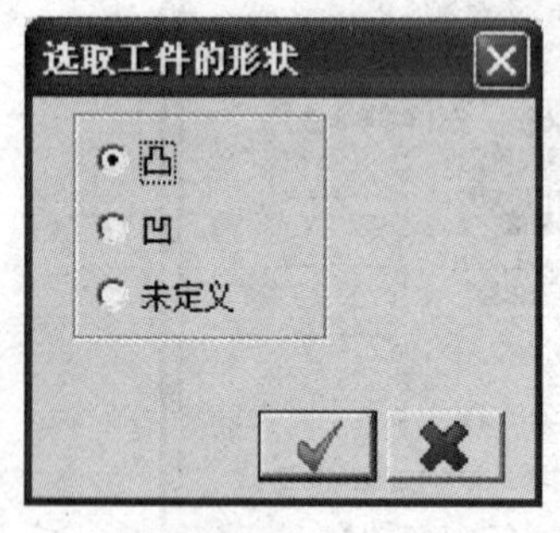

图 8—85 “选取工件的形状”对话框

图 8—86 选取方式图标

4）单击选择实体图标“”使其关闭，仅选择曲面图标“”被选中。系统提示“选取实体或面”，依次选取倒圆角曲面和实体上表面，选中的曲面如图 8—87 所示。

5）单击“End Selection”图标“”，结束选择，弹出如图 8—88 所示“刀具路径的曲面选取”（干涉面、切削范围等）对话框，单击“”按钮结束曲面选择。

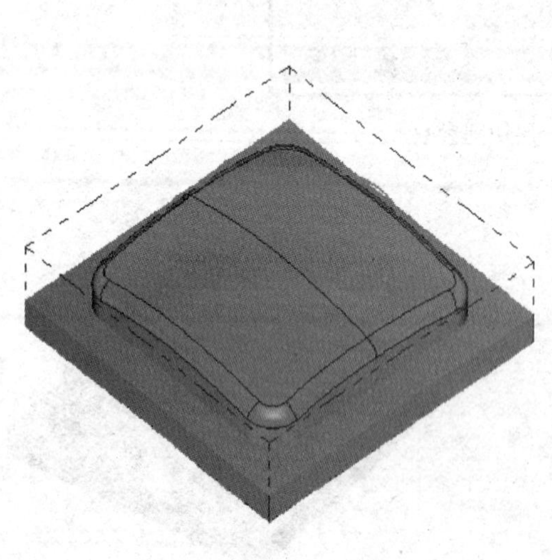

图 8—87 选中加工曲面

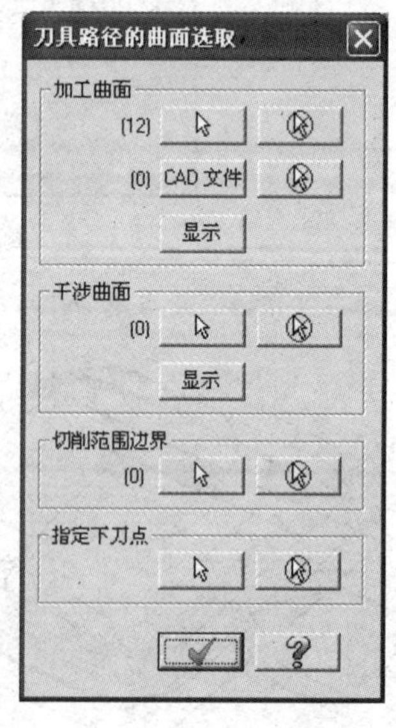

图 8—88 “刀具路径的曲面选取”对话框

6）在弹出的“曲面粗加工平行铣削”对话框中，单击【刀具参数】选项卡，选择 ϕ20 mm、R4 mm 的圆鼻刀作为加工用刀具，设定相应的刀具加工参数。

7）单击【曲面参数】选项卡，如图 8—89 所示，设定相应的曲面参数。

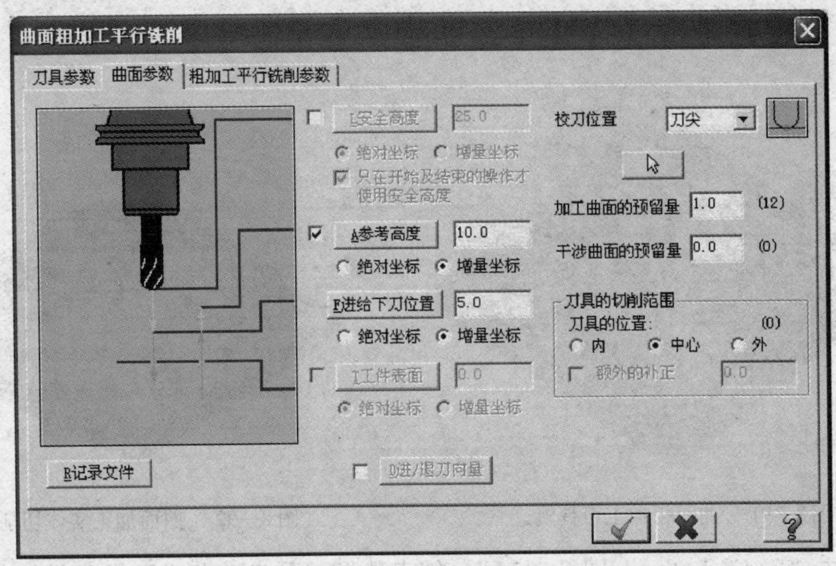

图 8—89　设定平行铣削粗加工的曲面参数

8）单击【粗加工平行铣削参数】选项卡，按如图 8—90 所示设定相应的粗加工平行铣削参数。

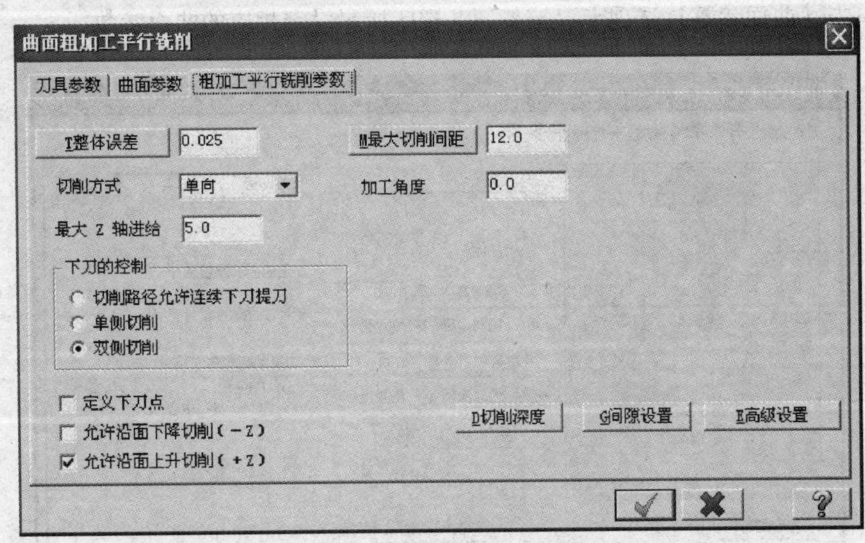

图 8—90　设定粗加工平行铣削参数

9）单击“”按钮，生成如图 8—91 所示曲面粗加工刀具轨迹。

10）单击“刀具路径管理器”对话框中的全选按钮“”，再单击该对话框中的“”进行实体切削验证，实体验证结果如图 8—92 所示。

（3）曲面平行铣削精加工

1）单击菜单［T 刀具路径］/［F 曲面精加工］/［P 平行加工...］。

2）系统提示“选取加工曲面”，单击“Activate solid selection”图标“”，同样选择图 8—87 所示倒圆角曲面和实体上表面。

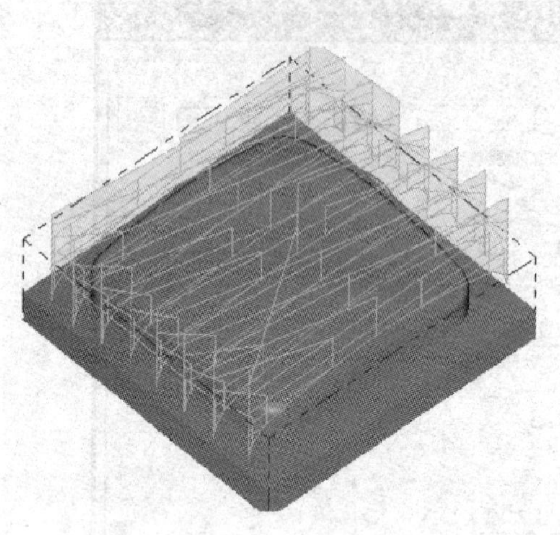

图 8—91　曲面粗加工刀具轨迹

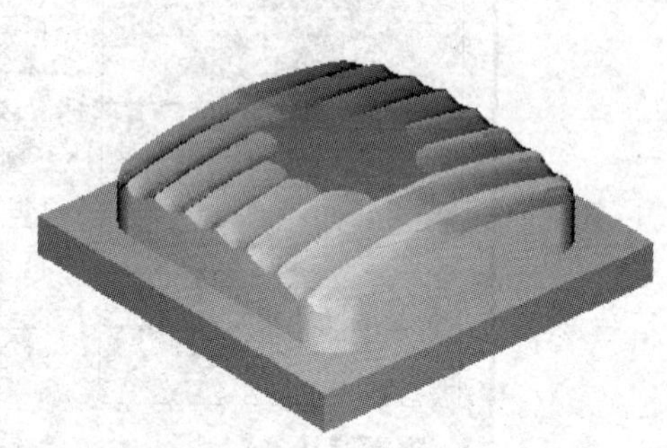

图 8—92　曲面加工实体切削验证

3）单击“End Selection”图标“ ”，结束选择，系统弹出“刀具路径的曲面选取”对话框。

4）单击“ ”按钮，在弹出的“曲面精加工平行铣削”对话框中，单击【刀具参数】选项卡，选择 *R*6 mm 球头铣刀作为加工刀具，设定相应的刀具加工参数。

5）单击【曲面参数】选项卡，按如图 8—93 所示设定相应的曲面参数。

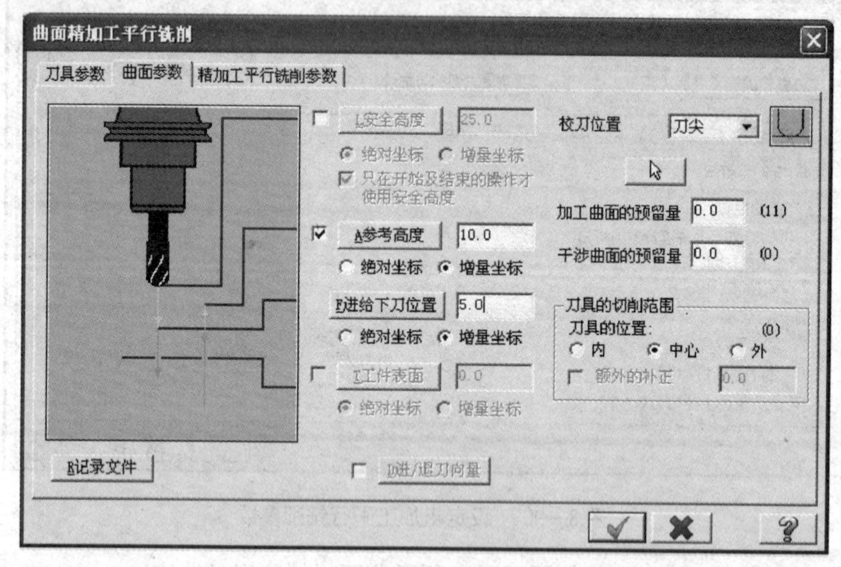

图 8—93　设定平行铣削精加工的曲面参数

6）单击【精加工平行铣削参数】选项卡，按如图 8—94 所示设定相应的精加工平行铣削参数。

7）单击“ ”按钮，生成如图 8—95 所示曲面加工刀具轨迹。

8）单击“刀具路径管理器”对话框中的全选按钮“ ”，再单击该对话框中的“ ”进行实体切削验证，实体验证结果如图 8—96 所示。

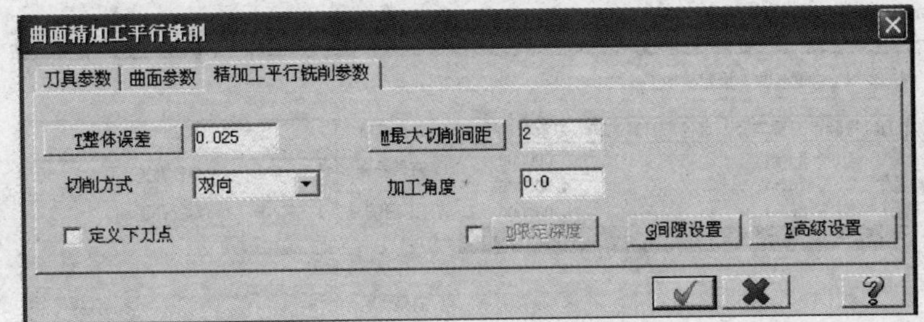

图 8—94 设定精加工平行铣削参数

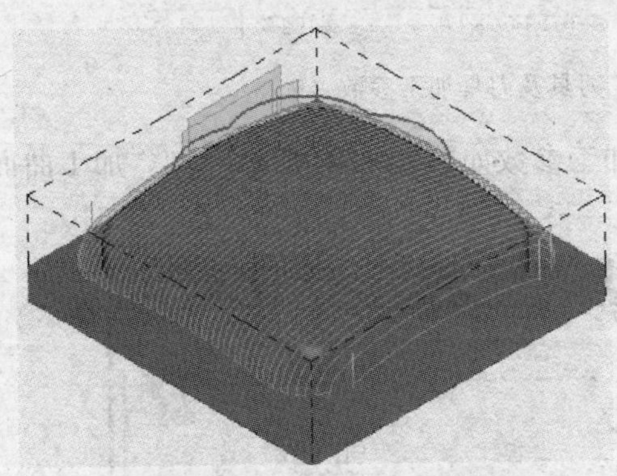

图 8—95 曲面精加工刀具轨迹

图 8—96 曲面精加工实体切削验证

(4) 曲面投影加工

1) 单击键盘组合键"Alt + T",隐藏刀具路径。

2) 单击菜单[T 刀具路径]/[F 曲面精加工]/J 投影加工...]。

3) 系统提示"选取加工曲面",单击"Activate solid selection"图标" ",系统提示"选取实体或面",选中实体上表面,单击"End Selection"图标" ",结束选择。

4) 系统弹出如图 8—97 所示"刀具路径的曲面选取"对话框。直接单击【选取曲线】后的" "按钮。选择梅花形曲线串连,选中后的投影曲线串连如图 8—98 所示。

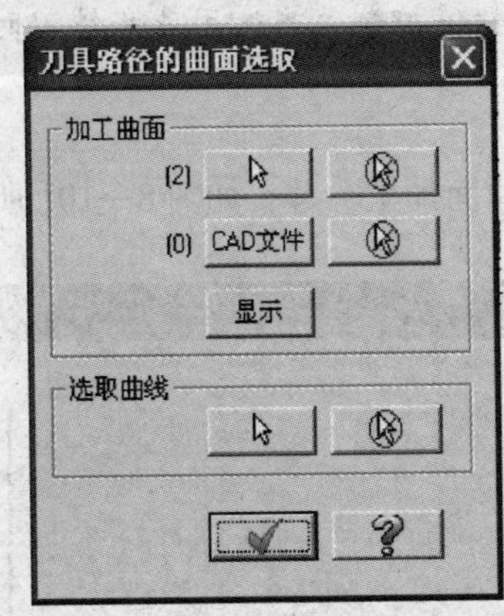

图 8—97 "刀具路径的曲面选取"对话框

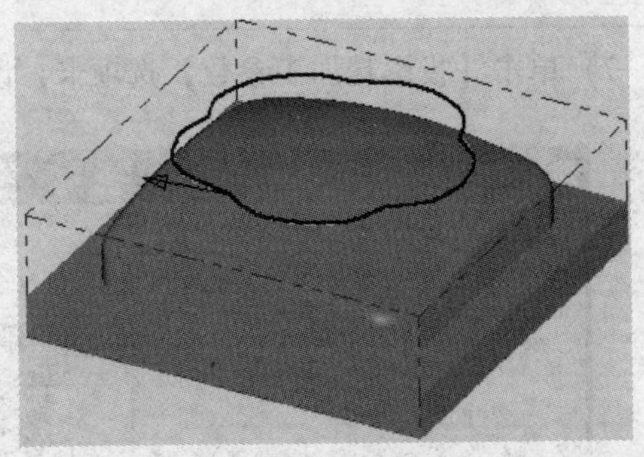

图 8—98 选中投影曲线串连

5) 系统弹出"曲面精加工投影"对话框。选择 $\phi3$ mm 球头铣刀作为加工刀具,加工参数如图 8—99 所示。

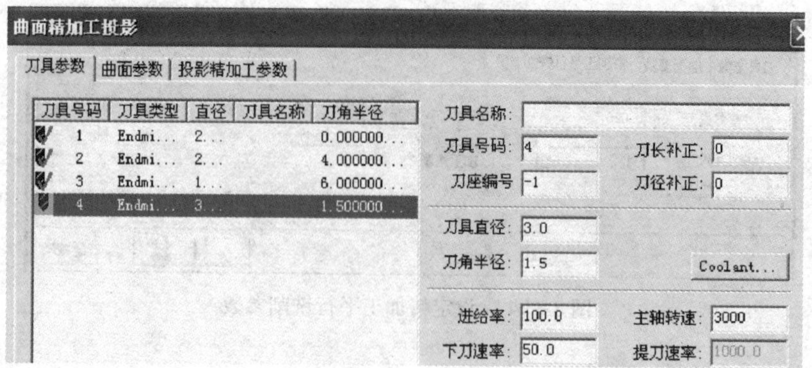

图 8—99　设定投影加工刀具及刀具加工参数

6）选择【曲面参数】选项卡，设定曲面加工参数如图 8—100 所示，将“加工曲面的预留量”设置为 - 1.5 mm。

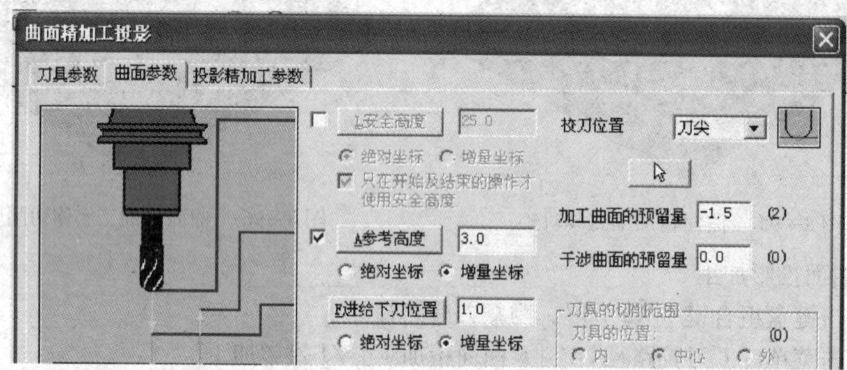

图 8—100　设定投影精加工的曲面参数

曲面投影加工的深度由“加工曲面的预留量”的数值控制，当选用球头铣刀时，其最大深度不能大于刀具半径。

7）单击【投影精加工参数】选项卡，设定相应的曲面加工参数，如图 8—101 所示。

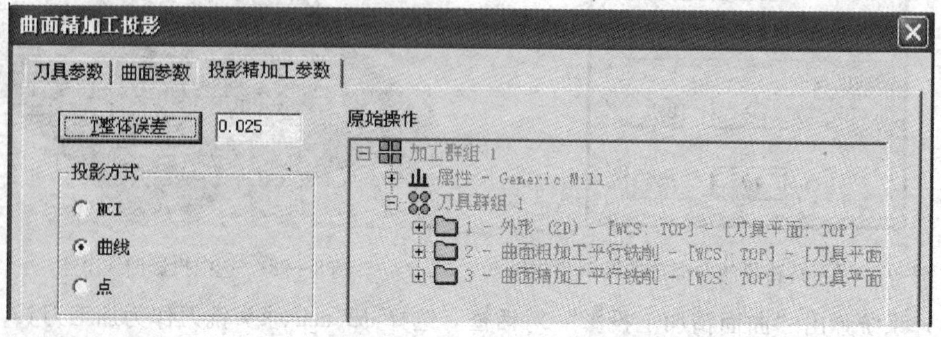

图 8—101　设定投影精加工的加工参数

8）单击“刀具路径管理器”对话框中的全选按钮“ ”，再单击该对话框中的“ ”进行实体切削验证，实体验证结果如图 8—102 所示。

4. 后置处理生成加工程序

单击如图 8—103 所示“刀具路径管理器”对话框中的全选按钮“ ”，再单击该对话框中的“G1”进行后置处理，后置处理生成的程序如图 8—104 所示。

图 8—102　投影加工实体切削验证

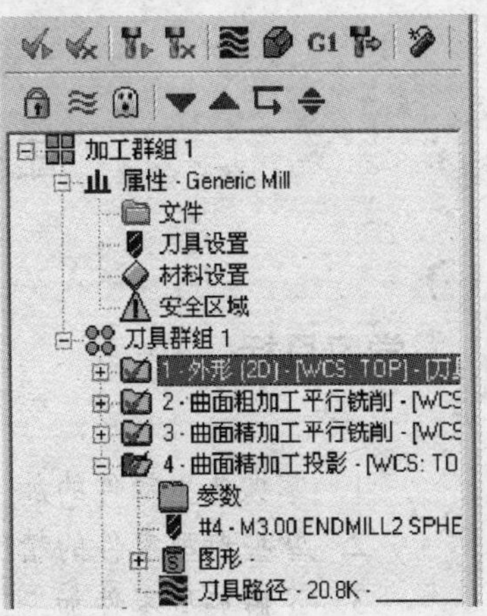

图 8—103　“刀具路径管理器”对话框

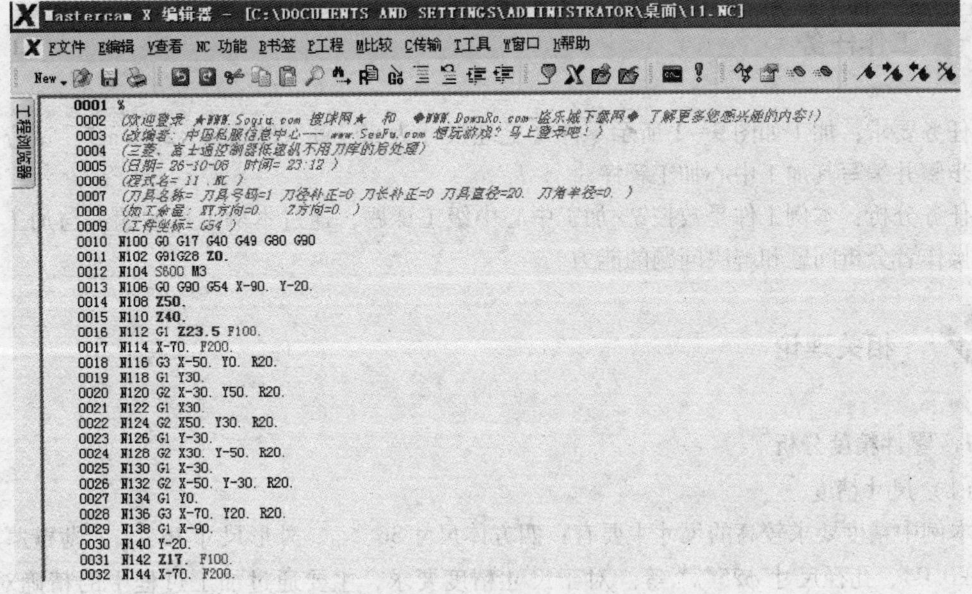

图 8—104　后置处理生成加工程序

项目九

典型零件加工实例

任务1　综合实例一

学习目标

1. 掌握典型零件的加工方法。
2. 掌握典型零件的精度分析方法。
3. 了解典型零件加工工艺分析方法。
4. 掌握综合零件的编程方法。

工作任务

任务要求：加工如图9—1所示零件（毛坯尺寸为80 mm×80 mm×20 mm），试分析其加工步骤并编写其加工中心加工程序。

任务分析：本例工件是数控铣/加工中心中级工课题，通过本例工件的编程与加工，可提高操作者分析问题和解决问题的能力。

相关理论

1. 零件精度分析

（1）尺寸精度

本例中精度要求较高的尺寸主要有：四方体尺寸$36_{-0.03}^{0}$、外形尺寸$76_{-0.03}^{0}$、薄壁厚度尺寸1±0.04、孔径尺寸$\phi25_{0}^{+0.03}$等。对于尺寸精度要求，主要通过加工过程中的精确对刀、正确选用刀具的磨损量和正确选用合适的加工工艺等措施来保证。

（2）形状和位置精度

本例中没有形状公差要求，主要的位置精度有：底部两个加工表面相对于上平面的平行度要求、孔轴线相对于轮廓上表面的垂直度要求等。对于位置精度要求，在对刀精确的情况下，主要通过工件在夹具中的正确安装与校正等措施来保证。

（3）表面粗糙度

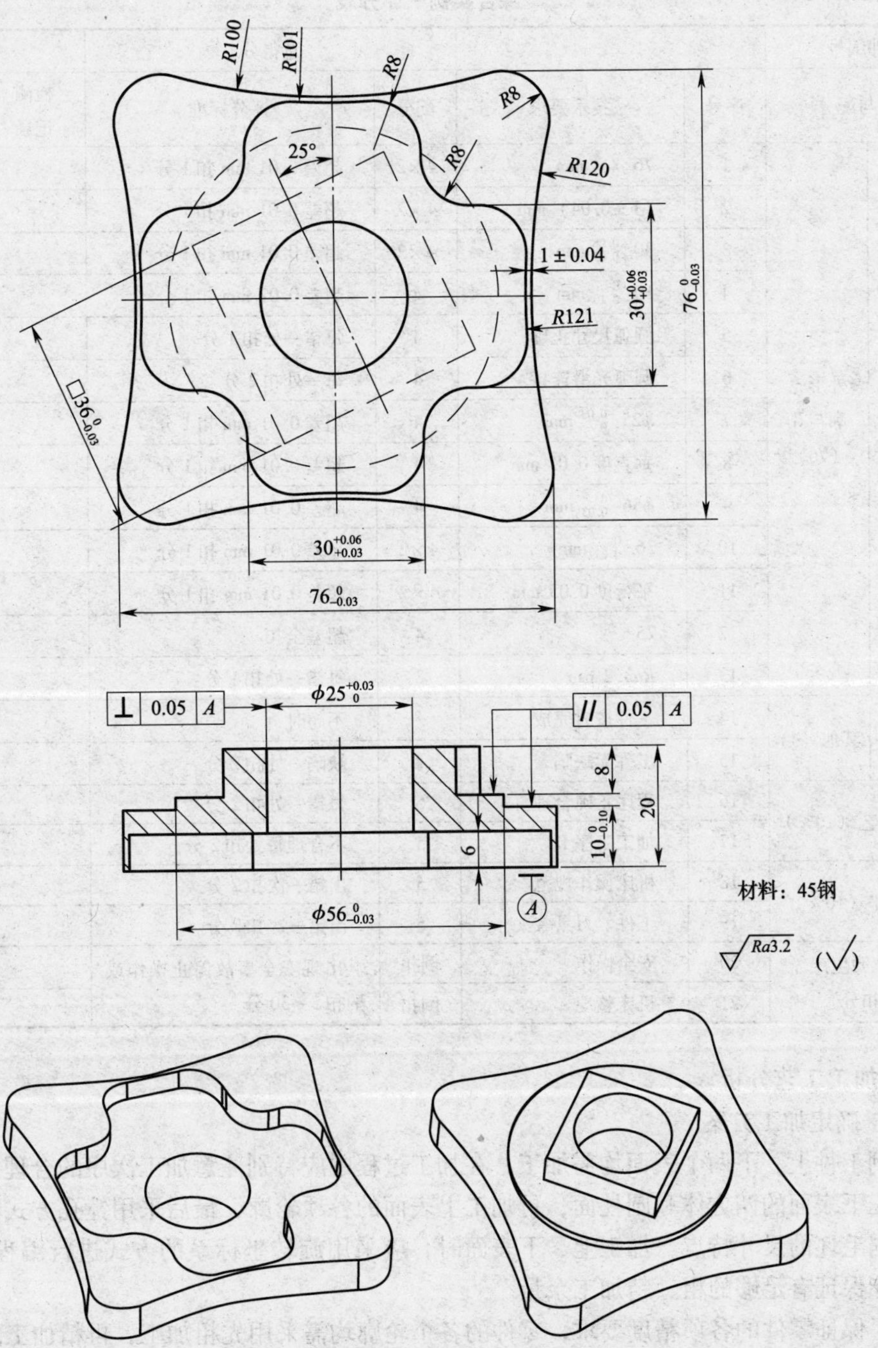

图 9—1　综合实例一

本例工件所有加工表面的表面粗糙度均为 *Ra*3. 2 μm。对于表面粗糙度要求，主要通过选用正确的粗、精加工路线，选用合适的切削用量等措施来保证。

2．加工要求

本实例的工时定额（包括编程与程序手动输入）为 4 h，其评分表见表 9—1。

表 9—1　　综合实例一评分表

工件编号				总得分			
项目与配分		序号	技术要求	配分	评分标准	检测记录	得分
工件加工评分（80%）	外形轮廓与孔（76）	1	$76_{-0.03}^{0}$ mm	4×2	超差 0.01 mm 扣 1 分		
		2	（1±0.04）mm	4×2	超差 0.01 mm 扣 1 分		
		3	$30_{+0.03}^{+0.06}$ mm	4×2	超差 0.01 mm 扣 1 分		
		4	$10_{-0.10}^{0}$ mm	4	超差 0.02 mm 扣 1 分		
		5	圆弧尺寸正确	4	每错一处扣 1 分		
		6	圆弧光滑连接	4	每一处扣 2 分		
		7	$\phi25_{0}^{+0.03}$ mm	4	超差 0.01 mm 扣 1 分		
		8	垂直度 0.05 mm	4	超差 0.01 mm 扣 1 分		
		9	$\phi56_{-0.03}^{0}$ mm	4	超差 0.01 mm 扣 1 分		
		10	$36_{-0.03}^{0}$ mm	4×2	超差 0.01 mm 扣 1 分		
		11	平行度 0.05 mm	4×2	超差 0.01 mm 扣 1 分		
		12	25°	4	超差全扣		
		13	$Ra3.2$ μm	8	每错一处扣 1 分		
	其他（4）	14	工件按时完成	/	不超时		
		15	工件无缺陷	4	缺陷一处扣 2 分		
程序与工艺（10%）		16	程序正确合理	5	每错一处扣 2 分		
		17	加工工序卡	5	不合理每处扣 2 分		
机床操作（10%）		18	机床操作规范	5	出错一次扣 2 分		
		19	工件、刀具装夹	5	出错一次扣 2 分		
安全文明生产（倒扣分）		20	安全操作	倒扣	出现安全事故停止操作或酌扣 5～30 分		
		21	机床整理	倒扣			

3. 加工工艺分析

（1）确定加工方案

本例工件上、下两个表面均需加工，在加工过程中应特别注意加工次序的合理选择。先选择加工下表面的四方体和圆柱面，再加工上表面的各项轮廓，最后采用镗孔方式精加工内孔。根据毛坯的尺寸特点，加工上、下表面时，应采用旋转坐标系的方式进行编程与加工，否则不能保证有足够的粗、精加工余量。

为了保证零件的各项精度要求，零件的各个轮廓均需采用先粗加工，再精加工的加工方案。粗加工主要用于去除工件余量，应以保证加工效率为主，因此粗加工一般使用大直径刀具。粗加工时，通过修改刀具半径补偿参数值来保证精加工余量的大小，在保证加工精度的基础上，应选择较小的精加工余量。粗加工和精加工一般采用顺铣即左刀补的加工方式。

（2）确定加工步骤

1）选择 $\phi20$ mm 的立铣刀采用坐标系旋转方式加工四方体（见图 9—2a）。

2）选择 $\phi20$ mm 的立铣刀加工圆柱体（见图 9—2b）。

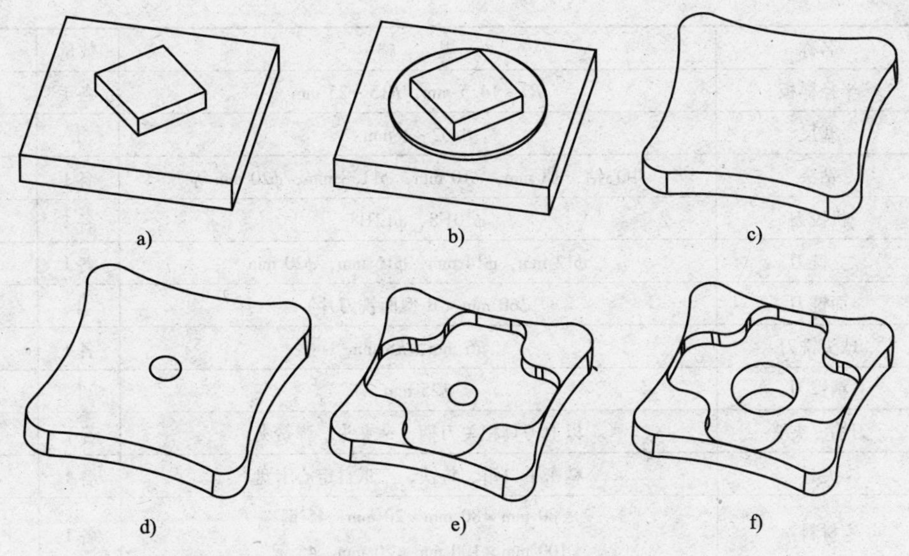

图 9—2　零件加工步骤

3）以四方体为基准面装夹校正工件。

4）选择 ϕ20 mm 的立铣刀加工上部外形轮廓（见图 9—2c）。

5）选择 ϕ10 mm 的钻头进行钻孔加工（见图 9—2d）。

6）选择 ϕ14 mm 的立铣刀加工内轮廓（见图 9—2e）。

7）选择 ϕ14 mm 的立铣刀扩孔，保证孔径为 ϕ24.6 mm。

8）选择 ϕ25 mm 精镗刀精镗孔，保证孔径（见图 9—2f）。

9）零件去毛刺、倒棱，进行零件自检。

任务实施

1. 选择合适的工具、量具和刀具

加工本例工件时，选择的工具、量具、刀具及材料见表 9—2。

表 9—2　　**工具、量具、刀具及材料清单表**

序号	名称	规　格	数量	备注
1	游标卡尺	0 ~ 150 mm，0.02 mm	1	
2	万能量角器	0 ~ 320°，2′	1	
3	千分尺	0 ~ 25 mm，25 ~ 50 mm，50 ~ 75 mm，75 ~ 100 mm，0.01 mm	各 1	
4	内径百分表	18 ~ 35 mm，0.01 mm	1	
5	内径千分尺	25 ~ 50 mm，0.01 mm	1	
6	塞规	ϕ10H8	1	
7	游标深度尺	0 ~ 200 mm，0.02 mm	1	
8	深度千分尺	0 ~ 25 mm，0.01 mm	1	
9	百分表、磁性表座	0 ~ 10 mm，0.01 mm	各 1	

续表

序号	名称	规　格	数量	备注
10	半径样板	$R7$ ~14.5 mm，$R15$ ~25 mm	各1	选用
11	塞尺	0.02 ~1 mm	1	
12	钻头	中心钻，$\phi8$ mm，$\phi10$ mm，$\phi11.8$ mm，$\phi20$ mm 等	各1	选用
13	机铰刀	$\phi10$H8，$\phi12$H8	各1	
14	立铣刀	$\phi12$ mm，$\phi14$ mm，$\phi16$ mm，$\phi20$ mm	各1	选用
15	面铣刀	$\phi60$ mm（R 型面铣刀片）	1	
16	球头铣刀	$R6$ mm，$R8$ mm	各1	
17	精镗刀	$\phi25$ mm	1	
18	刀柄、夹头	以上刀具相关刀柄，钻夹头，弹簧夹	若干	
19	夹具	精密平口钳、垫铁、三爪自定心卡盘	各1	选用
20	材料	80 mm×80 mm×20 mm，45 钢 100 mm×100 mm×20 mm，45 钢	各1	
21	其他	常用加工中心机床辅具	若干	

2. 基点坐标分析

本例中选择 Mastercam 软件或 CAXA 制造工程师软件进行基点坐标分析，得出的各基点坐标如图 9—3 所示。

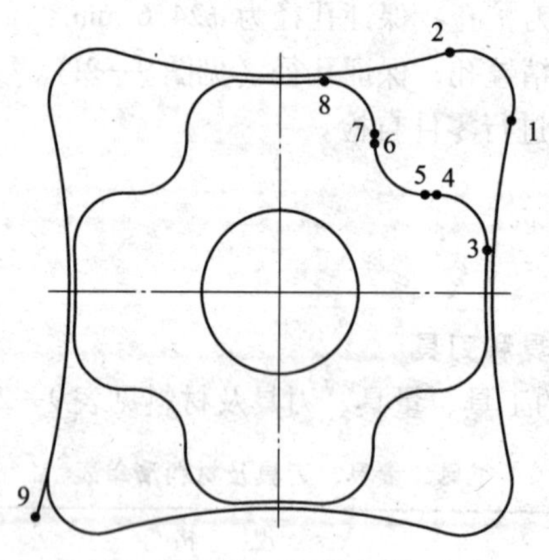

基点坐标			
1	（37.78，28.13）	6	（15.0，23.0）
2	（27.78，37.69）	7	（15.0，24.97）
3	（33.61，6.57）	8	（6.49，32.96）
4	（25.62，15.0）	9	（−39.65，−35）
5	（23.0，15.0）		

图 9—3　局部基点坐标

3. 编制加工程序

本例工件加工中心加工程序见表9—3。

表9—3 **参考程序**

刀具	ϕ20 mm 立铣刀、ϕ14 mm 立铣刀、ϕ25 mm 精镗刀	
程序段号	加工程序	程序说明
	O0010；	底部轮廓加工程序
N10	G90 G94 G40 G21 G17 G54 F100；	程序初始化
N20	G91 G28 Z0；	程序开始部分
N30	G90 G00 X-50.0 Y-50.0；	
N40	M03 S500；	
N50	G00 Z30.0 M08；	
N60	G01 Z-8.0；	
N70	G68 X0 Y0 R25.0；	坐标系旋转
N80	G41 G01 X-18.0 D01；	建立刀补
N90	Y18.0；	加工四方体
N100	X18.0；	
N110	Y-18.0；	
N120	X-25.0；	
N130	G69；	取消坐标系旋转
N140	G40 G01 X-50.0 Y-50.0；	取消刀补
N150	G01 Z-10.0；	刀具重新定位
N160	G41 G01 X-28.0 D01；	
N170	Y0；	加工圆凸台
N180	G02 I28.0；	
N190	G40 G01 X-50.0 Y-50.0；	
N200	G00 Z100.0；	程序结束部分
N210	M05 M09；	
N220	M30；	
	O0020；	外轮廓加工程序
N10	G90 G94 G40 G21 G17 G54 F100；	程序开始部分
N20	G91 G28 Z0；	
N30	G90 G00 X-60.0 Y-50.0；	
N40	M03 S500；	
N50	G00 Z20.0 M08；	
N60	G01 Z-11.0；	刀具Z坐标定位
N70	G68 X0 Y0 R25.0；	坐标系旋转

续表

刀具	φ20 mm 立铣刀、φ14 mm 立铣刀、φ25 mm 精镗刀	
程序段号	加工程序	程序说明
	O0020;	底部轮廓加工程序
N80	G41 G01 X-39.65 Y-35.0 D01;	加工外轮廓
N90	G03 X-37.78 Y28.13 R120.0;	
N100	G02 X-27.78 Y37.69 R8.0;	
N110	G03 X27.78 R100.0;	
N120	G02 X37.78 Y28.13 R8.0;	
N130	G03 Y-28.13 R120.0;	
N140	G02 X27.78 Y-37.69 R8.0;	
N150	G03 X-27.78 R100.0;	
N160	G02 X-37.78 Y-28.13 R8.0;	
N170	G40 G01 X-50.0;	
N180	G69;	取消坐标系旋转
N190	G91 G28 Z0;	程序结束部分
N200	M05 M09;	
N210	M30;	
	O0030;	内轮廓加工程序
N10	G90 G94 G40 G21 G17 G54 F100;	程序开始部分
N20	G91 G28 Z0;	
N30	G90 G00 X0 Y0;	
N40	M03 S700;	
N50	G00 Z20.0 M08;	刀具 Z 向定位
N60	G01 Z-6.0;	
N70	G68 X0 Y0 R25.0;	坐标系旋转
N80	G41 G01 X0 Y-15.0 D01;	加工右侧内轮廓
N90	X25.62;	
N100	G03 X33.61 Y-6.57 R8.0;	
N110	G02 Y6.57 R121.0;	
N120	G03 X25.62 Y15.0 R8.0;	
N130	G01 X23.0;	
N140	G02 X15.0 Y23.0 R8.0;	加工上方内轮廓
N150	G01 Y24.97;	
N160	G03 X6.49 Y32.96 R8.0;	
N170	G02 X-6.49 R101.0;	
N180	G03 X-15.0 Y24.97 R8.0;	
N190	G01 Y23.0;	

续表

刀具	ϕ20 mm 立铣刀、ϕ14 mm 立铣刀、ϕ25 mm 精镗刀	
程序段号	加工程序	程序说明
	O0030;	底部轮廓加工程序
N200	G02 X -23.0 Y15.0 R8.0;	加工左侧内轮廓
N210	G01 X -25.62;	
N220	G03 X -33. 61Y6.57 R8.0;	
N230	G02 Y -6.57 R121.0;	
N240	G03 X -25.62 Y -15.0 R8.0;	
N250	G01 X -23.0;	
N260	G02 X -15.0 Y -23.0 R8.0;	加工下方内轮廓
N270	G01 Y -24.97;	
N280	G03 X -6.49 Y -32.96 R8.0;	
N290	G02 X6.49 R101.0;	
N300	G03 X15.0 Y -24.97 R8.0;	
N310	G01 Y -23.0;	
N320	G02 X23.0 Y -15.0 R8.0;	
N330	G40 G01 X0 Y0;	取消刀具补偿和坐标系旋转
N340	G69;	
N350	G91 G28 Z0;	程序结束部分
N360	M05 M09;	
N370	M30;	
	O0040;	精镗孔加工程序
N10	G90 G94 G40 G21 G17 G54 F100;	程序开始部分
N20	G91 G28 Z0;	
N30	G90 G00 X0 Y0;	
N40	M03 S1500;	
N50	G00 Z50.0 M08;	精镗孔
N60	G76 X0 Y0 Z -22.0 R3.0 Q1000 F100;	
N70	G80;	
N80	G91 G28 Z0;	程序结束部分
N90	M05 M09;	
N100	M30;	

说明：

（1）请读者自行编写粗加工铣孔加工程序。

（2）轮廓加工时，粗、精加工采用同一程序，通过修改刀具半径补偿值来保证精加工余量和零件的加工精度。同时注意修改程序中的切削用量参数。

（3）采用精镗孔指令时，应注意加工过程中镗刀刀尖的退刀方向。

任务 2　综合实例二

学习目标

1. 进一步掌握典型零件的加工方法。
2. 了解数控加工工艺文件。
3. 掌握数控加工工序卡的编制方法。
4. 提高综合零件的编程技巧。

工作任务

任务要求：加工如图 9—4 所示零件（毛坯尺寸为 80 mm × 80 mm × 20 mm），试编写该零件单件加工的加工工序卡和加工中心加工程序。

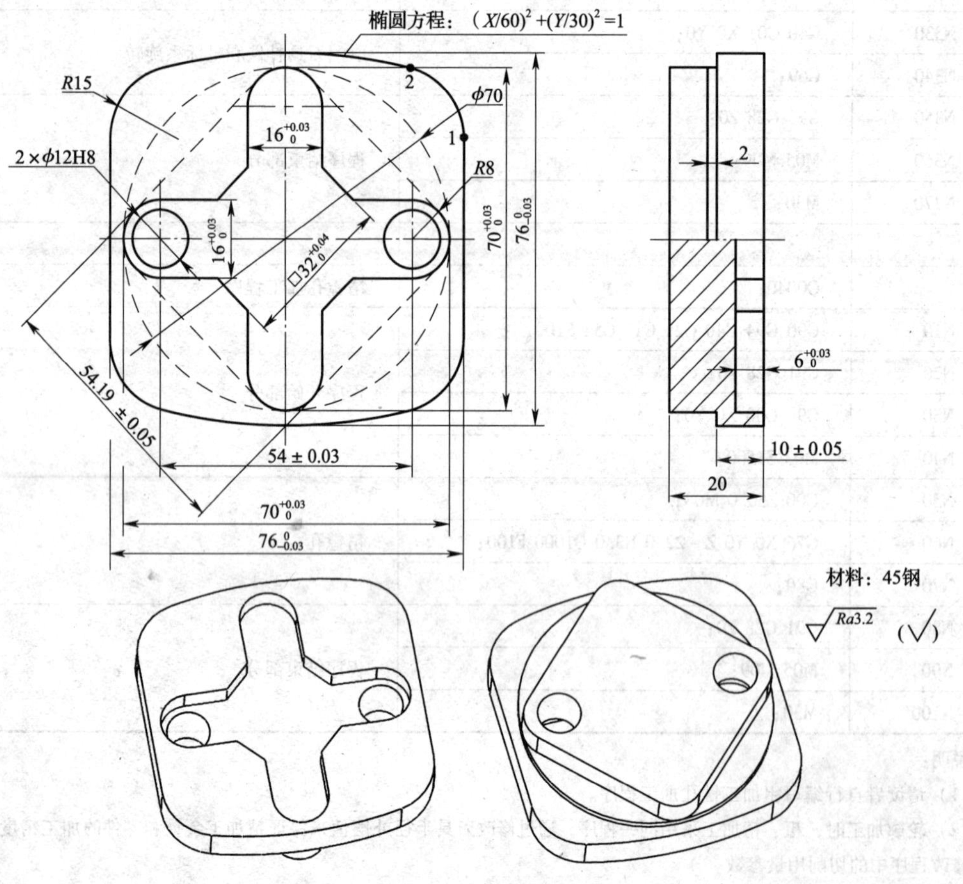

图 9—4　综合实例二

任务分析：加工本例工件时，为了保证加工上表面轮廓时有足够的加工余量，零件上、下均需采用坐标系旋转的编程方式进行加工。

相关理论

1. 数控加工工艺文件

数控加工工艺文件是数控加工与数控加工工艺内容的具体体现，常用的数控工艺文件包括数控加工编程任务书、数控加工工序卡片、数控加工刀具调整单、数控机床调整单、数控加工进给路线图、数控加工程序单等。

以上工艺文件中，数控加工工序卡片和数控加工刀具调整单中的数控刀具明细表最为重要，前者是说明加工顺序和加工要素的文件，后者是刀具使用的依据。

为了加强技术文件管理，数控加工工艺文件也应向标准化、规范化方向发展。但目前尚无统一的国家标准，各企业可参照本书并根据本部门特点自行制定有关工艺文件。

（1）数控加工编程任务书

数控加工编程任务书是编程人员和工艺人员协调工作和编制程序的重要依据，主要包括数控加工工序的技术要求、工序说明、编程前工件余量等内容，详见表9—4。

表9—4　　数控加工编程任务书

××技师学院数控实习工厂	数控编程任务书	产品代号	零件名称	零件图号
		ST	灯罩模	ST2

主要工艺说明及技术要求：数控铣精加工灯罩模花纹，……

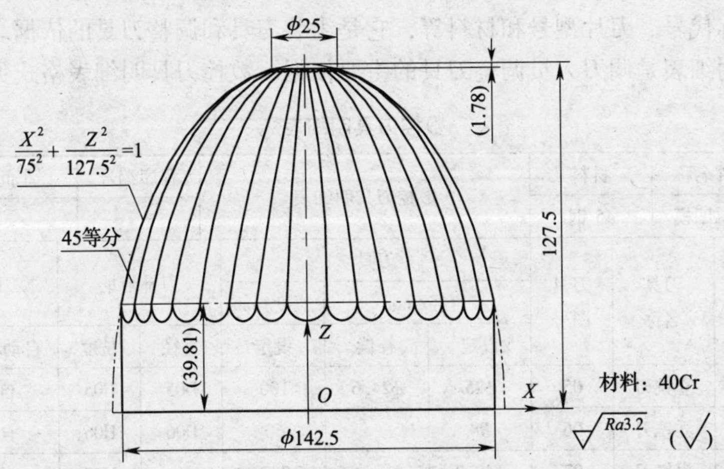

设备	TH7650	工艺员		编程员		收到日期	
编制		审核		批准		共__页　第__页	

（2）数控加工工序卡片

数控加工工序卡主要用于反映使用的辅具、刀具规格、切削用量参数、切削液、加工工步等内容，它是操作人员结合数控程序进行数控加工的主要指导性工艺资料。工序卡应按已确定的工步顺序填写。数控加工工序卡片格式见表9—5。

表9—5　　　　数控加工工序卡片

××技师学院 数控实习工厂	数控加工工序卡片		产品代号		零件名称		零件图号
			ST		灯罩模		ST2
工艺序号	程序编号	夹具名称	夹具编号		使用设备		车间
10	ST15	三爪自定心卡盘			TH7650		
工步号	工步内容（加工面）		刀具号	刀具规格	主轴转速/（r/min）	进给速度（mm/min）	铣削深度（mm）
1	粗加工曲面		T01	*ϕ*20 mm 立铣刀、*R*3 mm 圆鼻刀	2000	200	5
2	半精加工曲面		T02	*R*8 mm 球头铣刀	2500	300	2
3	精加工曲面		T03	*R*6 mm 球头铣刀	4000	500	0.5
…	…		…	…	…	…	…
编制		审核		批准		共__页　第__页	

若在数控机床上只进行零件某一工步的加工，也可不填写工序卡。在工序加工内容不十分复杂时，可把零件草图画在工序卡上，并注明对刀点和编程原点。

（3）数控刀具调整单

数控刀具调整单主要包括数控刀具卡片（简称刀具卡）和数控刀具明细表（简称刀具表）两部分。

加工中心数控刀具卡片分别详细记录了每一把数控刀具的刀具编号、刀具结构、尾柄规格、组合件名称代号、刀片型号和材料等，它是组装刀具和调整刀具的依据。

数控刀具明细表是调刀人员调整刀具的主要依据。数控刀具明细表格式见表9—6。

表9—6　　　　数控刀具明细表

零件图号	零件名称	材料	数控刀具明细表			程序编号	车间	使用设备	
ST—4	灯罩凹模	45钢						TH7650	
刀号	刀位号	刀具名称	刀具图号	刀具			刀补地址		换刀方式	加工部位
				直径/mm		长度/mm				
				设定	补偿	设定	直径	长度	自动/手动	
T13005	T05	立铣刀	05	*ϕ*25	*ϕ*24.6	100	D05	H05	自动	
T13006	T06	立铣刀	06	*R*8		60	D06	H06	自动	
T13007	T07	粗镗刀	07	*ϕ*49.8		237		H07	自动	
T13008	T08	精镗刀	08	*ϕ*50.01		250		H08	自动	
…	…	…		…	…	…	…	…	…	
编制		审核		批准			年　月　日		共　页	第　页

（4）机床调整单

机床调整单是机床操作人员在加工前调整机床的依据。它主要包括机床控制面板开关调整单和数控加工零件安装、零点设定卡片两部分。

机床控制面板开关调整单主要记有机床控制面板上有关“开/关”的位置，如进给速度 f 调整旋钮位置或超调（倍率）旋钮位置和冷却方式等内容。

数控加工零件安装和零点（编程坐标系原点）设定卡片（简称装夹图和零点设定卡）标明了数控加工零件定位方法和夹紧方法，也标明了工件零点设定的位置和坐标方向，使用夹具的名称和编号等。工件安装和零点设定卡片格式见表 9—7。

表 9—7　　工件安装和零点设定卡片

零件图号	ST2	数控加工工件安装和零点设定卡片		工序号		
零件名称	灯罩模			装夹次数		
				3	梯形槽螺栓	
				2	压板	
				1	三爪自定心卡盘	
编制	审核	批准	第　页			
			共　页	序　号	夹具名称	夹具图号

（5）数控加工程序单

数控加工程序单是编程人员根据工艺分析情况，经过数值计算，按照机床特点的指令代码编制的。它是记录数控加工工艺过程、工艺参数、位移数据的清单，也是手动输入数据（MDI）、制作控制介质、实现数控加工的主要依据。

2. 加工要求分析

本实例的工时定额（包括编程与程序手动输入）为 4 h，其评分表见表 9—8。

表 9—8　　综合实例二评分表

工件编号			总得分				
项目与配分		序号	技术要求	配分	评分标准	检测记录	得分
工件加工评分（80%）	外形轮廓与孔（76）	1	$76_{-0.03}^{0}$ mm	4×2	超差 0.01 mm 扣 1 分		
		2	$16_{0}^{+0.03}$ mm	4×2	超差 0.01 mm 扣 1 分		
		3	$32_{0}^{+0.04}$ mm	4×2	超差 0.01 mm 扣 1 分		
		4	$70_{0}^{+0.03}$ mm	4×2	超差 0.01 mm 扣 1 分		
		5	(10±0.05) mm	4	超差 0.02 mm 扣 1 分		

续表

工件编号				总得分			
项目与配分		序号	技术要求	配分	评分标准	检测记录	得分
工件加工评分（80%）	外形轮廓与孔（76）	6	椭圆轮廓正确	4×2	每错一处扣1分		
		7	圆弧尺寸正确	4	每错一处扣1分		
		8	ϕ12H8	3×2	超差0.01 mm扣1分		
		9	（54±0.03）mm	4	超差0.01 mm扣1分		
		10	$6^{+0.03}_{0}$ mm	4	超差0.01 mm扣1分		
		11	（54.19±0.05）mm	3×2	超差0.01 mm扣1分		
		12	ϕ70 mm	2	超差全扣		
		13	*Ra*3.2 μm	6	每错一处扣1分		
	其他（4）	14	工件按时完成	/	不超时		
		15	工件无缺陷	4	缺陷一处扣2分		
程序与工艺（10%）		16	程序正确合理	5	每错一处扣2分		
		17	加工工序卡	5	不合理每处扣2分		
机床操作（10%）		18	机床操作规范	5	出错一次扣2分		
		19	工件、刀具装夹	5	出错一次扣2分		
安全文明生产（倒扣分）		20	安全操作	倒扣	出现安全事故停止操作或酌扣5~30分		
		21	机床整理	倒扣			

任务实施

1. 选择合适的工具、量具和刀具

加工本例工件时，参照表9—2选择工具、量具、刀具及材料。

2. 基点坐标分析

选择Mastercam软件或CAXA制造工程师软件进行基点坐标分析，得出图9—4中局部基点坐标如下：

1（38.0，20.33）；2（26.60，34.89）

3. 编制加工工序卡

本例工件的加工步骤如图9—5所示，其加工工序卡见表9—9。

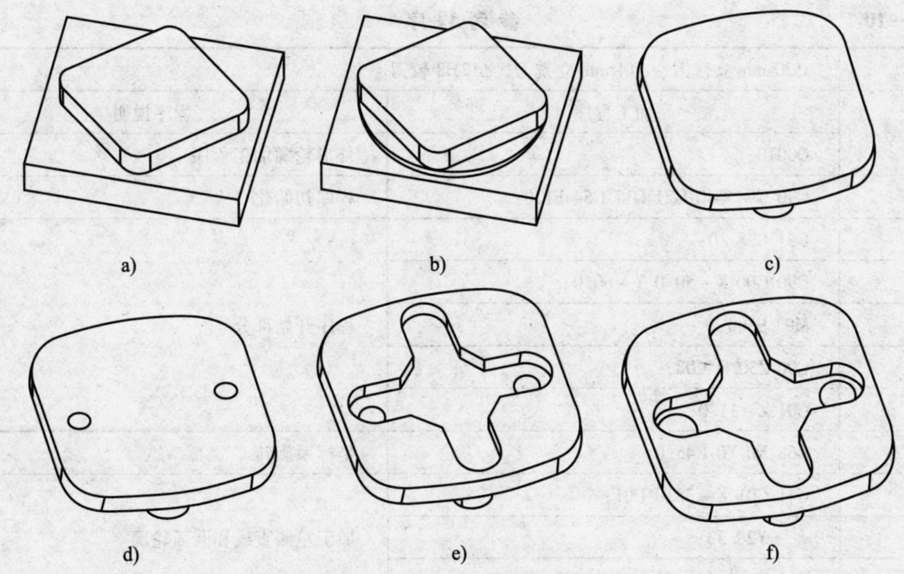

图9—5　零件加工步骤

a）加工四方体　b）加工圆柱体　c）加工外轮廓　d）钻孔　e）加工内轮廓　f）铰孔

表9—9　　数控加工工序卡

××技师学院 数控实习工厂	数控加工工序卡片		产品代号		零件名称		零件图号
					综合实例二		ZJ001
工艺序号	程序编号	夹具名称	夹具编号		使用设备		车间
1	O901	平口钳			TH7650		NC1
工步号	工步内容（加工面）		刀具号	刀具规格	主轴转速（r/min）	进给速度（mm/min）	铣削深度（mm）
1	粗加工背面轮廓		T01	ϕ20 mm 立铣刀	500	120	8
2	精加工背面轮廓（见图9—5a、b）		T01	ϕ20 mm 立铣刀	1 000	60	8
3	粗加工外形轮廓		T01	ϕ20 mm 立铣刀	500	120	10
4	精加工外形轮廓（见图9—5c）		T01	ϕ20 mm 立铣刀	1 000	60	10
5	钻孔（见图9—5d）		T02	ϕ8 mm 钻头	800	80	0.5*D*
6	粗加工内轮廓		T03	ϕ14 mm 立铣刀	700	120	6
7	精加工内轮廓（见图9—5e）		T03	ϕ14 mm 立铣刀	1 200	60	6
8	扩孔		T04	ϕ11.8 mm 钻头	700	80	0.5*D*
9	铰孔（见图9—10f）		T05	ϕ12H8 铰刀	200	100	0.1
编制		审核		批准		共__页　第__页	

4. 编制加工程序

本例工件的局部加工程序见表9—10。

表 9—10　　参考程序

刀具	ϕ20 mm 立铣刀、ϕ14 mm 立铣刀、ϕ12H8 铰刀	
程序段号	加工程序	程序说明
	O0010；	外形轮廓加工程序
N10	G90 G94 G40 G21 G17 G54 F120；	程序初始化
N20	G91 G28 Z0；	程序开始部分
N30	G90 G00 X-50.0 Y-60.0；	
N40	M03 S500；	
N50	G00 Z30.0 M08；	
N60	G01 Z-11.0；	
N70	G68 X0 Y0 R45.0；	坐标系旋转
N80	G41 G01 X-38.0 D01；	加工左侧直线和圆弧轮廓
N90	Y20.33；	
N100	G02 X-26.60 Y34.89 R15.0；	
N110	#1 = -26.10；	椭圆公式中的 X 坐标
N120	#2 =30/60 * SORT [60.0×60.0-#1 * #1]；	椭圆公式中的 Y 坐标
N130	#3 =#1；	椭圆工件坐标系中的 X 坐标
N140	#4 =#2 +8.0；	椭圆工件坐标系中的 Y 坐标
N150	G01 X#3 Y#4；	加工上方椭圆
N160	#1 =#1 +0.5；	条件判断
N170	IF [#1 LE 26.60] GOTO 120；	
N180	G02 X38.0 Y20.33 R15.0；	加工右侧直线和圆弧轮廓
N190	G01 Y-20.33；	
N200	G02 X26.60 Y-34.89 R15.0；	
N210	#1 =26.10；	椭圆公式中的 X 坐标
N220	#2 =30/60 * SORT [60.0×60.0-#1 * #1]；	椭圆公式中的 Y 坐标
N230	#3 =#1；	椭圆工件坐标系中的 X 坐标
N240	#4 = -#2-8.0；	椭圆工件坐标系中的 Y 坐标
N250	G01 X#3 Y#4；	加工下方椭圆
N260	#1 =#1 -0.5；	条件判断
N270	IF [#1 GE -26.60] GOTO 220；	
N280	G02 X-38.0 Y-20.33 R15.0；	取消刀补
N290	G40 G01 X-50.0 Y-50.0；	
N300	G69；	取消坐标系旋转
N310	G91 G28 Z0；	程序结束部分
N320	M05 M09；	
N330	M30；	

续表

刀具	ϕ20 mm立铣刀、ϕ14 mm立铣刀、ϕ12H8铰刀	
程序段号	加工程序	程序说明
	O0020；	外形轮廓加工程序
	O0020；	铰孔加工程序
N10	G90 G94 G40 G21 G17 G54 F100；	程序开始部分
N20	G91 G28 Z0；	
N30	G90 G00 X0 Y0；	
N40	M03 S200；	
N50	G00 Z50.0 M08；	铰孔
N60	G85 X27.0 Y0 Z-25.0 R3.0 F100；	
N70	X-27.0 Y0；	
N80	G80；	
N90	G91 G28 Z0；	程序结束部分
N100	M05 M09；	
N110	M30；	

任务3　综合实例三

学习目标

1. 进一步提高综合零件的编程技巧。
2. 进一步提高综合零件的加工技巧。
3. 进一步提高综合零件的加工工艺分析能力。

工作任务

任务要求：加工如图9—6所示零件（坯件尺寸为80 mm×80 mm×20 mm），试编写该零件加工的加工刀具卡和加工中心加工程序。

任务分析：加工本例工件时，其轮廓倒圆角加工程序和螺旋线加工程序的编程难度较大，学员仅需根据提供的加工程序来完成程序的输入与零件的加工。

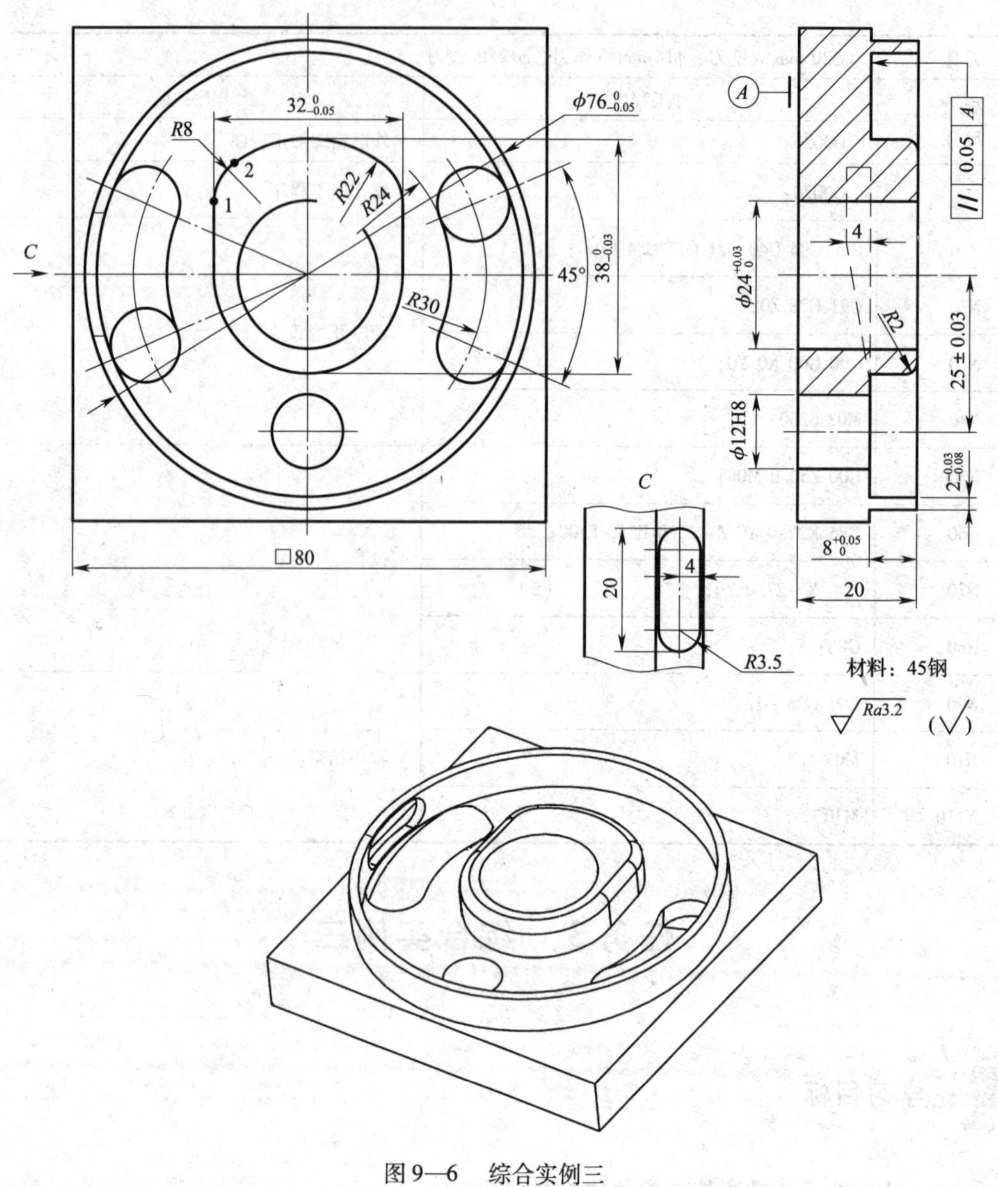

图 9—6　综合实例三

相关理论

1. 加工难点分析

本例工件的加工难点有三处，分别为侧面腰形槽的加工、轮廓倒圆角和两个螺旋槽的加工。加工腰形槽时，应特别注意零件的装夹，夹紧力要适中，防止装夹过程中夹伤已加工的圆环轮廓；轮廓倒圆角时，其加工程序由教师编写，学员仅完成程序的输入与倒圆角加工；加工螺旋槽时，采用极坐标指令和螺旋线加工指令进行编程。

2. 加工要求分析

本实例的工时定额（包括编程与程序手动输入）为 4 h，其评分表见表 9—11。

表 9—11　　综合实例三评分表

<table>
<tr><td colspan="2">工件编号</td><td colspan="2"></td><td colspan="4">总得分</td></tr>
<tr><td colspan="2">项目与配分</td><td>序号</td><td>技术要求</td><td>配分</td><td>评分标准</td><td>检测记录</td><td>得分</td></tr>
<tr><td rowspan="15">工件加工评分（80%）</td><td rowspan="13">外形轮廓与孔（76）</td><td>1</td><td>$\phi76_{-0.05}^{0}$ mm</td><td>5</td><td>超差 0.02 mm 扣 1 分</td><td></td><td></td></tr>
<tr><td>2</td><td>$8_{0}^{+0.05}$ mm</td><td>5</td><td>超差 0.02 mm 扣 1 分</td><td></td><td></td></tr>
<tr><td>3</td><td>$2_{-0.08}^{-0.03}$ mm</td><td>5</td><td>超差 0.02 mm 扣 1 分</td><td></td><td></td></tr>
<tr><td>4</td><td>$32_{-0.05}^{0}$ mm</td><td>5</td><td>超差 0.02 mm 扣 1 分</td><td></td><td></td></tr>
<tr><td>5</td><td>$38_{-0.05}^{0}$ mm</td><td>5</td><td>超差 0.02 mm 扣 1 分</td><td></td><td></td></tr>
<tr><td>6</td><td>轮廓倒圆角</td><td>6</td><td>出错全扣</td><td></td><td></td></tr>
<tr><td>7</td><td>两螺旋槽正确</td><td>5×2</td><td>每错一处扣 5 分</td><td></td><td></td></tr>
<tr><td>8</td><td>45°、深 4 mm</td><td>4×2</td><td>每错一处扣 3 分</td><td></td><td></td></tr>
<tr><td>9</td><td>ϕ12H8</td><td>5</td><td>超差 0.02 mm 扣 1 分</td><td></td><td></td></tr>
<tr><td>10</td><td>$\phi24_{0}^{+0.03}$ mm</td><td>5</td><td>超差 0.02 mm 扣 1 分</td><td></td><td></td></tr>
<tr><td>11</td><td>(25 ±0.03) mm</td><td>5</td><td>超差 0.02 mm 扣 1 分</td><td></td><td></td></tr>
<tr><td>12</td><td>内孔 Ra3.2 μm</td><td>2×2</td><td>每错一处扣 2 分</td><td></td><td></td></tr>
<tr><td>13</td><td>轮廓 Ra3.2 μm</td><td>8</td><td>每错一处扣 1 分</td><td></td><td></td></tr>
<tr><td rowspan="2">其他（4）</td><td>14</td><td>工件按时完成</td><td>/</td><td>不超时</td><td></td><td></td></tr>
<tr><td>15</td><td>工件无缺陷</td><td>4</td><td>缺陷一处扣 2 分</td><td></td><td></td></tr>
<tr><td colspan="2" rowspan="2">程序与工艺（10%）</td><td>16</td><td>程序正确合理</td><td>5</td><td>每错一处扣 2 分</td><td></td><td></td></tr>
<tr><td>17</td><td>加工工序卡</td><td>5</td><td>不合理每处扣 2 分</td><td></td><td></td></tr>
<tr><td colspan="2" rowspan="2">机床操作（10%）</td><td>18</td><td>机床操作规范</td><td>5</td><td>出错一次扣 2 分</td><td></td><td></td></tr>
<tr><td>19</td><td>工件、刀具装夹</td><td>5</td><td>出错一次扣 2 分</td><td></td><td></td></tr>
<tr><td colspan="2" rowspan="2">安全文明生产（倒扣分）</td><td>20</td><td>安全操作</td><td>倒扣</td><td rowspan="2">出现安全事故停止操作或酌扣 5 ~ 30 分</td><td></td><td></td></tr>
<tr><td>21</td><td>机床整理</td><td>倒扣</td><td></td><td></td></tr>
</table>

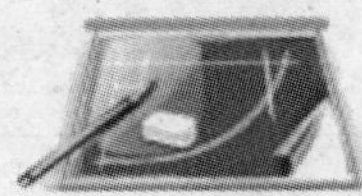

任务实施

1. 选择合适的工具、量具和刀具

加工本例工件时，参照表 9—2 选择工具、量具、刀具及材料。

2. 基点坐标分析

选择 Mastercam 软件或 CAXA 制造工程师软件进行基点坐标分析，得出图 9—6 中局部基点坐标如下：

1（−16.0，11.49）；2（−12.57，18.05）

3. 分析加工步骤

本例工件的加工步骤如图 9—7 所示。

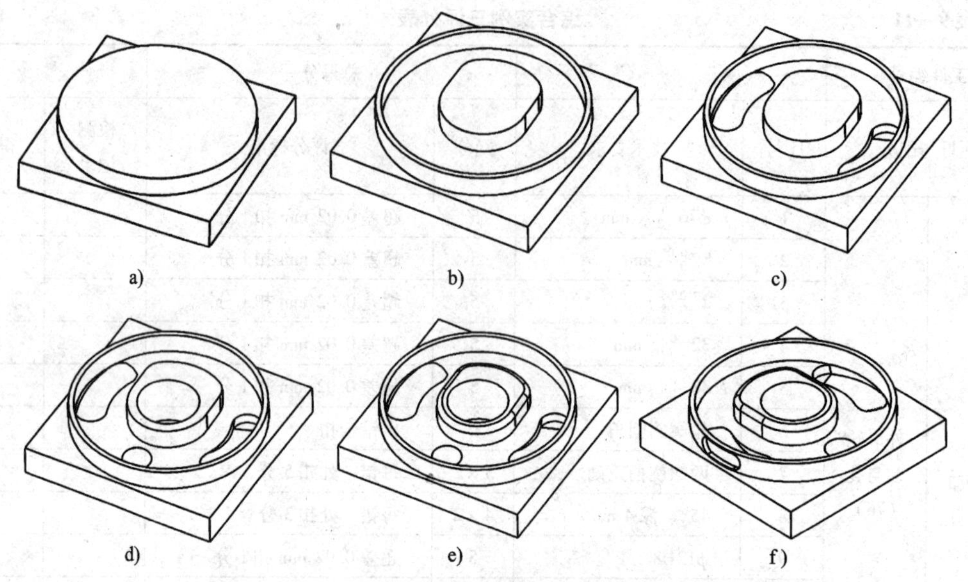

图 9—7　零件加工步骤

a）加工圆凸台　b）加工内轮廓　c）加工螺旋槽　d）加工孔

e）轮廓倒角　f）加工侧孔

4. 编制加工程序

本例工件的局部加工程序见表 9—12。

表 9—12　　**参考程序**

<table>
<tr><td>刀具</td><td colspan="2">R6 mm 球头铣刀、φ12 mm 立铣刀等</td></tr>
<tr><td rowspan="2">程序段号</td><td>加工程序</td><td>程序说明</td></tr>
<tr><td>O0010;</td><td>轮廓倒角加工程序</td></tr>
<tr><td>N10</td><td>G90 G94 G40 G21 G17 G54 F120;</td><td>程序初始化</td></tr>
<tr><td>N20</td><td>G91 G28 Z0;</td><td rowspan="4">程序开始部分</td></tr>
<tr><td>N30</td><td>G90 G00 X-26.0 Y-5.0;</td></tr>
<tr><td>N40</td><td>M03 S800;</td></tr>
<tr><td>N50</td><td>G00 Z30.0 M08;</td></tr>
<tr><td>N60</td><td>#101 = 0.0;</td><td>初始角度为 0°</td></tr>
<tr><td>N70</td><td>#102 = 8.0 * SIN [#101] -8.0;</td><td>刀位点 Z 坐标</td></tr>
<tr><td>N80</td><td>#103 = 8.0 * COS [#101] -6.0;</td><td>补偿参数</td></tr>
<tr><td>N90</td><td>G01 Z#102;</td><td>Z 向定位</td></tr>
<tr><td>N100</td><td>G10 L12 P1 R#103;</td><td>导入刀具半径补偿参数</td></tr>
<tr><td>N110</td><td>M98 P20;</td><td>轮廓倒圆角加工</td></tr>
<tr><td>N120</td><td>#101 = #101 + 5.0;</td><td>角度增加 5°</td></tr>
<tr><td>N130</td><td>IF [#101 LE 89.0] GOTO 70;</td><td>条件判断</td></tr>
</table>

续表

刀具	*R*6 mm 球头铣刀、ϕ12 mm 立铣刀等	
程序段号	加工程序	程序说明
	O0010;	轮廓倒角加工程序
N140	G91 G28 Z0;	程序结束部分
N150	M05 M09;	
N160	M30;	
	O0020;	轮廓加工子程序
N10	G41 G01 X-16.0 Y-5.0 D01;	轮廓加工程序
N20	Y11.49;	
N30	G02 X-12.57 Y18.05 R8.0;	
N40	G02 X12.57 R22.0;	
N50	G02 X16.0 Y11.49 R8.0;	
N60	G01 Y0;	
N70	G02 X-16.0 R16.0;	
N80	G40 G01 X-26.0 Y-5.0;	
N90	M99	返回主程序
	O0030;	螺旋槽加工程序
N10	G90 G94 G40 G21 G17 G54 F120;	程序初始化
N20	G91 G28 Z0;	
N30	G90 G16;	极坐标编程
N40	G00 X30.0 Y-22.5;	刀具定位
N50	M03 S800;	
N60	G00 Z30.0 M08;	
N70	G01 Z-8.0;	加工右侧螺旋槽
N80	G03 X30.0 Y22.5 Z-12.0 R30.0;	
N90	G00 Z5.0;	刀具定位
N100	G00 X30.0 Y157.5;	
N110	G01 Z-8.0;	
N120	G03 X30.0 Y202.5 Z-12.0 R30.0;	加工左侧螺旋槽
N130	G00 Z50.0;	
N140	G15	取消极坐标
N150	M05 M09;	程序结束
N160	M30;	

任务 4　综合实例四

学习目标

1. 进一步提高综合零件的编程技巧。
2. 进一步提高综合零件的加工技巧。
3. 进一步提高综合零件的加工工艺分析能力。

工作任务

任务要求：加工如图 9—8 所示零件（坯件尺寸为 100 mm × 100 mm × 20 mm），试编写其加工中心加工程序。

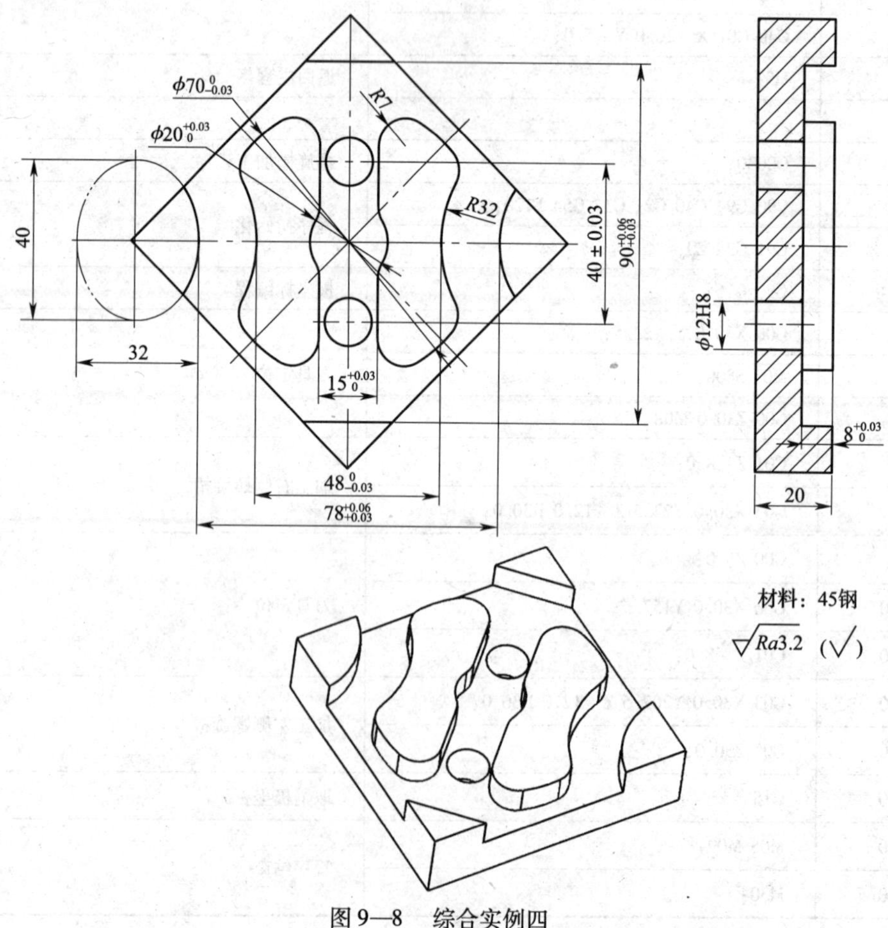

图 9—8　综合实例四

任务分析：加工本例工件时，由于工件的装夹面与零件的绘图平面（或加工平面）不平行，所以本例工件须采用坐标系旋转方式进行编程。

相关理论

1. 加工难点分析

加工本例工件中间的对称外形轮廓时，既可采用坐标镜像的方式编程，也可采用坐标系旋转的方式编程。采用坐标镜像的方式编程会改变刀具半径补偿的方向和刀具顺铣和逆铣的切削方式，从而降低零件的加工质量，而采用坐标系旋转方式编程，则不会出现以上这种情况。所以，本例工件采用坐标系旋转方式编程较为合适。

2. 加工要求分析

本实例的工时定额（包括编程与程序手动输入）为4 h，其评分表见表9—13。

表9—13　　综合实例四评分表

工件编号				总得分			
项目与配分		序号	技术要求	配分	评分标准	检测记录	得分
工件加工评分（80%）	外形轮廓与孔（76）	1	$\phi70_{-0.03}^{0}$ mm	5×2	超差0.01 mm扣1分		
		2	$\phi20_{0}^{+0.03}$ mm	5	超差0.01 mm扣1分		
		3	$15_{0}^{+0.03}$ mm	5	超差0.01 mm扣1分		
		4	$48_{-0.03}^{0}$ mm	5	超差0.01 mm扣1分		
		5	$78_{+0.03}^{+0.06}$ mm	5	超差0.02 mm扣1分		
		6	$90_{+0.03}^{+0.06}$ mm	5	超差0.01 mm扣1分		
		7	$8_{0}^{+0.03}$ mm	5	超差0.01 mm扣1分		
		8	椭圆轮廓	4×2	不正确全扣		
		9	轮廓位置正确	4	不正确全扣		
		10	ϕ12H8	4×2	超差0.01 mm扣1分		
		11	（40±0.03）mm	4	超差0.01 mm扣1分		
		12	孔 *Ra*3.2 μm	2×2	超差一处扣1分		
		13	外形轮廓 *Ra*3.2 μm	8	超差一处扣1分		
	其他（4）	14	工件按时完成	/	不超时		
		15	工件无缺陷	4	缺陷一处扣2分		

续表

工件编号		总得分				
项目与配分	序号	技术要求	配分	评分标准	检测记录	得分
程序与工艺（10%）	16	程序正确合理	5	每错一处扣2分		
	17	加工工序卡	5	不合理每处扣2分		
机床操作（10%）	18	机床操作规范	5	出错一次扣2分		
	19	工件、刀具装夹	5	出错一次扣2分		
安全文明生产（倒扣分）	20	安全操作	倒扣	出现安全事故停止操作或酌扣5~30分		
	21	机床整理	倒扣			

任务实施

1. 选择合适的工具、量具和刀具

加工本例工件时，参照表9—2选择工具、量具、刀具及材料。

2. 基点坐标分析

选择Mastercam软件或CAXA制造工程师软件进行基点坐标分析，得出该工件的局部基点坐标如图9—9所示。

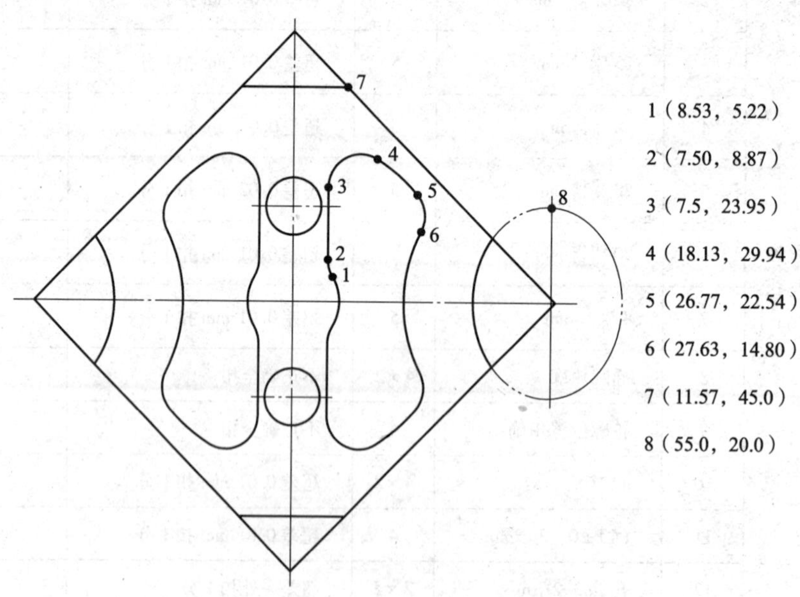

图9—9　局部基点坐标

3. 分析加工步骤

本例工件的加工步骤如下：

（1）选择$\phi14$ mm的立铣刀加工内部对称轮廓。

（2）选择$\phi14$ mm的立铣刀加工四个凸台。

（3）选择 ϕ8 mm 的钻头进行钻孔加工。

（4）选择 ϕ11.8 mm 的钻头进行扩孔加工。

（5）选择 ϕ12H8 的铰刀进行铰孔加工。

（6）零件去毛刺、倒棱，进行零件自检。

4. 编制加工程序

本例工件的局部加工程序见表 9—14。

表 9—14　　参考程序

刀具	ϕ14 mm 立铣刀、ϕ12H8 铰刀等	
程序段号	加工程序	程序说明
	O0010；	外形轮廓加工程序
N10	G90 G94 G40 G21 G17 G54 F120；	程序初始化
N20	G91 G28 Z0；	程序开始部分
N30	G90 G00 X20. 0 Y－60. 0；	
N40	M03 S500；	
N50	G00 Z30. 0 M08；	
N60	G01 Z－8. 0；	
N70	G68 X0 Y0 R－45. 0；	坐标系旋转
N80	M98 P20；	加工右侧椭圆
N90	G69；	取消坐标系旋转
N100	G00 Z5. 0；	刀具定位
N110	G00 X－20. 0 Y60. 0；	
N120	G01 Z－8. 0；	
N130	G68 X0 Y0 R135. 0；	坐标系旋转
N140	M98 P20；	加工左侧椭圆
N150	G69；	取消坐标系旋转
N160	G91 G28 Z0；	程序结束部分
N170	M05 M09；	
N180	M30；	
	O0020；	椭圆加工程序
N10	G41 G01 X55. 0 Y－20. 0 D01；	椭圆加工程序
N20	#1＝－19. 5；	
N30	#2＝16/20＊SORT［20. 0×20. 0－#1＊#1］；	
N40	#3＝#1；	
N50	#4＝55. 0－#2；	
N60	G01 X#4 Y#3；	
N70	#1＝#1＋0. 5；	
N80	IF［#1 LE 20. 0］GOTO 30；	
N90	M99	返回主程序

项目十

数控铣床/加工中心的结构与维护

任务1 数控铣床/加工中心的主传动系统与主轴部件的维护

学习目标

1. 了解数控铣床/加工中心主传动系统的特点。
2. 了解数控铣床/加工中心主轴部件的结构组成。
3. 掌握主轴部件的维护保养。

工作任务

主传动系统是数控铣床、加工中心机床的重要组成部分。主轴部件是机床的重要执行元件之一，它的结构尺寸、形状、精度及材料等，对机床的使用性能都有很大的影响，影响机床的加工精度。

本任务是通过参观生产现场或数控机床厂，了解数控铣床主传动系统、主轴部件的基本结构，现场对主轴部件进行维护保养操作，了解主轴部件结构特点，同时，掌握主轴部件的日常维护保养，如图10—1、图10—2所示。

图10—1 主轴安装现场

图10—2 主轴结构

相关理论

1. 对主传动系统的要求

数控铣床、加工中心主传动系统，是指将主轴电动机的原动力通过该传动系统变成可供切削加工用的切削力矩和切削速度。为了适应各种不同材料的加工及各种不同的加工方法，要求数控铣床、加工中心的主传动系统要有较宽的转速范围及相应的输出转矩。此外，由于主轴部件将直接装夹刀具对工件进行切削，因而对加工质量（包括加工表面粗糙度）及刀具使用寿命有很大的影响，所以对主传动系统的要求很高。为了能高效率地加工出高精度、低表面粗糙度值的工件，必须要有一个具有良好性能的主传动系统和一个具有高精度、高刚度、振动小、热变形及噪声均能满足需要的主轴部件。对主传动系统的要求见表 10—1。

表 10—1　　对主传动系统的要求

要求	内　容
主传动系统要有宽的调速范围及尽可能实现无级变速	数控加工时切削用量的选择，特别是切削速度的选择，关系到表面加工质量和机床生产率。对于自动换刀数控机床，为适应各种工序和不同材料加工的要求，更需要主传动系统有宽的自动变速范围 数控机床的主轴变速是依指令自动进行的，要求能在较宽转速范围内进行无级变速，并减少中间传递环节，以简化主轴箱。目前数控机床的主驱动系统要求在 1:（100～1 000）范围内进行恒转矩和 1:10 范围内的恒功率调速。由于主轴电动机与驱动的限制，为满足数控机床低速强力切削的需要，常采用分段无级变速的方法，即在低速段采用机械减速装置，以提高输出转矩
功率大	要求主轴有足够的驱动功率或输出转矩，在整个速度范围内均能提供切削所需的功率或转矩，特别是在强力切削时。并且有一定的过载能力和较硬的调速机械特性，即在负载变化的情况下，电动机转速波动小
动态响应性要好	要求主轴升降速时间短，调速时运转平稳。对有的数控机床，要能实现正、反转切削，这就要求换向时可进行自动加减速控制，即要求主轴有四象限驱动能力
精度高	主要指主轴回转精度。要求主轴部件具有足够的刚度和抗振性，具有较好的热稳定性，即主轴的轴向和径向尺寸随温度变化较小。另外，要求主传动系统的传动链要短
良好的抗振性和热稳定性	数控铣床、加工中心工作时，可能由于断续切削、加工余量不均匀、运动部件不平衡以及切削过程中的自振等原因引起冲击力和交变力，使主轴产生振动，影响加工精度和表面粗糙度；严重时甚至可能破坏刀具和主轴系统中的零件，使其无法工作。主轴系统的发热使其中所有零部件产生热变形，降低传动效率，破坏零部件之间的相对位置精度和运动精度，从而造成加工误差。因此，主轴组件要有较高的固有频率，较好的动平衡，且要保持合适的配合间隙，并要进行循环润滑

2. 数控铣床、加工中心的主轴变速方式

为了适应不同的加工要求，目前主传动系统大致可以分为三类：

（1）二级以上变速的主传动系统

变速装置多采用齿轮变速结构，故也称变速齿轮传动系统，图 10—3 所示是使用滑移齿轮实现二级变速的主传动系统。滑移齿轮的移位大都采用液压缸和拨叉或直接由液压缸带动齿轮来实现。因数控铣床、加工中心使用可调无级变速交流、直流电动机，所以经齿轮变速后，实现分段无级变速，增大了调速范围。其优点是能够满足各种切削运动的转矩输出，且具有大范围调节速度的能力，但由于结构复杂，需要增加润滑及温度控制装置，成本较高，此外制造和维修也比较困难。

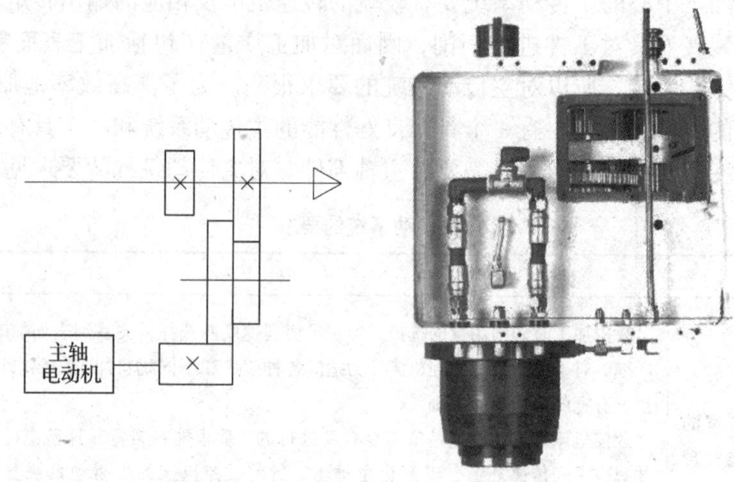

图 10—3　变速齿轮传动（二级变速）方式

（2）一级变速的主传动系统

目前多采用带（同步齿形带）传动装置，故也称带传动系统，如图 10—4 所示。其结构简单、安装调试方便、变速范围小、传动平稳、噪声低，但主轴箱结构较复杂。由于带有过载打滑的特性，可对电动机起过载保护作用，故带传动系统主要适用于高转速低转矩的小型数控铣床。

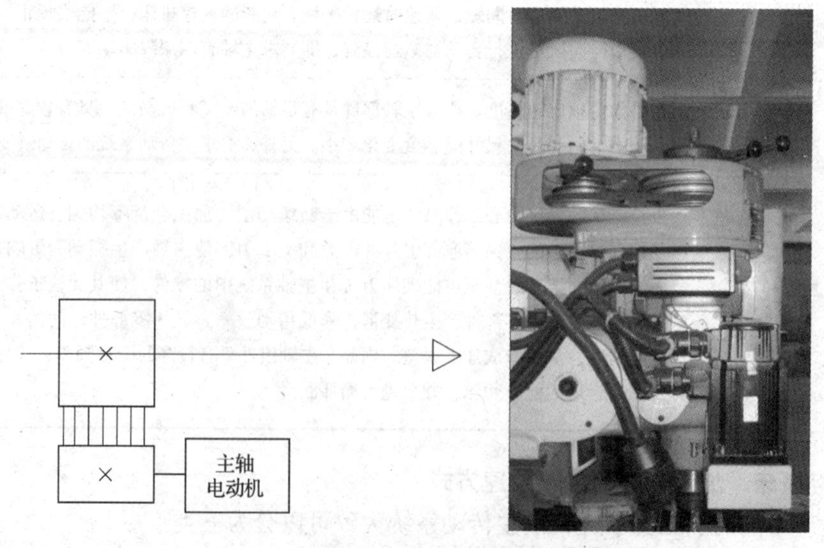

图 10—4　带传动（一级变速）方式

(3) 电动机直接驱动的主传动变速方式

主要适用于小型数控机床，如图 10—5 所示，这种主传动系统大大简化了主轴体与主轴的结构，调速范围宽，还有的数控机床直接将主轴装在电动机内，刚度高，但输出转矩小，故只适用于小型数控机床。

图 10—5 电动机直接驱动主轴的方式

3. 主轴部件

数控铣床、加工中心主轴部件是影响机床加工精度的主要部件，它是机床的一个关键部件，它有回转误差，包括径向跳动、轴向窜动、角度摆动，影响工件的加工精度，它的自动变速、准停等方式影响机床的自动化程度。

因此，要求主轴部件具有与本机床工作性能相适应的高回转精度、刚度、抗振性、耐磨性和低的温升。在结构上，必须很好地解决刀具和工件的装夹、轴承的配置、轴承间隙调整和润滑密封等问题。数控铣床、加工中心主轴部件的精度、刚度和热变形对加工质量有直接影响，由于加工过程中不对数控机床进行人工调整，因此这些影响更为严重。

主轴的结构根据数控机床的规格、精度采用不同的主轴轴承。一般中、小规格数控铣床的主轴部件采用成组高精度滚动轴承，一般采用 2 ~ 3 个角接触球轴承组合或用角接触球轴承与圆柱滚子轴承组合构成支持系统；数控机床主轴的转速高，为减少主轴发热，必须改善轴承的润滑方式。润滑的作用是在摩擦副表面形成一层薄油膜，以减小摩擦和发热。

为了保证主轴有良好的润滑，减少摩擦发热，同时又能把主轴组件的热量带走，通常采用循环式润滑系统。用液压泵供油强力润滑，在油箱中使用油温控制器控制油液温度。近年来有些数控机床的主轴轴承采用高级油脂封入方式润滑，每加一次油脂可以使用 7 ~ 10 年，简化了结构，降低了成本且维护保养简单，但必须防止润滑油和油脂混合，通常采用迷宫式密封方式。为了适应主轴转速向高速化发展的需要，新的润滑冷却方式相继开发出来。这些新型润滑冷却方式不但要减小轴承温升，还要减小轴承内外圈的温差，以保证主轴热变形小。主轴润滑方式见表 10—2。

表 10—2　　主轴润滑方式

润滑方式	内　容
油气润滑	除在轴承中加入少量的润滑油外，还引入压缩空气，使滚动体上包有油膜，起润滑作用，再用空气循环冷却。这种润滑方式近似于油雾润滑，所不同的是油气润滑是定时定量地把油雾送进轴承空隙中，这样既实现了油雾润滑，又不至于使油雾太多而污染周围空气，后者则是连续供给油雾

续表

润滑方式	内　容
喷注润滑	将较大流量的恒温油（每个轴承3～4 L/min）喷注到主轴轴承，以达到润滑冷却的目的。这里要特别指出的是，较大流量喷注的油，不是自然回流，而是用排油泵强制排油，同时，采用专用高精度大容量恒温油箱，油温变动控制在±0.5℃

4. 主传动系统的维护

数控铣床、加工中心的机械结构比传统普通铣床的简单，但机械部件的精度提高了，对维护提出了更高的要求，具体内容如下：

（1）熟悉数控机床主传动系统的结构、性能参数和主轴调整方法，严禁超性能使用。出现不正常现象时，应立即停机排除故障。

（2）使用带传动的主轴系统，需定期调整主轴驱动带的松紧程度，防止因驱动带打滑造成丢转现象。

（3）操作者应每天检查主轴润滑的恒温油箱，注意观察主轴箱温度，调节温度范围，及时补充油量，使油量充足。防止各种杂质进入油箱，保持油液清洁。每年清理润滑油池底一次，更换一次润滑油，清洗过滤器并更换液压泵滤油器。

（4）对采用液压系统平衡主轴箱重量的系统，需定期观察液压系统的压力，当油压低于要求值时，要及时补油调整。

（5）经常检查油管及各处密封，防止润滑油液泄漏。

（6）对于使用啮合式电磁离合器变速的传动系统，离合器必须在低于2 r/min的转速下变速，对于使用液压拨叉变速的主传动系统，必须在主轴停车后变速。

任务实施

1. 参观生产现场或数控机床厂，认识数控铣床/加工中心主轴系统结构

通过参观现场（见图10—6），并指定一台数控铣床或加工中心了解其主轴结构（见图10—7），以使学员更深刻地认识机床主轴系统，了解各主轴部件的作用，这样在使用机床的过程中才能更好地发挥机床的性能，延长主轴的使用寿命。

图10—6　数控机床厂

图10—7　主轴系统

加工中心/数控铣床主轴系统的主要组成部件的名称、特点和作用见表 10—3。

表 10—3　　主轴部件的名称、特点及作用

名称	图示	特点、作用
主轴箱		主轴箱通常由铸铁制成，主要用于安装主轴零件、主轴电动机、主轴润滑系统等
主轴		主轴是主传动系统最重要的零件，主轴材料主要根据刚度、载荷特点、耐磨性和热处理变形等因素确定。主轴用于装夹刀具执行零件加工。主轴前端有 7∶24 的锥孔，用于装夹刀柄或刀杆。主轴端面有一端面键，既可通过它传递刀具的转矩，又可用于刀具的周向定位
轴承	 轴承	该轴承为滚动轴承，主要用于支撑主轴
同步带轮		同步带轮的主要材料为尼龙，固定在主轴上，与同步带啮合传递动力
同步带		同步带是主轴电动机与主轴的传动元件，主要是将电动机的转动传递给主轴，带动主轴转动，执行工作。同步带是由一根内周表面设有等间距齿形的环行带及具有相应吻合的轮所组成，它综合了带传动、链传动和齿轮传动各自的优点。转动时，通过带齿与轮的齿槽相啮合来传递动力。同步带传动具有准确的传动比，无滑差，可获得恒定的速比，传动平稳，能吸振，噪声小，传动比大，一般可达1∶10，传动效率高，一般可达98%，结构紧凑，适宜于多轴传动，不需润滑，无污染

续表

名称	图示	特点、作用
电动机		主轴电动机是机床加工的动力元件，电动机的功率的大小直接关系到机床的切削力度
打刀缸		打刀缸主要用于装刀与松刀。由气缸和液压缸组成，气缸装在液压缸的上端。工作时，气缸内的活塞推进液压缸内，使液压缸内的压力增加，推动主轴内的夹刀元件，从而达到松刀目的。液压缸起增压作用
润滑油管		主要用于主轴润滑

2. 主传动系统维护

检查机床主轴的润滑系统、恒温系统，熟悉主传动系统的日常维护工作，保证主轴能正常运行，延长其使用寿命。

（1）每天开机前检查机床的主轴润滑系统，发现油量过低时及时加油，如图 10—8 所示。

（2）机床运行时间过长时，要检查主轴的恒温系统（见图 10—9），如果温度过高，应马上停机，检查主轴冷却系统是否有问题。

（3）定期检查主轴电动机上的散热风扇（见图 10—10），看运行是否正常，发现异常情况及时修理或更换，以免电动机产生的热量传递到主轴上，损坏主轴部件或影响加工精度。

图 10—8　电动机润滑给油机

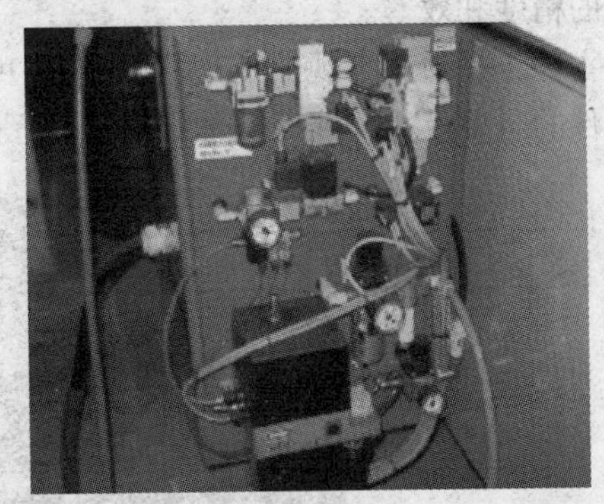

图 10—9　主轴恒温系统

图 10—10　主轴电动机散热风扇

任务 2　数控铣床/加工中心的进给传动系统与传动元件的维护

学习目标

1. 了解数控铣床、加工中心进给传动系统的特点。
2. 了解数控铣床、加工中心进给传动部件的结构组成。
3. 掌握传动部件的维护保养。

工作任务

进给传动系统是数控铣床、加工中心最重要的组成部分之一，主要负责接受数控系统发出的脉冲指令，并放大和转换后驱动机床执行元件实现预期的运动，很大程度上决定了零件加工的精度和效率。

本任务是通过参观加工现场（见图 10—11），熟悉进给传动系统（见图 10—12）各组成部件的名称及其功能，并掌握对传动元件的维护保养操作。

图 10—11　进给传动系统装配现场

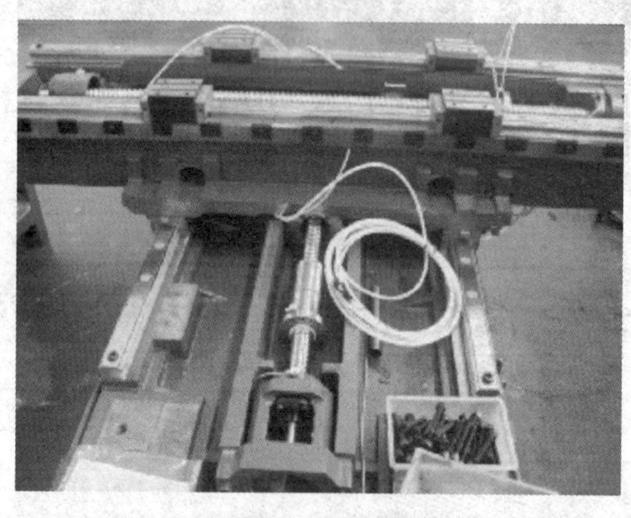

图 10—12　进给传动系统

相关理论

1. 对进给传动系统的性能要求

数控铣床、加工中心的进给传动系统是指将驱动电动机的旋转运动（直线电动机除外）变成工作台的直线运动，它包括驱动电动机、滚珠丝杠副、运动元件及导向元件等，如图 10—13 所示为一典型半闭环进给传动系统的机械结构。

为了保证数控机床进给传动系统的传动精度和工作稳定性，要求进给传动系统具有无间隙、低摩擦、低惯量、高刚度、高抗振性等特点，具体要求见表 10—4。

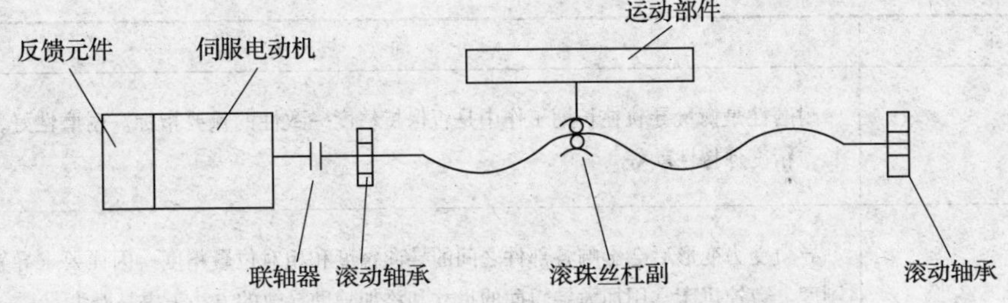

图 10—13　典型半闭环进给传动系统的机械结构

表 10—4　**对进给传动系统的要求**

要求	内　容
提高传动精度和刚度，消除传动间隙	从机械结构方面考虑，进给传动系统的传动精度和刚度主要取决于丝杠螺母副、传动元件的传动精度及其支撑结构的刚度。加大丝杠直径，对丝杠螺母副、支撑部件、丝杠本身施加预紧力，是提高传动刚度的有效措施。传动间隙主要来自于传动齿轮副、丝杠螺母副及其支撑部件之间，因此进给传动系统中广泛采用施加预紧力或其他消除间隙（缩短传动链及采用高精度的传动装置）的措施来提高传动精度
减小摩擦阻力	为了提高数控铣床进给系统的快速响应性能，除了对伺服元件提出要求外，还必须减小运动件之间的摩擦阻力和动、静摩擦力之差。在数控机床进给系统中，为了减小摩擦阻力，普遍采用滚珠丝杠螺母副、静压丝杠螺母副、滚动导轨、静压导轨和塑料导轨等
减小运动部件惯量	传动部件的惯量对伺服机构的启动和制动特性都有影响，尤其是高速运转的零件。因此，在满足部件强度和刚度的前提下，应尽可能减小运动部件的质量，减小旋转零件的直径和重量，以降低其惯量
系统要有适度的阻尼	阻尼一方面降低进给伺服系统的快速响应性，另一方面增加系统的稳定性。在刚度不足时，运动件之间的运动阻尼对降低工作台爬行，提高系统的稳定性起重要作用

2. 导轨副

机床上的运动部件都是沿着它的床身、立柱、横梁等部件上的导轨而运行的，导轨起支撑和导向的作用。导轨在很大程度上决定数控机床的刚度、精度与精度保持性，所以，导轨是传动系统中非常重要的元件，导轨主要有滚动导轨、滑动导轨、静压导轨和直线导轨。

数控铣床、加工中心对导轨的要求见表 10—5。

表 10—5　**对导轨的要求**

要求	简　述
导向精度高	导向精度是指机床的运动部件沿导轨移动时的直线性和准确性。因为导轨上要放置工作台，而加工过程就是依靠刀具与工件的相对运动而形成工件的轮廓，所以导向精度直接决定了工件的形状误差，为保证工件的精度，要求导轨有足够的精度。导轨精度主要与制造精度、结构、装配、质量及其支撑件的刚度、受热变形有关

续表

要求	简　述
耐磨性好	耐磨性是衡量导轨在长期工作中是否保持精度一致性的重要指标。耐磨性好，使用时间长，精度保持性就好
刚度高	导轨受力变形后会影响各部件之间的导向精度和相对位置精度，因而要求导轨有足够的刚度。数控机床常用加大导轨面的尺寸和添加辅助导轨的方法来提高刚度
低速运动平稳性好	低速运动平稳性好，则低速工作时不易产生爬行现象
结构简单	工艺性好，在使用时便于调整和维护，在设计时要考虑便于制造和维修

3. 滚珠丝杠螺母副

（1）滚珠丝杠螺母副工作原理

在数控铣床、加工中心进给传动系统中，通常采用滚珠丝杠螺母副使旋转运动与直线运动相互转换。滚珠丝杠螺母副是一种在丝杠和螺母间装有滚珠作为中间元件的丝杠副，其结构原理如图10—14所示。在丝杠3和螺母1上都有半圆弧形的螺旋槽，当它们套装在一起时便形成了滚珠的螺旋滚道。螺母上有滚珠回路管道a、b、c，将几圈螺旋滚道的两端连接起来构成封闭的循环滚道，并在滚道内装满滚珠2。当丝杠3旋转时，滚珠2在滚道内循环转动即自转，迫使螺母轴向移动。

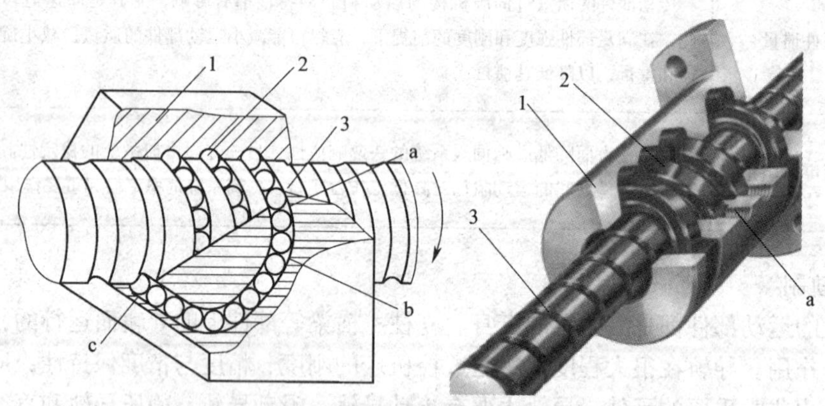

图10—14　滚珠丝杠螺母副的结构原理图

1—螺母　2—滚珠　3—丝杠　a、b、c—滚珠回路管道

（2）滚珠丝杠螺母副的安装方式

数控铣床、加工中心的进给传动系统要获得较高的传动刚度，除了加强滚珠丝杠螺母副本身的刚度外，滚珠丝杠的正确安装及支撑结构的刚度也是不可忽视的因素。为减少受力后的变形，螺母座应有加强肋，以增大螺母座与铣床的接触面积，并且要连接可靠；采用高刚度的推力球轴承以提高滚珠丝杠的轴向承载能力。

滚珠丝杠的支撑方式有以下几种，见表10—6。

表 10—6 滚珠丝杠的支撑方式

安装方式	特点	图示
一端装推力球轴承	这种安装方式只适用于行程小的短丝杠，它的承载能力小，轴向刚度低。一般用于数控铣床的调节环节或升降台式铣床的垂直坐标进给传动结构，如右图所示	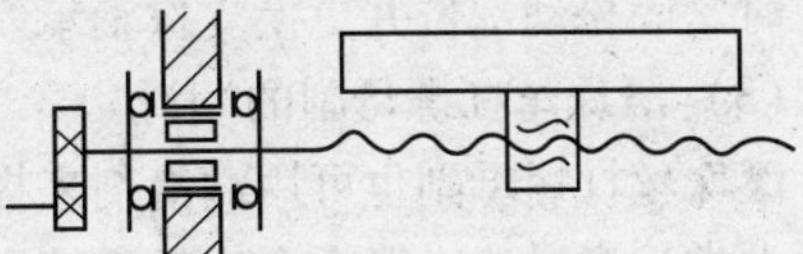 一端装推力球轴承
一端装推力球轴承，另一端装向心球轴承	这种方式用于丝杠较长的情况，当热变形造成丝杠伸长时，其一端固定，另一端能作微量的轴向浮动。为减小丝杠热变形的影响，安装时应使电动机热源和丝杠工作时的常用段远离止推端，如右图所示	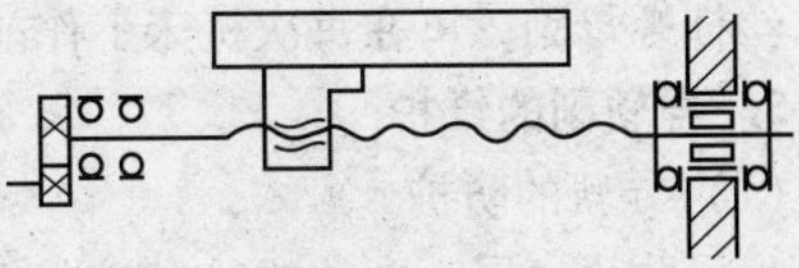 一端装推力球轴承，另一端装向心球轴承
两端装推力球轴承	把推力球轴承装在滚珠丝杠的两端，并施加预紧力，可以提高轴向刚度，但这种安装方式对丝杠的热变形较为敏感，如右图所示	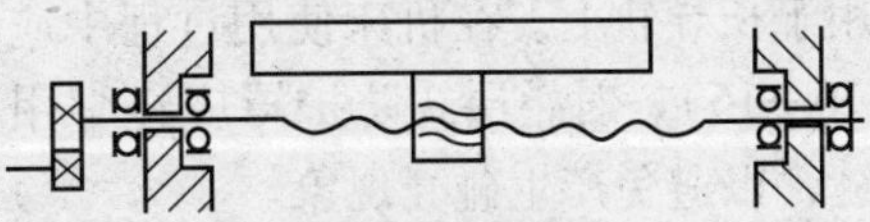 两端装推力球轴承
两端装推力球轴承及向心球轴承	它的两端均采用双重支撑并施加预紧力，使丝杠具有较大的刚度，这种方式还可使丝杠的温度变形转化为推力球轴承的预紧力，但设计时要求提高推力球轴承的承载能力和支架刚度，如右图所示	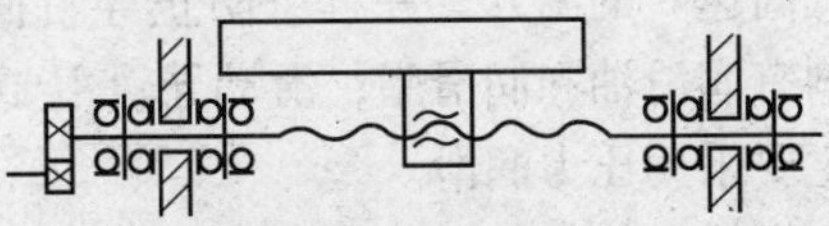 两端装推力球轴承及向心球轴承

4. 滚珠丝杠螺母副的维护

(1) 滚珠丝杠的维护

如果滚珠丝杠螺母副的滚道上落入了脏物或使用不清洁的润滑油，不仅会妨碍滚珠的正常运转，而且会使磨损加剧。制造误差和预紧变形以微米计算的滚珠丝杠螺母副对这种磨损特别敏感，因此，有效的防护、密封和保持润滑油的清洁十分必要。如果滚珠丝杠螺母副在机床上外露，应采用封闭的防护罩，如采用螺旋弹簧钢带套管、伸缩套管以及折叠式防护罩等，以防止尘埃和磨粒黏附到丝杠表面，安装时将防护罩的一端连接在滚珠丝杠螺母的端面，另一端固定在滚珠丝杠的支撑座上。如果滚珠丝杠螺母副处于隐蔽的位置，则可采用毛毡圈进行密封防护，毛毡圈的厚度为螺距的 2 ~3 倍，密封圈装在螺母的两端。接触式弹性密封圈用耐油橡胶或尼龙制成，其内孔做成与丝杠螺旋滚道相配的形状，接触式密封圈直接与丝杠紧密接触，防尘效果好，但因有接触压力，使摩擦力矩略有增加。非接触式密封圈又称迷宫式密封圈，它用硬质塑料制成，其内孔与丝杠螺旋滚道的形状相反，并稍有间隙，这样可避免摩擦力矩，但防尘效果差。工作中应避免硬质灰尘或切屑进入丝杠防护罩和工作中碰击防护装置，防护装置有损坏要及时更换。

（2）检查连接部位及支撑轴承

定期检查丝杠支撑与床身的连接是否有松动以及支撑轴承是否损坏等，如有以上问题，要及时紧固松动部位并更换支撑轴承。

（3）滚珠丝杠螺母副的润滑

滚珠丝杠螺母副也可用润滑剂来提高其耐磨性及传动效率。润滑剂可分为润滑油和润滑脂两大类，润滑油一般为全损耗系统用油，润滑脂可采用锂基润滑脂。润滑脂一般加在螺旋滚道和安装螺母的壳体空间内，而润滑油则经过壳体上的油孔注入螺母的空间内。每半年对滚珠丝杠上的润滑脂更换一次，清洗丝杠上的旧润滑脂，涂上新的润滑脂。用润滑油润滑的滚珠丝杠螺母副，可在每次机床工作前加油一次。

5. 导轨副的维护

（1）导轨的防护

为了防止切屑、磨粒或冷却液散落在导轨面上而引起磨损、擦伤和锈蚀，导轨面上应有可靠的防护装置。常用的防护装置有刮板式防护罩、卷帘式防护罩和叠层式防护罩，大多用于长导轨上。在机床使用过程中应防止损坏防护罩（见图10—15），对叠层式防护罩应经常用刷子蘸机油清理移动接缝，以避免产生碰壳现象。

图10—15　防护罩

（2）导轨的润滑

导轨润滑的目的是减小阻力和摩擦磨损，避免低速爬行，降低高速时的温升，并且可防止导轨面锈蚀。导轨常用的润滑剂有润滑油和润滑脂，滑动导轨主要用润滑油，而滚动导轨两种都可采用。滑动导轨的润滑主要采用压力润滑。

导轨最简单的润滑方式是人工定期加油或用油杯供油，这种方法简单、成本低，但不可靠，一般用于润滑辅助导轨及运动速度低、工作不频繁的滚动导轨。对运动速度较高的导轨大都采用润滑泵，以压力强制润滑。这样不但可连续或间歇供油给导轨进行润滑，而且可利用油的流动冲洗和冷却导轨表面。为实现强制润滑，必须备有专门的供油系统，如图10—16所示。

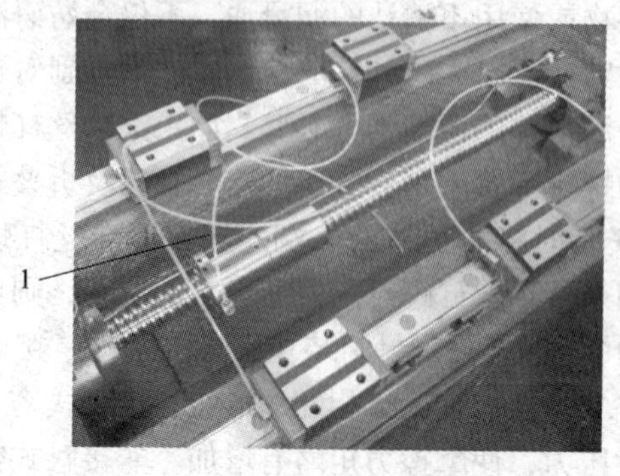

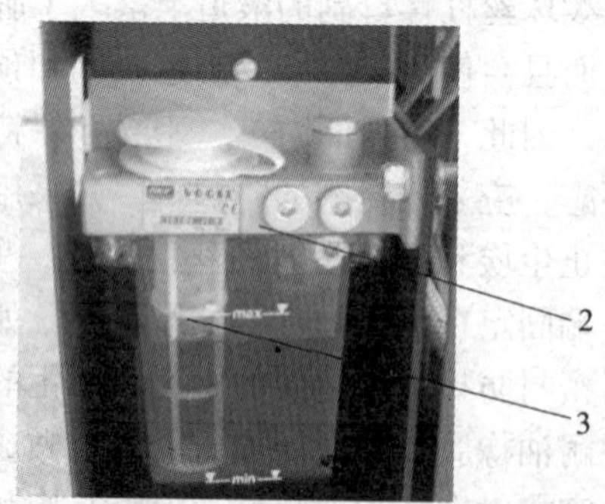

图10—16　润滑供油系统

1—油管　2—油箱　3—过滤器

任务实施

1．参观生产现场或数控机床厂，了解进给传动系统的结构组成

到设备现场参观，认识数控铣床/加工中心进给传动系统的结构，各传动元件的作用。表 10—7 为传动元件的名称、特点及作用。

表 10—7　　传动元件的名称、特点及作用

名称	图示	特点、作用
导轨		此导轨为滚动导轨。目前大部分数控机床采用滚动导轨，在导轨面之间放置滚动体（滚珠或滚针），变导轨面的滑动摩擦为滚动摩擦，减小了摩擦因数。这种导轨的特点是：灵敏度高，摩擦阻力小，运动均匀，低速移动不易爬行，定位精度高达0.1 μm，牵引力小，移动轻便，磨损小，精度保持性好，寿命长。缺点是抗振性差，刚度低，对防护要求较高，结构复杂，制造比较困难，成本高。由于数控机床的主要特点是高精度和高生产率，所以这是目前数控机床上使用最广泛的一种导轨形式
滚珠丝杠		滚珠丝杠传动效率高，一般为 $\eta=0.92\sim0.98$；传动灵敏，摩擦力小，动静摩擦力之差极小，能保证运动平稳，不易产生低速爬行现象；具有可逆性，不仅可以将旋转运动转变为直线运动，也可将直线运动转变成旋转运动；轴向运动精度高，施加预紧力后，可消除轴向间隙，反向时无空行程；制造工艺复杂；不能自锁，对于垂直丝杠，当传动切断后，由于自重的作用不能立刻停止运动，需要增加制动装置
轴承		主要用于安装、支撑丝杠，使其能够转动，在丝杠的两端均要安装

续表

名称	图示	特点、作用
丝杠支架		该支架内安装了轴承，在基座的两端各安装了一个，主要用于安装滚珠丝杠，传动工作台
联轴器		联轴器是伺服电动机与丝杠之间的连接元件，电动机的转动通过联轴器传给丝杠，使丝杠转动，移动工作台
伺服电动机		伺服电动机是工作台移动的动力元件，传动系统中传动元件的动力均由伺服电动机提供，每根丝杠都装有一个伺服电动机
润滑系统		润滑系统可视为传动系统的“血液”。可减少阻力和摩擦磨损，避免低速爬行，降低高速时的温升，并且可防止导轨面、滚珠丝杠副锈蚀 常用的润滑剂有润滑油和润滑脂，导轨主要用润滑油，丝杠主要用润滑脂

2. 传动系统的维护保养

（1）每次操作机床前都要先检查润滑油箱里的油是否在使用范围内，如果低于最低油位，需加油后方可操作机床，如图 10—17 所示。

（2）操作结束时，要及时清扫工作台、导轨防护罩上的切屑，如图 10—18 所示。

（3）如果机床停放时间过长没有运行（停机时间太长没有运行，进给传动零件容易生锈），应先打开导轨、丝杠防护罩，将导轨、滚珠丝杠等零件擦干净，然后上油再开机运行。如图 10—19 所示。

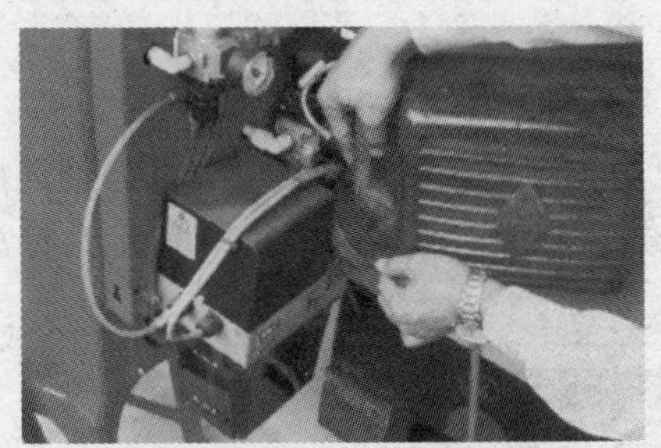

图 10—17　加润滑油

图 10—18　清除切屑

a)

b)

c)

图 10—19　对进给传动零件清理上油

a）拧开防护罩螺钉　b）推开防护罩　c）将导轨、滚珠丝杠擦干净后上油

任务 3　加工中心的自动换刀系统与刀库的维护

学习目标

1. 了解加工中心刀库的基本类型。
2. 了解各种刀库的基本结构。
3. 掌握刀库的日常维护。

工作任务

本任务是通过参观数控加工车间或数控机床厂，了解加工中心刀库的种类，并仔细观察最为常用的斗立式刀库的结构，了解其组成及各部件的名称和作用。图 10—20 所示为摆放在车间准备安装的刀库。

图 10—20　刀库安装

相关理论

加工中心对工件要进行多工序的加工，必须能在加工过程中自动更换刀具，为完成这项工作而设置的存储及更换刀具的系统称为自动换刀系统。自动换刀系统中的刀库容量、换刀可靠性及换刀速度直接关系到加工中心的工作效率。

1. 自动换刀系统的结构

镗铣加工中心上常用的换刀系统多为刀库－机械手系统，当需要某一刀具进行切削加工时，将该刀具自动地从刀库交换到主轴上，切削完毕后又将用过的刀具自动地从主轴上取下再放回刀库。由于换刀过程是在各个部件之间进行的，所以要求参与换刀的各个部件的动作必须准确、可靠，如图 10—21 所示为带机械手换刀系统。在有机械手的换刀系统中，刀库的配置、位置及容量要比无机械手的换刀系统灵活，它可以根据不同的要求配置不同形式的机械手，如单臂的、双臂的，甚至配置一个主机械手和一个辅助机械手，并且能配备多至数百把的刀具。换刀时间可缩短到几秒甚至零点几秒。因此，目前多数加工中心都配有机械手的换刀系统。由于刀库位置和机械手的换刀动作不同，换刀的过程也不相同。

图 10—21　带机械手换刀系统

无机械手的换刀系统，一般是把刀库放在主轴箱可以运动到的位置，或整个刀库或某一刀位能移动到主轴箱可以到达的位置。同时，刀库中刀具的存放方向一般与主轴上的装刀方向一致。换刀时，由主轴运动到刀库上的换刀位置，利用主轴直接取走或放回刀具，如图 10—22 所示。它的优点是结构简单，成本低，换刀的可靠性也较高。缺点是由于结构所限，刀库的容量不大，而且换刀时间较长，多为中、小型加工中心采用。

2. 刀库

刀库用来储存加工刀具及辅助工具。普遍采用的刀库类型是盘式刀库和链式刀库。

（1）盘式刀库

盘式刀库如图 10—23 所示，这种刀库结构简单，应用较多，一般用于刀具数量为 30 把以内、容量较少的刀库。由于刀具环形排列，空间利用率低，因此有的机床将刀具在刀盘中采用双环或多环排列，以增加空间利用率。但这样的刀库外径过大，转动惯量也很大，选刀时间也较长。

图 10—22　无机械手的换刀系统

图 10—23　盘式刀库

（2）链式刀库

链式刀库如图 10—24 所示，这种刀库结构紧凑，刀库容量较大，链环的形状可以根据机床的布局配置成各种形状，也可将刀位突出以利换刀，当链式刀库需增加刀具容量时，只需增加链条的长度即可，在一定范围内，无需变更线速度，一般刀具数量在 30 ~ 120 把时，多采用链式刀库。

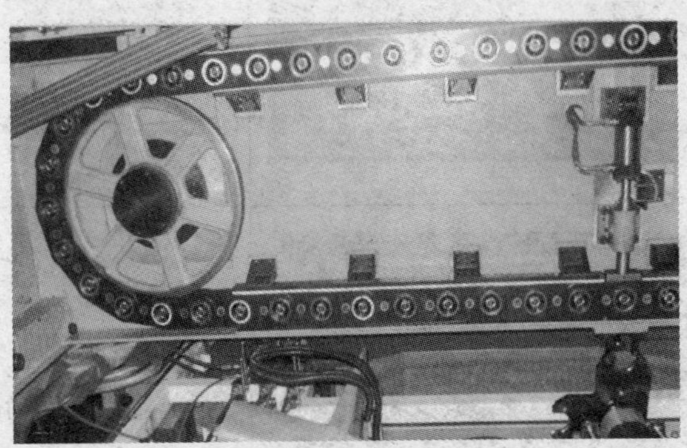

图 10—24　链式刀库

3. 刀库及换刀装置的维护

加工中心刀库及自动换刀装置的故障表现在刀库运动故障、定位误差过大、机械手夹持刀柄不稳定和机械手运动误差过大等，这些故障最后都可造成换刀动作卡位，整机停止工作，操作及机床维修人员对此要足够重视。刀库与换刀机械手的维护要点如下：

（1）用手动方式往刀库上装刀时，要确保安装到位、安装牢靠，检查刀座上的锁紧是否可靠。

（2）严禁把超重、超长的刀具装入刀库，防止在机械手换刀时掉刀或刀具与工件、夹具等发生碰撞。

（3）采用顺序选刀方式时，必须注意刀具放置在刀库上的顺序要正确。采用其他选刀方式也要注意所换刀具号是否与所需刀具一致，防止换错刀具导致事故发生。

（4）经常检查刀库的回零位置是否正确，检查机床主轴回换刀点位置是否到位，并及时调整，否则不能完成换刀动作。

（5）要注意保持刀具、刀柄和刀套的清洁。

（6）开机时，应先使刀库和机械手空运行，检查各部分工作是否正常，特别是各行程开关和电磁阀能否正常动作。检查机械手液压系统的压力是否正常，刀具在机械手上锁紧是否可靠，发现不正常应及时处理。

任务实施

1. 参观数控车间，认识加工中心斗立式刀库的结构

到数控车间参观，仔细观察斗立式刀库的结构，了解各组成零部件的名称及其作用。通过参观，更深刻了解加工中心刀库的结构，为今后的刀库维护工作奠定基础。表 10—8 为斗立式刀库各零部件的名称和作用。

表 10—8　　斗立式刀库各零部件的名称和作用

名称	图　示	作　用
刀库防护罩		防护罩起保护转塔和转塔内刀具的作用，防止加工时切屑直接从侧面飞进刀库，影响转塔转动
刀库转塔电动机		主要是用于转动刀库转塔

续表

名称	图　示	作　用
刀库导轨		由两圆管组成，用于刀库转塔的支撑和移动
气缸		该气缸用于推动和拉动刀库，执行换刀
刀库转塔		转塔用于装夹备用刀具

2．刀库的日常清理维护

每次加工完工件，关机下班前都要对刀库、换刀机械手进行清理，防止加工过程中切屑飞入刀库，影响刀库转盘的定位精度。还要定期对刀库滑动导轨、换刀机械手施加润滑油或润滑脂。具体操作步骤如下：

（1）用气枪吹掉刀库上的切屑，如图 10—25 所示。

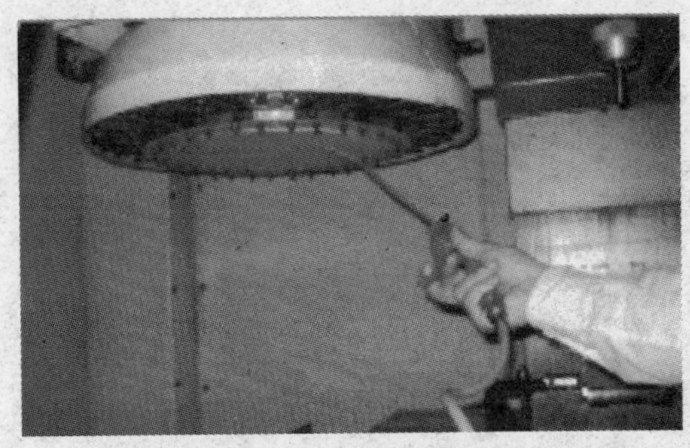

图 10—25　清扫刀库上的切屑

（2）用油枪对换刀机械手加润滑脂，保证机械手换刀动作灵敏，如图 10—26 所示。

（3）对机械手上的活动部件加润滑油，如图 10—27 所示。

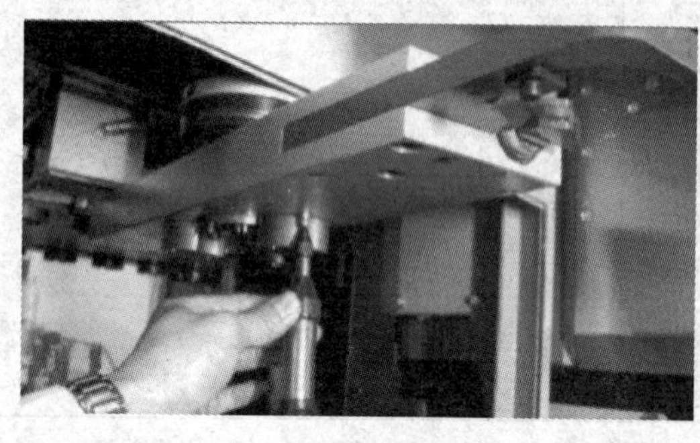

图 10—26　对机械手加润滑脂

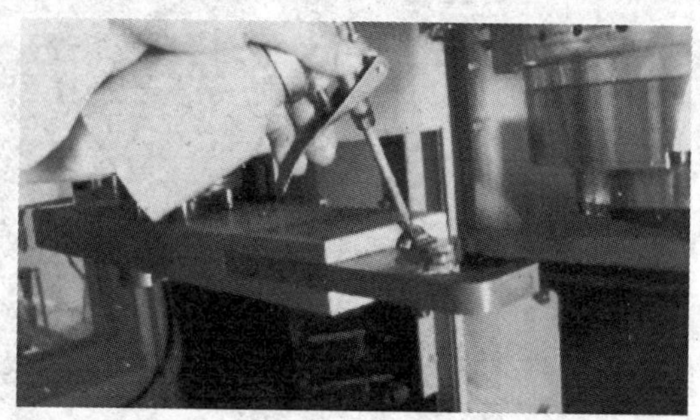

图 10—27　对活动部件加润滑油

操作提示

气枪所用的气源必须经过“压缩空气净化器”将水分过滤后才能使用，严禁吹出的气体中带有水，以免导致刀库零部件生锈，影响机械精度。